Éthique et pratique médicale
fondée par Richard Moreau
Collection dirigée par Roger Teyssou

La collection « Éthique et pratique médicale » est une tribune qui permet à tous les acteurs du monde de la santé, professionnels, enseignants, administrateurs, économistes et patients d'exposer leurs opinions, de décrire leur expérience et de proposer des solutions aux problèmes posés par une profession en pleine mutation, et ce en toute indépendance et en conformité avec la déontologie et les bonnes pratiques médicales.

Dernières parutions

Mohamed Naceur KRIFI, *L'Homo-cobayeur. Expérimentations médicales* in*humaines*, 2024.
Olivier NKULU KABAMBA, *Le cancer et la sorcellerie. Narration d'un malentendu étiologique et clinique en médecine*, 2024.
Jacques JAUME et Nathalie RIVIÈRE, *Voyage au cœur du deuil,* 2023.
Michel BOLLA, *Cancer et parcours de soins, L'odyssée du malade*, 2023.
Olivier NKULU KABAMBA, *La réflexivité dans la relation soignant-soigné. Un regard éthique sur l'empathie*, 2023.
Marc BAUDET, Catherine DAUGAREIL, *Comprendre pour mieux prévenir les maladies cardio-vasculaires. Mieux vaut prévenir que guérir*, 2023.
Padrig MAHE, *Vers un mieux-vivre en EHPAD, Guide pratique pour déployer une Offre d'Activités et d'Animations (OAA)*, 2023.
Jacques MORNAT, *Presque tout sur la médecine en France. Pour mieux comprendre le système de santé*, 2023.
Michel BOURIN, *Faire face au polyhandicap*, 2023.
Dr Pierre MESTOUDJIAN, *La méthode facile pour arrêter de fumer du jour au lendemain, Le nouvel antidote du tabac*, 2023.
Thibaut COUSSENS-BARRE, *La patrimonialisation des collections d'échantillons biologiques*, 2022.
Christian PIROLLI, *Passeur… Par maux et par mots de patients, la parole d'un médecin*, 2022.

Plaidoyer pour l'hydrosphère

Origine et altérité

5-7, rue de l'École-Polytechnique, 75005 Paris

http://www.editions-harmattan.fr

ISBN : 978-2-336-45345-3
EAN : 9782336453453

Abdallah Khammari

Plaidoyer pour l'hydrosphère

Origine et altérité

L'Harmattan

Du même auteur

Bachelard et la mathématique des sciences expérimentales,
Aux Éditions L'Harmattan, 2021

À la mémoire de :

Yvette Leroy
Salah Bouaïta
Youcef Sebti
Jacques Thibiéroz

Sommaire

Remerciements ... **11**
Introduction ... **13**
Position des problèmes ... **16**
Portée de notre requête ... **17**
Origine de l'Hydrosphère ... **19**
Apparition de l'eau dans l'univers ... **21**
Naissance de la Terre ... **29**
Constitution du Système solaire ... 29
Apparition des chondrules ... 31
Accrétion de la Terre ... 34
Accrétion de l'Hydrosphère ... 46
Géochimie de l'Hydrosphère ... **67**
Chimie des eaux du ciel ... **67**
Matériaux de la croûte terrestre ... **89**
Brassage de l'Hydrosphère ... **101**
La valse des océans ... 102
Fluctuation des glaces ... 104
Une infinité de cycles emboîtés ... 108
Des disparités climatiques irréductibles ... 111
L'impossibilité de prévoir les déluges ... 114
Altération de l'Hydrosphère ... **117**
De la qualité des eaux continentales ... **119**
Traitements des eaux pour l'AEP ... **135**
Protection des captages d'AEP ... **147**
Plaidoyer pour l'Hydrosphère ... **157**
Du réchauffement climatique ... **161**
L'effet de serre (EdS) ... 161
Lutte contre le réchauffement climatique ... 176
Éthique envers l'Hydrosphère ... **188**
Degré de responsabilité ... 189
Engagement moral ... 191
Éthique extra-anthropocentriste ... 202
Hégémonie de l'intérêt économique ... 208
Rêveries d'un hydrogéologue impénitent ... **215**
Complainte d'un Targui ... **215**
Rêveries aquatiques ... **217**
Palimpseste au fil de l'eau ... **219**
Bibliographie ... **223**

Remerciements

Je voudrais exprimer ma gratitude par une brève genèse de l'ouvrage.

En attendant la publication de mes recherches sur la *Prévision des ressources hydriques*, déposées à l'ENSA d'Alger pour une coédition avec l'OPU, m'est venu l'impératif absolu de me consacrer à une réflexion sur *l'origine et l'altérité de l'hydrosphère*. S'est alors imposé à moi un *plaidoyer* ressenti comme un *drame de la méthode* face au devenir du climat. Mais au bout d'une centaine de pages bien tassées, j'ai décroché, alors que j'étais en si bon chemin. Et c'est Michel Ligner qui est venu à mon secours, par un été plus chaud que d'ordinaire, me faisant part d'une lumineuse réflexion de Daniel Parrochia sur *Le réchauffement climatique*, réflexion saisissante qui m'aura permis de rebondir. Retrouvant l'élan initial, je suis revenu vers Ligner et Parrochia, leur soumettant une version quasi définitive. Par-delà les rectifications de maladresse de langage et de style, ils m'ont généreusement gratifié de bienveillantes appréciations.

Remontant parfois jusqu'au déluge pour instruire mon plaidoyer, j'ai dû évoquer : G. Apollinaire, D. Archer, Aristote, K. J. Arrow, G. Bachelard, E. Bard, A. Barrau, N. Benchikh-el-Hocine, F. Boulvain, B. C. Bromley, S. Caney, T. de Chardin, N. Chomsky, Confucius, G. Courbet, T. J. Crowley, F. Dagognet, A. Dakiche, Ch. Darwin, N. Dörfliger, E. Duflo, T. Encrenaz, C. Fleury, S. M. Gardiner, J. E. Hansen, G. Hardin, M. Hourdeqin, Ibn-Rushd, D. Jamieson, B. Johnson, N. Jones, J. Jouzel, S. Junger, F. Kafka, R. Kandel, E. Kant, Y. Kateb, A. Khadraoui, O. Khayyam, M. Laimé, C. Langlois, P. S. de Laplace, G. H. Lemaître, V. I. Lénine, J. Locke, G. de Marsily, S. Merkel, Napoléon, F. Nietzsche, E. Neumayer, E. A. Page, F. Ponge, P. Rabhi, H. Reeves, O. Rey, F. *Roques,* C. Rovelli, Rûmi, B. Russell, H. Shue, W. Sinnott-Armstrong, F. L. Toth, Léonard de Vinci, ainsi que : l'ABH du Sahara, l'ANRH, l'APMV, le CNRS, le GIEC, l'ICS...

Pour une lecture de la version finale, j'ai eu à solliciter : Mathilde Coineau, Nazim Fatès et Jean-Loup Ringenbach, auxquels je me sens également très redevable. Je suis tout autant touché par les commentaires élogieux de : Brahim Allaimia, Gérard de Belair, Khaled Benchaalal, Chérif et Mourad Bendib, Rahma Benfrid, Salima Benhouhou, Zouaoui Bouznad, Anne et Denis Damamme, Élise de Feuardent, Abedlhakim Hammoudi, Maya Kandel, Ahmed Kettab, Giulia Inès Maggi, Fouad Sellam, Hamid Traïkia, Agnès et El-Hadi Zaïm, et Jean-Michel Wavelet, ainsi que Claude Malchiodi qui me gratifie d'une illustration de la couverture de l'ouvrage.

Enfin, mes remerciements à mes proches et amis pour leur soutien indéfectible, ainsi qu'à mes collègues de l'ENSA et de l'École polytechnique d'Alger, mais aussi à mes collègues de l'université Pierre et Marie Curie. Je voudrais évoquer ici le cours de philosophie de Denis Grison à l'UP^{2}V et celui de l'atelier de philosophie @φ de l'INRIA animé par Nazim Fatès et Sylvain Contassot-Vivier, qui ont nourri ma réflexion.

Je pense également à ma famille dispersée de part et d'autre de la Méditerranée ; les encouragements de ma fille Hana et d'Alejandro Cohendet-Ortiz venant me réconforter.

Introduction

Pour bien instruire notre plaidoyer, nous nous sommes consacrés d'abord à un aperçu sur l'*Origine* et l'*Altérité de l'Hydrosphère* que nous voudrions déjà expliciter en quelques mots et énoncer ce à quoi nous allons nous restreindre en termes de *Position des problèmes* et de *Portée de notre requête.*

Sur l'*Origine*, nous allons devoir remonter au moins jusqu'à l'émergence de l'hydrogène devenant rapidement *l'étoffe de l'univers*, puis à la progressive apparition de l'oxygène en très faible proportion, ce qui va permettre miraculeusement la synthèse de la molécule d'eau dans des nids de nébuleuses. L'accrétion de l'eau autour de la Terre proviendrait d'un dégazage in situ et/ou d'un apport interstellaire, provenances dont les proportions restent une question ouverte. La composition chimique de la molécule d'eau n'a pu être révélée qu'au XIXe siècle.

La recherche des origines, ne serait-ce que celle du langage, reste une énigme analogue à celle de l'infini. Là encore il y a plusieurs infinis, devrions-nous dire : l'infini cosmique, l'infini mathématique, en particulier l'infini des nombres naturels dont on ne voit le bout. De telles recherches nous permettraient de mieux comprendre *Quelle sorte de créatures sommes-nous*, se demandait encore récemment Noam Chomsky, et d'entrevoir un sens possible et acceptable pour notre devenir…

Encore maintenant, la question de l'origine relève tout autant de la religion que de la philosophie. Dans la poésie et les arts picturaux la perception des origines s'exprime singulièrement par des raccourcis saisissants, comme celui d'Omar Khayyam : « *Tu me demandes d'où vient notre souffle de vie. / S'il fallait résumer une trop longue histoire, / Je dirais qu'il surgit du fond de l'océan ; / Puis soudain la mer l'engloutit à nouveau.* », ou par des images fulgurantes, comme celle de Gustave Courbet. Ce qui a donné sens à l'audacieuse peinture de Courbet, c'est l'intelligible titre qu'on a pu lui prêter : *L'Origine du monde*, sans quoi une telle image n'aurait été qu'un fantasme ordinaire, un fantasme auquel nous ne saurions être indifférents.

Le mystère des origines est loin d'être exclusivement une question scientifique, tant les croyances sont tenaces, d'autant que bon nombre de phénomènes demeurent inaccessibles à la connaissance. S'avouant foncièrement athée, Carlo Rovelli écrit : « *nul d'entre nous ne sait d'où vient le monde* »[1]. L'origine des infimes poussières, microscopiques, moléculaires, qui ont donné naissance à la Terre, et par suite à la vie, est une question aussi vieille que le monde. Et nous ne sommes pas naïfs au point d'apporter une

---

[1] Carlo Rovelli, *Écrits vagabonds.* Flammarion, Champ sciences, 2021, p. 314

quelconque réponse triviale. Il nous semble cependant louable d'entrevoir des investigations édifiantes. C'est tout juste si nous pourrions percevoir quelques énigmes restées ouvertes et pour lesquelles la science a encore quelques velléités à vouloir les percer.

Sur l'*Altérité* : « *caractère de ce qui est autre*, c'est-à-dire, *le fait d'être autre*, ... » nous dit Le Littré. Il y a là une connotation philosophique d'une scolastique relative aux rapports ontologiques. C'est cette connotation porteuse de sens que nous souhaitons donner à l'ouvrage en perspective. Aussi, il nous semble légitime de penser notre discipline dans le cadre de la culture moderne, ne serait-ce que pour l'enrichir d'idées humainement significatives, tout au moins possibles et acceptables. Un tel souhait réclame une grande culture épistémologique qui nous fait cruellement défaut. L'espoir d'y parvenir nous paraît chimérique.

Cependant, notre velléité à promouvoir une épistémologie en la matière pourrait être mal perçue par les scientifiques et tout juste accueilli avec condescendance par quelques philosophes indulgents, plus particulièrement les heideggériens selon lesquels *la science ne pense pas* et pour lesquels l'Hydrosphère n'est pas un objet de la philosophie à proprement parler. L'appréhension d'un tel objet ne doit rien à la religion : dans l'impossibilité originelle de prédire le climat, elle s'échine à prier pour qu'il pleuve. L'évolution de l'univers en tant que tel ne peut s'expliquer par la religion. Et c'est à peine si elle reconnaît le Big-Bang, le réduisant vaguement à une *étincelle primitive*. Napoléon avait reproché à Laplace de n'avoir pas fait la moindre mention du Créateur dans sa perception de l'univers. « *Sire, je n'ai pas eu besoin de cette hypothèse.* », lui répondit-il sur un ton amusé.

Aujourd'hui encore, la religion s'interroge sur le rapport de la croyance à la raison déductive. Et c'est une question encore ouverte, ne serait-ce que sur la perception de l'Hydrosphère. Entre science et religion, il y a une antinomie irréductible qui reste à considérer dans les limites de l'entendement, tout autant que celles de la foi, limites bien perçues par Georges Lemaître : prêtre catholique et astrophysicien de renom, aguerri aux multiples portées de la *Relativité générale*. Pour lui, la science la plus proche de la foi serait tout au plus la psychologie. Tenant la cosmologie séparée de la religion, il ira jusqu'à mettre en garde sa Sainteté le Pape Pie XII contre l'éventuel lien entre le Big-Bang et la Genèse biblique, le Big-Bang étant tout au plus l'explosion d'un *atome primordial* : un état initial de l'actuel Univers.

Il y a dans la religion une sainte méfiance de la science et de la poésie, d'autant qu'elles peuvent être subversives, mais aussi vis-à-vis de la philosophie, de par sa propension au doute, à l'interrogation plutôt qu'à l'affirmation, à la certitude. Inspirée, ne serait-ce que par le chant des oiseaux, la poésie se serait manifestée avant la philosophie qui s'est greffée en tant que prière, tout au moins en tant que méditation. Dans cette succession, les religions monothéistes, d'abord judéo-chrétienne, puis musulmane, sont venues bien après la philosophie dont elles se sont inspirées largement, comme l'avait fait, entre autres, Ibn-Rushd (ابن رشد) dans une perspective *fondée en raison*. Émergeant d'un instinct de conservation, la technique est venue avant la science ; elle a précédé toute pensée, la nécessité oblige ! Elle ne doit rien à la science. C'est par la suite que la science et la technique se sont interpénétrées avec plus ou moins de bonheur.

Sur l'*Hydrosphère* : Enveloppe hydrique, imprégnant énergiquement l'écorce terrestre sur une profondeur moyenne de quelque 3000 m, elle est peuplée d'innombrables créatures ayant fait l'objet de classifications conventionnelles en deux règnes : l'un *végétal*, l'autre *animal*. Entre les deux, il y a les virus dont on ne sait pas encore de quel côté les ranger. Il s'agirait de tous petits agents se situant entre « le minéral » et « l'organique », entre « l'inerte » et « le vivant », mais qui pourraient faire beaucoup de mal, même à un éléphant !

Parmi la multitude incommensurable de ces merveilleuses créatures, l'homme aurait voulu régner en « *Maître et possesseur de la Nature.* », alors même qu'il n'est sédentaire que sur à peine un tiers de la surface de la planète, tiers sur lequel il est cantonné en quelques continents, sous une chape gazeuse de la *Troposphère.* Les deux tiers sont occupés par des mers et océans. Il y a bien du gaz dans l'air, mais aussi de l'eau à l'état de gaz invisible et plus encore sous forme de vapeur ou de cristaux de glace, si bien que l'enveloppe nuageuse couvre, ici et là, 60% de la surface du globe. N'en déplaise à Aristote qui affirmait que l'air et l'eau étaient deux éléments distincts, il y a bien de l'eau dans l'air dans des proportions hygrométriques mesurables.

Dernier arrivé sur la planète, l'homme voudrait déjà l'envahir entièrement. Il a déjà fait disparaître à tour de bras bien des espèces qui étaient là tranquillement avant lui ! Dernier apparu, il y a à peine quelque 2,5 millions d'années, alors que la Terre était là depuis au moins 4,5 milliards d'années, il pourrait être incessamment sous peu le premier à disparaître, emportant avec lui bien des innocents. Depuis que l'homme a découvert son image spéculaire – peut-être dans une mare au soleil levant – il n'a eu de cesse de vouloir transparaître au-delà de ce flou irrésolu. Se voulant du bien, il se fait du mal, cercle vicieux sans une réciprocité triviale : se hasarder à se faire du mal ne conduit certainement pas au bien-être…

Sur un ton sarcastique, Friedrich Nietzsche écrivait: « *La Terre a une peau et cette peau a des maladies ; une de ces maladies s'appelle l'homme.* »[2]. C'est par de tels aphorismes pénétrants qu'il s'est le plus souvent exprimé, sur un ton fréquemment désabusé, jusqu'à se moquer de lui-même. Et c'est vraiment ce qui le caractérise. Mais laissons là Nietzsche à ses fréquentes

---

[2] Friedrich Nietzsche, Ainsi parlait Zarathoustra, traduit par Henri Albert -Œuvres complètes, vol.9, page 187. Mes remerciements à Michel Ligner qui a bien voulu me retrouver les références de ce fragment de Nietzsche.

envolées métaphoriques. Là est son humilité. Ce qu'il y a de merveilleux en l'homme, c'est sa faculté de pouvoir s'indigner, sans se renier. Là est son esthétique, sa vertu, sa noblesse.

Position des problèmes

Considérant au demeurant exclusivement l'*Hydrosphère*, nous avons levé quelque peu un coin du voile de la *Biosphère* qui nécessite à elle seule un tout autre ouvrage, voire plusieurs ouvrages, autant de livres que d'êtres vivants, autant d'écrits que d'hommes. On voit bien qu'il y a une infinité d'histoires ; mais pouvoir leur donner un sens intelligible, là est la grosse difficulté. Et l'on aurait davantage à écrire des livres sur les virus que sur les morues déjà en voie d'extinction… Il apparaît qu'on ne peut discuter de l'*Hydrosphère*, sans évoquer la *Biosphère* : un tout petit sous-ensemble en regard de l'immensité de l'Hydrosphère allant de quelque – 4°000 m de profondeur à +10°000 m d'altitude.

Hors de l'Hydrosphère, la vie ne peut s'organiser naturellement, ni s'installer librement d'une manière autonome. D'extension marginale, la Biosphère constitue un objet très spécial de l'univers. Mais c'est là où se joue le merveilleux miracle de la Vie dont nous avons peine à définir l'origine, la multitude et les frontières. Sans craindre un abus de langage, on parle plus de « Biosphère » que « d'Hydrosphère » qui a l'air de s'imposer de plus en plus à notre conscience, de par le changement climatique largement avéré. Il semblerait que la Biosphère se prêterait plus à une approche épistémologique que ne le pourrait l'Hydrosphère. Nous autres hydrogéologues, nous sommes trop englués dans des aquifères où il fait nuit noire. Nous nous trouvons noyés dans des techniques d'*Identification des systèmes hydrologiques*, parfois dans de grandes aridités mathématiques.

De « trop de technicité », nous sommes restés – en ce qui nous concerne – trop instinctifs, trop primitifs, moins intuitifs. Et ce n'est pas au soir de notre vie que nous allons pouvoir nous émanciper philosophiquement, harmonieusement, esthétiquement. Il nous faut déjà avouer que notre ouvrage sera trop technique et – hélas – très peu épistémologique. Par-delà toute illusion, nous ne saurions avoir une telle prétention ! Il nous faut déjà : Écouter le chant des oiseaux au lever du jour, Se mettre au diapason des palpitations de la Nature, S'enivrer du bruissement du vent dans les feuilles d'automne, Tendre l'oreille au murmure de l'eau qui habite cette nuit inconnue, Scruter l'obscurité de l'au delà qui vient à nos vagues approximations…

Il est à craindre que la perception de la Terre en un ensemble d'enveloppes concentriques, emboîtées en poupées gigognes, ne soit encore qu'un schéma trop simpliste, même s'il obéit rigoureusement aux lois des pressions isostatiques et de la gravitation universelle… Voyez combien les modèles de prévision des mouvements atmosphériques sont encore simplistes, et même souvent « à côté de la plaque », malgré la complexité des équations de Navier-Stockes mises en œuvre dans des gros ordinateurs, alors qu'il ne s'agit que des couches les plus superficielles de l'hydrosphère...

Dans la limite de notre modeste perception hydrologique où une vision épistémologique nous aurait irrémédiablement échappée, nous nous contenterons d'une appréhension de l'*Hydrosphère* en termes d'*Altérations* physico-chimiques. Une grande part de ces altérations - au demeurant naturelles - sont de plus en plus le fait sournois d'activités anthropiques polluantes au mépris de la fragilité avérée des écosystèmes. C'est seulement quand nous aurons saisi clairement les aspects physiques des phénomènes mis en jeu que nous tenterons de nous hasarder dans quelques réflexions philosophiques, ne serait-ce que par un *plaidoyer pour la sauvegarde de l'Hydrosphère.*

Portée de notre requête

Plus modestement, nous nous limiterons à quelques aspects hydrologiques de l'*Hydrosphère.* La quantité d'eau sur la Planète étant une constante largement prospectée, sinon connue au km^3 près, nous nous restreignons à sa qualité, à sa préservation, à sa protection, à ses disparités de plus en plus exacerbées. Vaste programme que nous terminons par des *Rêveries* venues à notre conscience sous l'effet de réminiscences quelque peu poétiques. Voici alors notre plan en quatre parties :

La première partie porte sur *l'origine de l'hydrosphère*, d'abord sur *l'apparition de l'eau dans l'univers* : premier chapitre par lequel nous nous consacrons plus particulièrement à l'émergence de l'hydrogène devenant rapidement *l'étoffe de l'univers*, puis à l'apparition de l'oxygène en plus faible proportion : 7%. S'ensuit miraculeusement une synthèse de la molécule dans de vieilles nébuleuses. Par-delà l'extrême brièveté de *l'Ère de Planck* et *l'effritement de la supra-gravité*, nous faisons brièvement état de *la nucléosynthèse primordiale* et de *la régénération des étoiles* par une *nucléosynthèse stellaire.* Survolant la constitution du Système solaire, le deuxième chapitre aborde *l'accrétion de la Terre* puis celle de *l'Hydrosphère* et, à terme, *l'émergence de la vie.*

La deuxième partie : *Géochimie de l'Hydrosphère*, commence par une *chimie des eaux du ciel* portant sur la minéralisation atmosphérique : Chapitre III par lequel nous rappelons la constitution de la molécule d'eau et ses isotopes, la formation de la pluie et la teneur des aérosols. C'est alors que nous abordons une description des *matériaux de la croûte terrestre* (chapitre IV), matériaux différenciés en roches ignées, sédimentaires, assorties de faciès des ions majeurs, considérant autant les milieux alcalins que les milieux carbonatés sous un *brassage de l'Hydrosphère* (chapitre V) allant de la *valse des océans* à l'impossibilité de prévoir les déluges. En quête de changements climatiques inexorables, nous faisons état de la *multiplicité des cycles hydrologiques*, de la *fluctuation des glaces* et des *disparités climatiques irréductibles*.

La troisième partie : *Altération de l'Hydrosphère* débute par un *Audit sur la qualité des eaux continentales* (chapitre VI) mettant en évidence les particularités hydro-chimiques, voire bactériologiques des eaux brutes susceptibles d'être mobilisées, en considérant le cas de l'Algérie. En soulignant les paramètres à corriger, nous indiquons le type de correctif à apporter : *Traitements des eaux pour l'AEP* (chapitre VII). En amont de tels traitements de plus en plus inévitables, nous préconisons quelques stratégies de préservation de la qualité des eaux brutes : *Protection des captages d'AEP* (chapitre VIII). Rappelant l'objectif spécifique aux trois périmètres : *immédiat, rapproché et éloigné*, l'accent est mis sur les critères d'extension du périmètre rapproché selon le type d'aquifère considéré. C'est ce périmètre qui fait particulièrement débat dans les DUP[3].

La quatrième partie entreprend un *Plaidoyer de la sauvegarde de l'Hydrosphère*, d'abord par un aperçu du *réchauffement climatique* : chapitre IX dans lequel nous faisons état de *l'effet de serre* et de quatre tentatives de lutte contre le réchauffement climatique : *Grande Muraille verte africaine, Barrage vert le long de la steppe, Mer intérieure au chott Melrhir, Atténuation de l'insolation par un voile orbital*. C'est alors que nous énoncerons notre plaidoyer en nous restreignant à une *éthique envers l'hydrosphère* : chapitre X par lequel nous essayons de situer les *degrés de responsabilité* assortis *d'engagement moral* en dépit d'une *paradoxale hégémonie de l'intérêt économique*.

[3] Déclaration d'utilité publique

Origine de l'Hydrosphère

« Tout ce qui existe dans l'univers est le fruit du hasard et de la nécessité ».

Démocrite

« D'abord il y eut le Chaos, l'immensurable abîme,
Violent comme une mer, sombre, prodigue, sauvage. »

John Milton

La remontée aux origines est éclairée par des observations astronomiques fragmentaires, parfois hypothétiques. Les hypothèses les plus en vogue font état d'une perpétuelle expansion de l'univers que l'on essaye de décrire approximativement par un modèle cosmologique standard, avec la prétention d'inclure l'inconciliable : la *Relativité générale* en ondes gravitationnelles et la *Gravité quantique* en interactions électrofaibles et interactions fortes entre quarks. Un très intense évènement originel, appelée communément atome primitif, a donné naissance à tout un Univers encore en expansion. Pressenti par G. H. Lemaître en 1925, mis en évidence par H. P. Hubble en 1929, l'éloignement des galaxies est décrit par une loi de récession toute simple : v = H*d (v = vitesse de récession, H = constante de Hubble : 72 ± 8 km/s, d = distance entre galaxies exprimée en Mpc ≈ 3 millions d'années-lumière).

La fuite des galaxies, à des vitesses proportionnelles aux distances, les unes par rapport aux autres, indique que l'univers devait avoir au demeurant la taille d'un atome primitif appelé encore « œuf cosmique »[4]. Cela implique un début à restituer en termes de temps et lieu infinitésimal (siège d'une densité extrême), puis une fin inéluctable qui semble bien plus imprévisible que ne le sont les changements climatiques dont on ne peut prédire qu'une chronique tout au plus hebdomadaire.

Se délestant de sa supposée constante cosmologique et après s'être départie de son erreur que l'univers aurait été statique, la théorie de la Relativité générale, encore en vigueur, indique en effet que l'expansion de l'univers observée en 1930[5] a dû être déclenchée par une explosion primordiale. Survenu il y a quelque 13,75 milliards d'années, l'instant initial de l'expansion reste inconnu. On en est encore à une appréciation « σαρκασμός »[6] appelée vaguement « Big Bang ».

---

[4] G. H. Lemaître. *La structure et l'évolution de l'univers*. In Onzième Conseil de Physique Solvay, 1958

[5] Hubble E. P. *Relation between distance and radial velocity among extra-galactic nebulae*, Proceedings of the National Academy of Sciences, vol. 15, n°3, 1929, p. 168

[6] Que notre connaissance naïve du grec avait traduite par « sarcastique, ironique », mais c'est plutôt « rire amer » rectifie D. Parrocchia, précisant que « sarcasme n'est pas un adjectif et [qu']il n'y a pas, en grec, d'adjectif correspondant à « sarcastique » (sarkastikos n'existe pas) »

Face aux limites de la théorie de la Relativité générale à pouvoir décrire l'instant initial, une tout autre théorie dite Gravité quantique à boucles s'est résolue à admettre provisoirement que notre Univers serait né d'un rebond de la contraction précédente et que la phase intermédiaire contraction-expansion aurait été sans espace ni temps. Échappant à la Relativité générale, le moment du Grand Rebond, appelé Big Bounce appartient au royaume inexploré de la Gravité quantique où l'univers aurait été dissous en un nuage probabiliste.

La théorie de la *Relativité générale* décrit suffisamment les propriétés locales de l'univers et ne peut rendre compte de sa métrique locale dont la structure pourrait correspondre à une variété infinie de formes. Apparemment, *Relativité générale* et *Gravité quantique* n'ont pas la même perception de l'«*ici et maintenant*» : la position d'un électron à un instant donné est décrite par une probabilité qui laisse entendre paradoxalement « le tout et son contraire » simultanément. Ainsi, dans le cas de la célèbre expérience de pensée dite « *Chat de Schrödinger* », on ne sait pas si le *Chat* est mort ou vivant et c'est troublant. L'assertion probabiliste se réduit à affirmer que le chat serait plutôt à la fois mort et vivant simultanément[7]. Incidemment D. Parrochia a eu à traiter de ce cas[8].

---

[7] Serge Haroche, Jean-Michel Raimond, Michel Brune : *Le Chat de Schrödinger*, La recherche n° 30, sept 1997

[8] D. Parrochia, *On some so-called paradoxes of quantum mechanics*, arXiv.

Apparition de l’eau dans l’univers

Aux prémices de l’univers, à une température inférieure à 10^{15} K, il y aurait eu une supra-gravitation qui aurait régné en maître sur les trois autres forces :

- *Interaction nucléaire faible* portée par les bosons W et Z ; elle est mise en jeu dans la radioactivité β^- par émission d’un électron ;
- *Interaction nucléaire forte* portée par les gluons sur de très courtes distances ; elle exprime l’intensité du lien entre proton et neutron dans les noyaux d’atomes ;
- *Interaction électromagnétique* unifiant l’électricité et le magnétisme pour mieux prendre en compte l’induction ainsi que les rayonnements visibles et invisibles.

Entre 10^{15} K et 10^{29} K l’*interaction nucléaire faible* et la *force électromagnétique* se sont unifiées en une seule force : *la force électrofaible.* Entre 10^{29} K et 10^{32} K l’*interaction nucléaire forte* et *la force électrofaible* se sont unifiées à leur tour en une seule : GUT (*Grand Unification Theory*). Le mystère de la gravitation reste une question ouverte, en particulier la propagation de la matière.

L’Ère de Planck

Restituant l’instant 10^{-43} s appelé *temps de Planck*, point de départ du *modèle standard* élaboré depuis 1970 par Friedmann-Lemaître-Gamow-Robertson-Walker, l’approche *cosmologique* actuelle se heurte pour le moment à un *point de fuite,* sans espace, ni temps, lieu de toutes les conjectures inaccessibles à toute investigation, à toute extrapolation, d’autant que la *courbure espace-temps* tend vers l’infini… Il s’agirait d’une très brève *singularité gravitationnelle* appelée *ère de Planck* durant laquelle les quatre forces (gravitation, électromagnétisme interaction faible et interaction forte) auraient été amalgamées en *supergravité*, en un lieu infinitésimal appelé *étoile de Planck*[9]. Une telle étoile serait constituée d’une espèce de plasma incandescent, d’une densité phénoménale, appelée *densité de Planck* : $\rho_P = 5{,}1*10^{96}$ kg/m^3.

En dessous du *temps de Planck* (t_P= $5{,}4*10^{-45}$s), l’espace infinitésimal, réduit à une *distance de Planck* ($l_P = 1{,}6*10^{-35}$ m), devient lisse ; sa rigidité n’admet aucune courbure ; la théorie de la *Relativité générale* est alors

[9] Aurélien Barrau et Carlo Rovelli, « *Planck star phenomenology* », *arXiv*, avril 2014

inopérante ; l'intervalle de temps infinitésimal précédant l'instant 10^{-43} s reste jusqu'alors indéterminé. Ce qui s'est passé avant le *temps de Planck* appartient à *l'incertitude cosmique*. *L'ère de Planck*, la première, est extrêmement courte de : $5,4*10^{-45}$ à 10^{-43}s. Comparée aux ères géologiques, elle est temporellement insignifiante. La présence de matière se réduirait à une concentration de particules et d'antiparticules éphémères, sinon virtuelles, des trous noirs évanescents où la température aurait été de 10^{32} K…

Effritement de la supra-gravité

Extrêmement brève, l'*ère de Planck* a laissé place à une évolution d'un Univers que l'Astrophysique tente à décrire par l'antagonisme de 4 forces distinctes. Par la suite d'une baisse de température, passant de 10^{32} à 10^{29} K, entre 10^{-43} et 10^{-38} s, la *supergravité* s'est quelque peu disloquée en deux forces : une force de *gravité* et une force dite *Grand Unification Theories (GUT)* unifiant encore là – pour peu de temps – 2 forces : une *interaction nucléaire forte* et une *interaction électrofaible*. Il s'en est suivie une inflation cosmique.

Entre 10^{-38} et 10^{-10} s, la température est passée de 10^{29} à 10^{15} K, la *GUT* s'est alors délitée en 2 forces : l'*interaction nucléaire forte* et l'*interaction électrofaible* incluant l'*interaction nucléaire faible* et la *force électromagnétique*. L'énergie libérée provoque une *inflation cosmique* ultraviolente extrêmement brève survenue entre 10^{-36} et 10^{-35} secondes, provoquant une dilatation brutale. Entre 10^{-35} et 10^{-33} s, l'univers s'est accru d'un facteur $3*10^{43}$. Durant ce laps de temps infinitésimal, l'intensité gravitationnelle s'est affaissée d'un facteur 10^{-40}, avec un *repliement des dimensions*[10] passant de 10 à 3. L'univers est encore une soupe de *quarks*, de *leptons* et de rayonnement.

Entre 10^{-35} et 10^{-12} s, l'émergence de l'*interaction nucléaire forte* va permettre la formation d'une multitude de particules et d'antiparticules, notamment des *électrons et des positons* par combinaison des *quarks* et *hardons*. Entre 10^{-6} et 10^{-4} s les quarks se lient entre eux fusionnant en *nucléons* (protons et des neutrons). Sous l'effet de l'*interaction nucléaire forte*, une ère des particules de matière et d'antimatière est lentement amorcée entre 10^{-10} et 10^{-3} s. Les électrons et positons s'annihilent sans se régénérer, début de désintégration des neutrons en protons, avec émission d'électrons et d'antineutrinos.

Mais avec le « refroidissement », intervient un processus de *rupture de symétrie* produisant de la matière au détriment de l'antimatière mise en évidence par Paul Dirac en cherchant à établir une combinaison entre

---

[10] Goddard et al. *Quantum Dynamics of a Massless Relativistic String, Nuclear Physics B 56, 109-135 (1973)*

Relativité restreinte et *Gravité quantique*. Corrélativement à la baisse de température passant de 10^{15} à 10^{12} K, l'*interaction nucléaire faible* s'est départie de la *force électromagnétique*, avec, en sus, l'apparition des *bosons* $W^{\pm}$ *et Z* découverts en 1983[11]. Mise en évidence par J. C. Maxwell en 1864, la force *électromagnétique* comporte l'électricité, le magnétisme et l'induction.

L'Ère de la nucléosynthèse primordiale

D'un *rebond* de l'*atome primitif* insondable, s'est libérée une énorme énergie qui s'est convertie en particules subatomiques. En quelques nanosecondes, sont nés : des *protons*, des *neutrons*, des *électrons* et des *photons*. Mis en évidence par la physique des hautes énergies, un univers de rayonnement, de matière et d'antimatière s'est formé rapidement en moins d'une seconde, entre 10^{-10} et 10^{-3} seconde. Malgré la brusque inflation de l'Univers, les particules sont trop agitées pour permettre une quelconque combinaison atomique ; à ce stade, il n'y a que des noyaux légers, des électrons libres, le tout formant une soupe encore opaque. Extrêmement agités, les électrons font obstacle à l'émergence des photons et à la propagation de la lumière.

Entre 10^{12} et 10^{11} K, le nombre de protons aurait été identique au nombre de neutrons. Par suite d'une baisse de température à 10^{10} K, la transformation des neutrons en protons devient univoque et se poursuit dans un rapport de 1/7. Libérant une énergie colossale, la collision entre protons et neutrons va permettre, par fusion, la formation de noyaux stables et de plus en plus lourds : l'hydrogène (un proton), le deutérium (un proton et un neutron), le tritium (un proton et deux neutrons), l'hélium (deux protons et un ou deux neutrons) … Découvert par sa signature dans le spectre du Soleil (d'où son nom), l'hélium est chimiquement neutre et a tendance à garder avidement ses *électrons* ; ses *noyaux*, appelés *particules-alpha* peuvent cependant participer librement à d'autres réactions nucléaires.

Durant les trois premières minutes, les *noyaux* n'ont pas encore de lien avec les *électrons* ; de plus, les particules à peine formées sont détruites par annihilation, ce qui les transforme en rayonnement électromagnétique constitué de photons. Seuls les *protons* et les *électrons* extrêmement agités ont pu survivre à une température de 10^{9} K. La *nucléosynthèse primordiale* commence entre 10^{-3} s et 3 mn, sous une baisse de température à 10^{7} K ; à partir de cette température la fusion nucléaire s'arrête. La matière se réduit à un plasma incandescent, opaque, composé de 75% de noyaux d'hydrogène et 25% de noyaux d'hélium où les électrons sont trop agités pour être capturés par l'attraction d'un quelconque proton.

---

[11] Mathieu Grousson (2010), *La traque des bosons W et Z*. La Recherche N 441, mai 2010, page 60

Émergence de l'Hydrogène

Avec l'inexorable expansion du très jeune Univers qui n'était qu'une boule de feu et la baisse concomitante de la température en dessous du milliard de degrés, matière et antimatière se détruisent par annihilation, laissant place à l'apparition de photons. Par-delà le rayonnement électromagnétique émergeant des photons, protons et électrons arrivent à survivre jusqu'à engendrer la matière. Il faudra attendre presque 400 000 ans et une baisse de température à 3000 K pour voir une accalmie des électrons et un phénomène de *recombinaison* entre *protons* et *électrons* permettant enfin l'apparition d'un semblant d'*atomes.*

Sur une période de 300 000 à 500 000 ans, l'Univers est dominé par un plasma opaque à son propre rayonnement où l'énergie transportée par les photons est supérieure à celle incluse dans la matière. Les photons ne cessent d'être émis et absorbés par les électrons formant un nuage opaque. Par suite de la *rupture de la symétrie originelle*[12] entre les interactions fondamentales, entre électrons et photons, l'Univers devient transparent. La captivité des électrons libère l'espace à une meilleure propagation des photons, source de lumière, tout au moins à une meilleure transparence dans les ténèbres sans la moindre étoile.

Au terme d'une *nucléosynthèse* originelle est apparu en premier lieu l'*hydrogène*. Simple *proton* associé à un *électron* par une sorte d'*accrétion* appelée *nucléosynthèse primordiale* ; c'est ce que l'on appelle *la période de recombinaison* dans laquelle l'hydrogène se maintiendra dans une forte proportion de 92 % des atomes constituant l'Univers et pèse à lui seul 70 % de la masse en expansion. Par suite d'une baisse de température inférieure à 10^4 K, l'hydrogène cesse d'être ionisé et devient atomique, jusqu'à générer des isotopes par fusion nucléaire : du deutérium (1 proton + 1 neutron), puis du tritium (1 proton + 2 neutrons) en plus faible proportion.

Apparition de l'Oxygène

L'apparition de l'atome d'oxygène remonte à la naissance des premières étoiles par nucléosynthèse stellaire durant l'Ère radiative. Par suite d'une baisse de température et de densité due à l'inexorable expansion, les réactions thermonucléaires se sont arrêtées, ce qui a permis à la matière – essentiellement de l'hydrogène et 7 à 8 % d'hélium – de se contracter davantage. Accélérée par une gravitation dominante, la contraction du nuage a dû déclencher une fusion thermonucléaire et une conversion frénétique de

[12] Joseph Silk : *Le Futur du Cosmos.* O. Jacob, 2015

l'hydrogène en hélium qui va se consumer à son tour. La transformation linéaire de l'hydrogène en hélium, appelée *chaîne proton-proton* se poursuit exclusivement au cœur du nuage, à plus haute température, par une *nucléosynthèse stellaire* cyclique appelée *Cycle Carbone-Azote-Oxygène*, mis en évidence par Hans Bethe et Carl Friedrich von Weizsäcker[13].

La nucléosynthèse amorcée va donner naissance à des éléments de plus en plus lourds accompagnés d'un rayonnement γ, mais surtout de l'hélium à profusion. L'extrême pression interne dégagée par les réactions thermonucléaires qui tendent à désagréger les nodosités initialement consolidées est contenue par la majestueuse force de gravitation, ce qui permet de maintenir durablement le chaudron de la nucléosynthèse dans les couches de plasma empilées autour de minces nodosités amorcées.

Successivement à la présence d'hélium dans une proportion suffisante, apparaît le carbone par suite d'une capture furtive du béryllium instable provenant de l'éphémère fusion de 2 noyaux d'hélium. La capture d'un hélium par le carbone va donner de l'azote. L'hélium de plus en plus abondant va être facilement capté par l'azote pour donner de l'*Oxygène*, un milliard d'années après le *Big Bang*.

Synthèse de la molécule d'eau

« La seule preuve possible de l'existence de l'eau,
la plus convaincante et la plus intimement vraie – c'est la soif »
E. Susuni : *Franz von Baader et le romantisme mystique*. T. I, p. 143

Né au cœur des étoiles, du feu scintillant de la nucléosynthèse, l'oxygène éjecté parmi les poussières va survivre et même renaître dans l'apparition d'autres étoiles, dans une proportion notable de 1 % de la masse de l'Univers[14]. Il lui reste à trouver l'opportunité de capturer l'hydrogène dans un nid de nébuleuse propice. Au delà de la disproportion entre l'hydrogène et l'oxygène, la synthèse de la molécule d'eau aurait eu lieu dans des nébuleuses tempérées, à la faveur exceptionnelle d'une température clémente et d'une protection contre le rayonnement ultraviolet tendant à rompre les fragiles liaisons atomiques. Les rayons cosmiques ionisent H et H_2 pour former l'ion H_3^+, selon une longue chaîne de réactions chimiques faisant intervenir l'hydrogène atomique H et le dihydrogène H_2. Cet ion réagit avec l'oxygène atomique O pour former OH^+ et H_2, puis H_2O^+ et H. L'ion H_2O^+ réagit avec des électrons libres pour former le radical OH et la molécule neutre H_2O.

---

[13] Kenneth S. Krane, "*Introductory Nuclear Physics*", John Wiley & Sons, New York, 1988, livre de 537 pages,

[14] Marie-Christine de La Souchère – (2009) – *L'Oxygène*, in La Recherche n° 429 avril 2009 page 75

Dans les nuages interstellaires denses et froids, où la température n'excède pas 20 K, l'eau se forme directement par des réactions chimiques à la surface des grains, carbonés et/ou silicatés. La grande mobilité des atomes d'hydrogène sur les surfaces froides favorise les réactions chimiques et la formation des molécules d'eau H_2O, de méthane CH_4 et d'ammoniac NH_3, (T. Encrenaz, 2004)[15]. Les violentes explosions des supernovae donnent naissance à :

- des nuages interstellaires très denses (milliers de particules par cm^3) et très froids (20 K),
- des molécules d'eau dans une faible proportion : un millionième de la masse de l'Univers, présentes sous forme de condensation en manteaux de glace enveloppant des poussières d'étoiles : silicates, graphite… L'eau interstellaire est adsorbée par des particules solides, jusqu'à former des comètes massives, glaciales. Mis sur orbite en 1995, à la recherche de l'eau dans l'Univers, le satellite ISO (*Infrared Space Observatory*) a révélé beaucoup plus d'eau sur Jupiter que sur Terre. Il s'est avéré que Jupiter serait recouvert d'une couche de 150 km de glace enveloppant un océan liquide de 50 km de profondeur[16].

Régénération des étoiles

« Il faut avoir du chaos en soi pour pouvoir accoucher d'une étoile dansante »

Friedrich Nietzsche

Dans les gigantesques nébuleuses parsemant l'espace, la naissance des étoiles a pu être détectée par des télescopes à infrarouge sous forme de scintillement de points chauds dont la couleur dépend de la température de surface (bleues : elles sont très chaudes, rouges : elles sont froides) ; alors que la luminosité va dépendre de la masse. Apparues en moins de 200 millions d'années après le *Big Bang*, les premières étoiles auraient été très massives et avaient disparu plus rapidement en raison de leur masse : leur durée de vie est inversement proportionnelle à leur masse. La fin de vie d'une étoile se termine souvent par une implosion : contraction du cœur suivie d'une violente explosion. Les *géantes* meurent plus vite, plus violemment par un éblouissant feu d'artifice. Les *naines rouges* survivent plus longtemps et peinent à mourir.

L'*Ère stellaire* dans laquelle nous sommes encore pour un temps indéterminé aurait été amorcée bien avant l'apparition de l'oxygène. L'*étoile primitive* est apparue avec le processus qui a donné naissance aux premiers éléments : hydrogène, hélium…, oxygène, un milliard d'années après le *Big*

---

[15] Thérèse ENCRENAZ, *A la recherche de l'eau dans l'Univers*. Ed Belin, 2004.

[16] Thérèse ENCRENAZ, *L'eau dans le système solaire*. Bulletin de la Société Royale des Sciences de Liège, Vol. 79, 2010, pp. 76 - 89

Bang. Exhalé d'un plasma incandescent, le magma s'est épanché en un vaste nuage de gaz : une nébuleuse constituée essentiellement d'hydrogène. L'hégémonie de l'hydrogène s'est effondrée en nodosités étincelantes donnant naissance à une *protoétoile* qui va acquérir une rotation de plus en plus rapide. Le champ magnétique s'entortille aux 2 pôles par lesquels une fraction de matière est alors éjectée à grande vitesse le long des lignes de force.

Sous l'effet de la rotation, la *protoétoile* va s'aplatir en se densifiant. Sous l'effet de la *gravitation,* la matière se concentre, s'agglutine et va acquérir une rotation de plus en plus rapide. Les collisions de plus en plus fréquentes deviennent violentes jusqu'à déclencher des réactions thermonucléaires. Au centre la température devient intenable, incandescente, la fusion thermonucléaire prend le pas sur la gravitation. À l'équilibre entre effondrement gravitaire et expansion thermonucléaire forte, l'étoile, ainsi formée, va acquérir une stabilité volumétrique, tandis que sa masse se stratifie en densité différentielle décroissante depuis le centre vers la périphérie.

Nucléosynthèses stellaires

Nourrie par les éléments primordiaux (H, He, Li, Be…), la fusion thermonucléaire, générée au centre des étoiles massives va produire une série d'éléments de plus en plus lourds en allant vers le cœur[17]. Les particules-alpha des noyaux d'hélium entrent en fusion et vont donner le carbone (6 protons et 6 neutrons) résultant de la réaction triple-alpha. La température augmentant, la capture d'une autre particule-alpha par le carbone va donner un noyau d'oxygène (8 protons et 8 neutrons) qui va donner à son tour, par capture particule-alpha, le néon-20.

Viennent ensuite par le même processus des cations de plus en plus lourds Na, Mg, Al, Si, Ti…, Fe. L'évolution d'un élément à l'autre provoque un flash d'énergie secouant violemment l'étoile en une mort spectaculaire. D'un élément à l'autre les flashs deviennent de plus en plus brefs, de plus en plus intenses, passant d'une nucléosynthèse calme à une nucléosynthèse explosive éjectant des éléments lourds dans un milieu froid, presque vide : moins d'un atome par centimètre cube.

L'apparition du fer vient compliquer ce schéma par une contraction brutale du cœur de l'étoile. La fusion du fer étant endothermique, la production d'énergie va alors chuter brutalement. L'étoile n'est plus soutenue par la pression radioactive. En quelques secondes le cœur va s'effondrer, sa densité augmente jusqu'à atteindre la densité des noyaux atomiques.

---

[17] Burbidge E. M and G. R. Fowler A. Hoyle F. (B^2FH) : *Synthesis of the Elements in Stars*. Rev. Mod. Phys. 29,547-650, oct 1957

L'effondrement gravitationnel est tel que la compression des électrons vers les protons va fusionner en neutrons.

L'énergie colossale dégagée est à la mesure de la relativité restreinte : $E = m*c^2$. L'effondrement des strates périphériques qui, heurtant violemment le cœur, va rebondir instantanément. Balayant l'étoile, une onde de choc centrifuge va rallumer les strates concentriques par une *nucléosynthèse explosive*. L'énergie cinétique dégagée s'accroît considérablement de façon désordonnée en raison des nombreuses collisions des strates expulsées.

Au delà de l'apparition du fer, les éléments de plus en plus lourds sont alors synthétisés dans l'extrême violence de l'explosion finale des supernovæ selon deux processus de réactions thermonucléaires de fusion : *addition rapide de neutrons* (rn) et *addition rapide de proton* (rp). La capture des neutrons expulsés lors de l'explosion produit une succession d'isotopes instables. Durant un laps de temps très court, de nouveaux éléments apparaissent en faible quantité à la faveur de la destruction des isotopes instables : $^{56}Fe \rightarrow {}^{57}Fe \rightarrow {}^{58}Fe \rightarrow {}^{59}Fe \rightarrow {}^{59}Co + e^- + \nu$ (radioactivité β^-).

Le même processus se répète en allant du cobalt au bismuth, via le nickel, puis le Cu…, selon un processus relativement lent. L'évolution du bismuth vers l'uranium se fait selon un processus plus accéléré, lors de l'extrême violence de l'explosion finale produisant en quelques secondes un flux énorme de neutrons. C'est alors que la panoplie des éléments expulsés tous azimuts va pouvoir se combiner dans de nouveaux complexes moléculaires plus riches en éléments plus lourds qui vont s'agglomérer en comètes…, en planètes telluriques. D'autres étoiles, se succédant, enrichissent l'Univers d'une soupe plus nuancée pouvant devenir une crème glacée indigeste…

Propulsés dans un environnement froid, à 10 000 km/s, les produits de la déflagration se combinent en isotopes de plus en plus lourds, de plus en plus radioactifs, au fur et à mesure des collisions. De ce désordre cataclysmique va naître une *supernova* qui finit dans une tout autre tragédie, dans un résidu compact appelé *étoile à neutrons*. De quelques dizaines de kilomètres de diamètre, ce résidu à neutrons, d'une extrême densité, 10^{15} g/cm^3, n'a rien d'une étoile. Tournant frénétiquement sur lui-même, 30 fois par seconde, il génère un rayonnement de pulsars bipolaires le long de lignes de champ magnétique. Provenant d'étoiles massives, les résidus à neutrons peuvent évoluer en trous noirs…

Naissance de la Terre

Heureusement, la Terre, toujours en travail de création nouvelle,
ne cesse d'agir sous nos yeux et de nous montrer comment
elle change peu à peu les rugosités de la surface.
E. Reclus

Gravitant lentement autour du Soleil, le nuage de poussières périphériques s'est agglutiné selon une stratification différentielle en densités décroissantes. Entre le *Proto-Soleil* et les strates périphériques, la différence de vitesses induit des interactions magnétiques exothermiques. De telles interactions peuvent déclencher des phénomènes de *spallation* au voisinage de la zone interne du disque *proto-solaire* où la température peut dépasser les 2000 K. L'agglomération de poussières à partir du disque *Proto–planétaire* dépend du refroidissement adiabatique.

Au voisinage du *Proto–Soleil* se trouvent les éléments, plus lourds, plus réfractaires, essentiellement des silicates, tandis que les éléments légers (H, He) sont chassés par un puissant rayonnement solaire, de plus en plus en périphérie, au delà de l'orbite de Mars. Les roches les plus anciennes sont apparues il y a quelque 4 milliards d'années durant l'*Hadéen*, chronique géologique allant de 4 à 4,57 milliards d'années, avec une *Proto-atmosphère* alimentée par un dégazage constitué essentiellement de CO_2, H_2O, CH_4, NH_4 H_2, N, et SO_2, alors que l'actuelle atmosphère est faite quasiment de 78% d'azote et 21% d'oxygène. C'est dire que l'âge de la Terre se confond quasiment avec celui du système solaire.

Constitution du Système solaire

Dans une météorite tombée à Orgueil (Tarn-et-Garonne) en 1864, N. Dauphas[18] a pu déceler des indices de l'explosion d'une supernova qui aurait été à l'origine de la formation du système solaire par effondrement gravitationnel d'un nuage de gaz expulsé par l'ultime déflagration de la supernova du nom de *Coatlicue* (mère du Soleil dans la cosmogonie aztèque)[19]. Pour qu'une accrétion de gaz devienne consistante, elle doit se densifier par contraction gravitationnelle accompagnée de rotation selon une loi de conservation du moment angulaire. Une telle rotation va induire une

---

[18] Dauphas N. et al, : *Neutron-rich chromium isotope anomalies in supernova nanoparticles*. Astrophysical Journal, Vol 720, Num 2, 1577, 2010

[19] Gounelle M. et Meynet G: *The Solar System Genealogy revealed by Meteorites*. Astronomy & Astrophysics 545, A4 (2012) - DOI: 10.1051/0004-6361/201219031

force centrifuge et un aplatissement de matière en un disque selon un plan équatorial.

De cet effondrement est né un disque stellaire évasé, une vaste nappe circulaire tournant sur elle-même, lentement en périphérie, plus rapidement au centre où la matière s'est comprimée jusqu'à provoquer une fusion thermonucléaire. De cette fusion est née une *proto-étoile* grossissant par emballement gravitationnel, jusqu'à atteindre le *stade T-Tauri* en une dizaine de milliers d'années. Durant la phase *T-Tauri*, le rayonnement aurait été de 10^3 à 10^4 fois plus que la luminosité actuelle. Ayant duré un milliard d'années, la phase T-Tauri s'est contractée davantage en *Proto-Soleil* : une étoile de taille moyenne. Rejoignant la *séquence principale* du *Diagramme de Hertsprung-Russell*, il s'est niché dans un bras galactique (*bras d'Orion*) de la *Voie lactée*. Débute alors un long processus de condensation de gaz, sous faible pression, en poussières s'agglutinant en *planétésimaux*. Une grande proportion d'hydrogène et d'hélium est alors absorbée par la constitution des planètes.

Gravitant autour du *Proto-Soleil*, sur des orbites encore instables, les *planétésimaux* entrent violemment en collisions : les plus gros avalent les plus petits. De fréquentes collisions avaient, réduit le système solaire à une dizaine de planètes. Relativement au faible moment angulaire du Soleil lui-même, les mouvements orbitaux des planètes ont dû absorber la quasi totalité du moment angulaire, transférant l'accrétion centrale : le *Proto-Soleil*, vers la nébuleuse *proto-planétaire*, les lignes de force magnétique venant accélérer la rotation périphérique au dépend de la rotation centrale.

Dans cette nébuleuse de plus en plus aplatie par les forces centrifuges, des planètes se sont formées progressivement en moins de 100 millions d'années, tournant à peu près dans le même plan équatorial. Plus ou moins déjà formées, les planètes telluriques avoisinantes ont dû subir des radiations létales. La Terre devait avoir déjà quelque 900 millions d'années. Si nous sommes actuellement à l'abri du vent solaire et des UV, c'est grâce au puissant champ magnétique développé autour de la Terre (il y a au moins 3,5 milliards d'années) et à la constitution progressive de la couche d'ozone émergeant de l'enrichissement en oxygène, 2.5 milliards d'années après l'*accrétion terrestre*.

Traversant bras et interbras à la vitesse de 220 km/s, le Soleil met 250 millions d'années à faire le tour de la Voie lactée. Le passage d'un bras à interbras galactique provoque une variation de l'intensité du rayonnement cosmique : plus intense dans les bras que dans les inter-bras, ce qui a donné à penser à certains physiciens que la variation de l'intensité du rayonnement serait en partie la cause de la variation de la condensation de la vapeur d'eau dans l'atmosphère et par conséquent des changements climatiques[20]. D'autres

---

[20] Svensmark H.: *Cosmoclimatology: a new theory emerges*, Astronomy & Geophysics 48 (2007) pp. 1.18-1.24

remettent en cause l'éventuel impact de la variation de l'intensité du rayonnement sur la condensation de la vapeur d'eau dans l'atmosphère[21].

Né il y a 4,56 milliards d'années, le Soleil aurait encore à vivre 4,5 à 5 milliards d'années au terme desquelles il aura consommé son hydrogène en le transformant en hélium. Il y a environ 4,5 milliards d'années, l'intensité du rayonnement solaire valait 70% de sa valeur actuelle dont le flux d'énergie à la surface du Soleil est estimé à : $F_S = \sigma T_S^4 = 6{,}32 * 10^7$ $W*m^{-2}$, où σ = 5;67037442*10^{-8} $kgs^{-3}K^{-4}$ = constante solaire de Boltzmann, T = 5780° K = température moyenne. Pour un rayon stellaire R de 695 600 kilomètres, la conservation de l'énergie rayonnée à travers l'espace serait de $F = F_s(R_S/R)^2$ = 1360 à 1370 $W*m^{-2}$. La valeur la plus souvent retenue est celle de 1368 $W*m^{-2}$.

Tant qu'il a suffisamment d'hydrogène pour alimenter la fusion nucléaire et exercer ainsi une pression radioactive contre la compression gravitationnelle, son volume restera relativement constant. Toute pression radioactive cessant, l'astre se contractera violemment, déclenchant ainsi la fusion de l'hélium en carbone et peut-être un peu d'oxygène. Par suite d'épuisement de son hélium, il se dilatera en *géante rouge* avalant les planètes auxquelles il avait donné naissance, les réduisant en vapeurs : nés de poussières, nous redeviendrons poussières... Perdant ses couches externes, le Soleil se réduira en *naine blanche*. L'histoire de la Terre recèle bien d'autres tragédies d'une rare violence. Et à chaque fois, elle s'est merveilleusement ressaisie tel un phénix renaissant de ses cendres. Avec la mort du Soleil, ça sera vraiment la fin du monde dans lequel nous vivons.

Apparition des chondrules

Par suite d'une baisse de température périphérique, une cristallisation différentielle laisse apparaître une succession de météorites silicatées provenant de la ceinture d'astéroïdes située entre Mars et Jupiter. Entre le Soleil et le disque de poussières (inclusion de type CAI : *calcium-aluminium-rich-inclusions*), il y a eu d'abord apparition des *chondrites*, à plus de 1500 K, dans une proportion de 80 à 85%. Elles sont constituées d'une matrice cristallisée, riche en Fe, Ni et S.

Ce sont là les vestiges les plus âgés, les plus primitifs du système solaire. On y trouve de l'olivine, du pyroxène et des plagioclases, répartis de manière homogène dans les silicates de calcium et d'aluminium, tels que l'anorthite : $Si_2Al_2O_8Ca$, la mélilite : $[Si_3AlO_{14}]Ca_4AlMg$ ou encore la pérovskite : $CaTiO_3$. Une grande partie de l'aluminium est l'isotope stable :

---

[21] Sloan T.et Wolfendale A. *Testing the proposed causal link between cosmic rays and cloud cover, Environmental* Research Letters 3 (2008) 024001.

^{27}Al. Une petite fraction (^{26}Al) est radioactive dont l'instabilité va se transformer, en quelques centaines de milliers d'années, en ^{26}Mg.

Plus loin, dans le disque *Proto-solaire*, en refroidissement adiabatique, entre 1200 et 1400 K[22], il y a eu apparition des *chondrules* : toutes petites boules de silicates de 0,5 à 5 mm de diamètre. Il s'agirait de gouttelettes de silicates fondus formées selon un processus de différenciation. Se refroidissant, elles se cristallisent en olivine : $SiO_4[Mg,Fe^{2+}]_2$ et en pyroxène : $Si_2O_6[Mg,Fe^{2+}]_2$. Enrichies d'eau et de composés organiques, ces gouttelettes, à peine refroidies, se couvrent d'une couronne d'argile. Une telle argile apparaît étonnamment sans la présence de solution aqueuse. Et c'est d'autant plus surprenant qu'au fin fond du Cosmos l'eau n'est présente qu'à l'état de glace.

La fraction minérale de la matrice ainsi formée comporte des espèces hydratées telles que les phyllosilicates ferro-magnésiens : serpentine, cronstedtite, et même des smectites dont les feuillets peuvent s'engorger d'acides aminés, intercalant des sulfures, telle que la tochilinite. Comme en témoigne la proportion des isotopes ^{18}O, ^{17}O et $^{1}6O$, restée inchangée, la formation des chondrites et des chondrules proviendrait plutôt du cosmos.

Il apparaît que les chondrules sont plus jeunes que les CAI, d'au moins deux millions d'années. C'est à partir des inclusions réfractaires de type CAI que l'on a pu dater l'origine du système solaire avec une prodigieuse précision. L'âge retenu : soit 4,568 ± 0,003 est obtenu par la mesure des teneurs en ^{147}Sm non désintégré, puis en ^{144}Nd (isotope le plus abondant du néodyme) et, enfin, les teneurs en ^{143}Nd. Il s'avère que le samarium contenu dans les inclusions Ca-AI peut se substituer au Calcium et à l'Aluminium.

Déjà riches en molécules hydratées, l'accrétion des nodosités telluriques en agrégats de silicates ne sont encore que de minuscules objets d'une dizaine de microns de diamètre. Adsorbant par la suite des gaz ionisés, ces tout petits agrégats vont s'agglomérer en conglomérats de plus en plus massifs. Avalant sur leur passage la profusion de poussières et gaz le long de leurs orbites, ces conglomérats vont à leur tour « nettoyer » l'espace autour du Soleil tout en grossissant. C'est alors que la gravitation va prendre le relais en accélérant le processus d'accrétion en *planétésimaux* de quelques kilomètres de diamètre en 5 à 10 millions d'années, et plus lentement, durant 50 à 100 millions d'années la formation des *planètes telluriques* à partir d'une lignée d'astéroïdes (Fig.1).

---

[22] Bouvier A. Wadhwa M. *The age of Solar System redefined by oldest Pb-Pb age of a meteoritic inclusion.* Nature Geoscience, 2010, v. 3 pp. 637-641

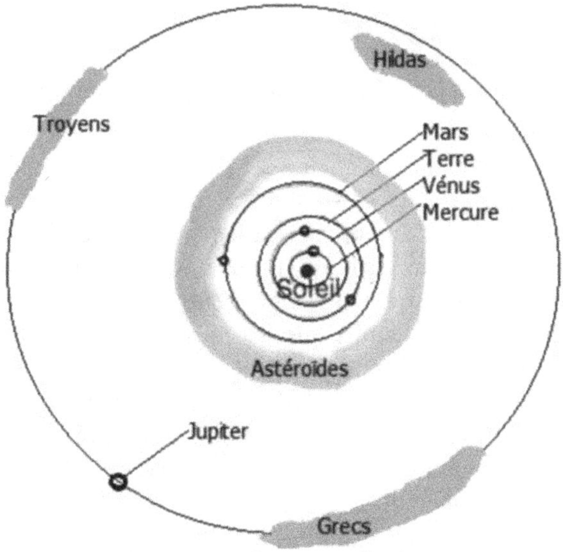

Fig.1- Les planètes telluriques

La plus proche du Soleil, la planète *Mercure* est dépourvue d'atmosphère et de tout autre tectonique, si ce n'est de gigantesques failles radiales offrant une surface cratérisée où règne une température effroyablement contrastée : +427 °C, le jour et -173°C, la nuit. Constamment à l'ombre, le fond de ses cratères recèle de la glace. Probablement aminci par une violente collision avec un embryon tellurique, son manteau renferme un gros noyau dans une proportion de 42%.

Également sans tectonique, Vénus offre des cratères caillouteux et de nombreux vestiges volcaniques, sous une chape gazeuse très dense et très opaque : ne permet pas l'observation directe, si ce n'est par imagerie radar. Après la *Terre*, c'est *Mars* qui termine la suite tellurique, attirant de plus en plus quelques velléités scientifiques y envoyant des robots, à la recherche de traces de vie, d'autant que son hémisphère sud ressemble à ce qu'aurait été la surface de la *Terre* à l'*Hadéen*, il y a plus de quatre milliards d'années.

Entre Mars et Jupiter, devrait se trouver, en principe, une planète qui n'a pu se consolider à cause des résonances gravitationnelles avec l'énorme Jupiter venant compliquer ce schéma par la gravitation de millions d'astéroïdes le long d'une ceinture orbitale. Le long de l'orbite de Jupiter, on observe d'autres traînées d'astéroïdes que sont les Hildas, les Troyens et les Grecs en procession gravitationnelle.

Accrétion de la Terre

Sous cette couverture et cette écorce de terre, de pierres, de manteaux, d'eau, etc., se cache un grand aimant...

Galilée, 1632

Au fur et à mesure du processus d'accrétion, la collision brutale entre météorites et planétésimaux produit suffisamment de chaleur induisant une fusion de planètes dans lesquelles les éléments plus lourds, en particulier le fer, migrent vers le centre, tandis que les plus légers (les alumino-silicates) vont former l'enveloppe mantellique et par la suite une croûte. Sous l'effet d'un refroidissement, il y a eu d'abord apparition d'oxydes riches en Ti, Al, Ca en faible proportion à 1500 K, puis condensation massive du fer et du nickel à 1375 K, sous un manteau de silicates survenu à 1370 K. L'accrétion de la Terre aurait eu lieu en deux étapes :

- agrégation des poussières stellaires proches du plan de symétrie du disque proto-solaire par accrétion à faible vitesse, jusqu'à atteindre une nodosité tellurique d'une dizaine de km de diamètre ;
- emballement gravitationnel des coalescences autour de la nodosité à une vitesse exponentielle, jusqu'à atteindre la taille des *planétésimaux* de plusieurs centaines de km de diamètre, qui se sont différenciés en noyau métallique enveloppé dans un manteau silicaté.

Au terme de cet emballement gravitationnel qui aurait duré quelque trente millions d'années, la Terre n'était constituée que de trois enveloppes : le noyau constituant un tiers de la masse terrestre (32,4%), le manteau et l'hydrosphère. Abondants dès l'accrétion primaire, le fer et le nickel, en fusion, vont percoler sous forme de diapirs vers le centre, en une « chute douce » appelée parfois « *catastrophe du fer* ». Sous l'effet de réactions d'équilibres chimiques entre métal et silicate soumis à des pressions et températures colossales, une grande proportion de fer reste piégée dans l'épaisseur du manteau, proportion atteignant les deux tiers du fer naissant. De même qu'il y a du silicium et de l'oxygène entraîné dans le noyau, sous une faible proportion estimée à 10%.

Il s'avère, en effet, que la densité du noyau est inférieure au strict mélange fer-nickel et qu'il y a bien de l'oxygène, du soufre, du silicium et même du phosphore. En dépit de la pression colossale, la température était telle que la *graine* n'a pu se rigidifier, comme en témoignait l'absence de champ magnétique. Les roches magnétisées sont apparues il y a 3,2 milliards d'années, bien après l'achèvement du noyau dont la consolidation en *graine* aura duré un million d'années. Elle s'est alors enveloppée d'une couche de fer liquide, puis d'un manteau constitué d'oxydes de magnésium, de fer et de silicium.

L'énigmatique Limite D''

La transition entre la base solide du manteau à 2700 km et l'enveloppe fluide du noyau à 2900 km est marquée par une couche discontinue et hétérogène, appelée *limite D''*[23]. Elle a été découverte en 1949 par Keith Bullen[24], celui-ci y observant une variation singulière des vitesses d'onde sismique à travers une stratification de densités différentielles.

Il s'agirait d'une espèce d'interface chimique, apparemment lamellaire, très active, où règnent une température de 3°000 °C, une pression de 130 gigapascals et une distribution anisotrope des caractéristiques physiques vectorielles. Son maintien énigmatique à la base du manteau (Fig.2) serait dû à la présence de *post-pérovskite* issue d'un changement de la bridgmanite[25] dans une proportion de 3% de celle de la Terre.

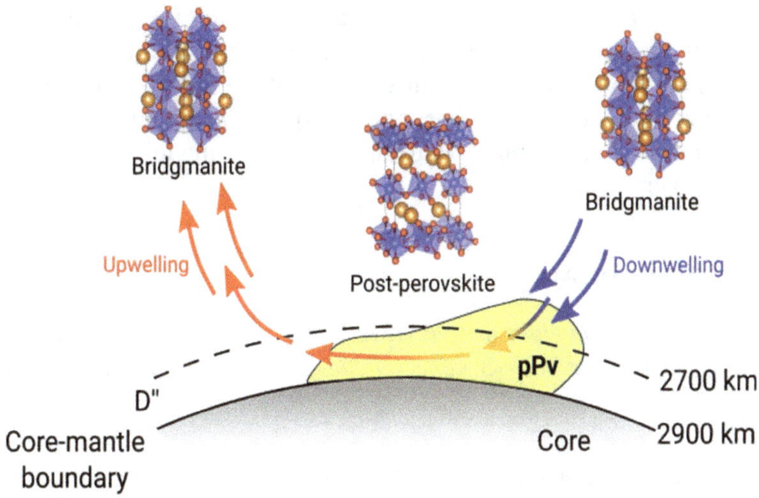

Fig.2- Couche D''Transition de la bridgmanite en post-pérovskite[26].

---

[23] Appellation qui proviendrait peut-être de la stratification de densités différentielles dont elle est constituée

[24] Bullen, K. E. *Compressibility-pressure hypothesis and the earth's interior*. Geophysical Journal International (1949) doi :10.1111/j.1365-246X.1949.tb02952.x

[25] Murakami, M.; Hirose, K.; Kawamura, K.; Sata, N. & Ohishi, Y. *Post-Perovskite Phase Transition in MgSiO3*. Science (2004) doi: 10.1126/science.1095932

[26] Langrand, C. Andrault, D. Durand, S. *et al.* Kinetics and detectability of the bridgmanite to post-perovskite transformation in the Earth's D" layer. *Nature Communication* (2019). doi:10.1038/s41467-019-13482-x. « *Illustration de la transition de la bridgmanite d'une structure pérovskite vers une structure post-pérovskite. Avec la subduction, le matériel atteint la couche D''. Le minéral*

Entre la bridgmanite et la post-pérovskite, plus dense que la pérovskite proprement dite constituant, quant à elle, 75% du manteau inférieur, la cinétique de transformation n'a apparemment pas d'effet sur la dynamique du manteau, tout au moins à long terme. La discontinuité par endroits de la couche D'' serait due à l'impossibilité pour la post-pérovskite de se former, de par une température localement plus élevée.

Gondolé en creux et en dômes (sur une envergure atteignant le kilomètre), son relief permet un couplage efficace entre noyau et manteau et davantage de mouvements de convection. Prenant racine dans les dômes de la couche D'', des effusions envahissent le manteau par endroits, émergeant ici et là en panaches volcaniques. Elle est aussi le lieu d'amoncellement des plaques tectoniques en subduction, tombant en ruine dans les creux de ladite couche.

La compréhension de sa structure permettrait de mieux percevoir la dynamique du manteau constituant 83% du volume de la planète et 67% de sa masse, contenant le noyau : une boule de fer fondu dont l'agitation par convection est à l'origine du champ magnétique impulsé par une graine de fer à l'état solide. Entre le manteau (constitué essentiellement de roches silicatées) et le noyau (où prédominent le fer et le nickel) les viscosités sont à leur paroxysme : 10^{-1} pascal-seconde (Pa.s) dans le noyau et 10^{21} Pa.s dans le manteau. Survenue durant l'Hadéen, la nature d'une telle limite reste une question ouverte.

L'Océan magmatique

Tant que la surface du globe n'a pas été refroidie au point de permettre à l'eau d'y séjourner sans s'exhaler en vapeur, toutes nos mers étaient dans l'atmosphère.
Buffon, 1778

Incluant une portion de l'énorme collision tangentielle avec *Théia*, la Terre était couverte d'un océan de laves essentiellement basaltiques surmontées ici et là par des croûtes de plagioclases. On parle alors d'*océan magmatique généralisé* resté visqueux durant une centaine de millions d'années, sur une profondeur de 1000 km. L'état pâteux, mi-solide, mi-fluide, est accentué par bien d'autres sources d'énergie : compression par accrétion, conversion de l'énergie gravitationnelle en chaleur et plus notablement la désintégration des éléments radioactifs qui étaient plus abondants. La Terre n'était plus qu'une boule en fusion où l'eau, instantanément émulsionnée,

---

bridgmanite se transforme vers une structure post-pérovskite (région en jaune). Cette transformation peut expliquer un nombre important d'observations sismiques dans la couche D''. »

induisant une baisse des densités, provoque le naufrage de toute velléité des feldspaths à se constituer en croûte de gabbros.

La durée de l'*océan magmatique* a pu être déterminée à l'aide de traceurs isotopiques instables, par différenciation entre état liquide et état solide. Dans l'état liquide ne subsistent que les *éléments incompatibles*, tels que les basaltes KREEP : potassium, terres rares et phosphore. Dans l'état solide on ne trouve que les *éléments compatibles* incrustés structurellement aux cristaux, tel le titane. Il s'avère que l'isotope le mieux approprié pour une telle détermination est le samarium-146 qui se désintègre en néodyme-142, en émettant une particule α et un neutrino : $^{146}Sm \rightarrow {}^{142}Nd + \alpha^2 + \upsilon$.

Ayant existé durant les premiers 500 millions d'années, le ^{146}Sm a vu sa radioactivité s'éteindre. Issu de l'isotope ^{146}Sm, le ^{142}Nd a pu migrer longuement vers l'océan magmatique, pour autant que la fusion eut été active et que le ^{146}Sm eut été présent. Des découvertes récentes sur la côte ouest du Groenland révèlent un déficit important en ^{142}Nd dans les roches très anciennes, datant de 3,4 milliards d'années. Auquel cas l'océan magmatique aura persisté durant quelque 100 à 200 millions d'années. Les modèles géochimiques s'accordent sur une moyenne de 160 millions d'années.

En dépit de la faible énergie solaire, un tel océan dégageait une chaleur infernale et des effluves nauséabondes : CO_2, CH_4, H_2S... Malgré l'épais *effet de serre* (EdS) et la turbulence de la couche superficielle du magma, le déficit en énergie solaire de l'époque aura permis, cependant ici et là, la solidification de la lave en fragments de banquises chaloupées par de violents mouvements de convection. D'incessants bombardements par les météorites viennent briser le semblant de croûte en formation.

Corrélativement à la teneur en eau et aux gradients de température et de pression, s'opèrent une différentiation et un dépôt des minéraux selon les densités mises en jeu. Les plus lourds, tels que la pérovskite, tombent en catastrophes au fond du magma, à quelque 250 km, le rendant de plus en plus visqueux, puis pâteux, par accumulation sous l'olivine surmontée de la dunite qui commence à s'épaissir par le haut et par le bas. De cet épaississement sont nées des roches compactes.

Un refroidissement local en quelques points aurait donc permis l'émergence de quelques banquises basaltiques et une cristallisation progressive en dunite et en pérovskite. Le processus de différenciation par refroidissement des minéraux laisse apparaître, d'abord des fragments de croûte dérivant au gré des turbulences induites par des cellules de convection, puis une croissance lithologique et un remodelage par une succession d'orogenèses.

La *lithosphère* ainsi formée sur une épaisseur de quelque 70 km, soit 0,4% de la masse totale de la Terre, s'est constituée voilà déjà 4,4 milliards d'années, comme en témoignent la présence des zircons dans les grès australiens. Au bout de 100 millions d'années, la Terre s'est recouverte d'une croûte, essentiellement de basaltes et de komatiites. Elle s'est différenciée en croûte continentale faite essentiellement de granite et de gneiss et en croûte océanique essentiellement basaltique : à l'image du manteau, en raison de la fusion partielle aux dorsales.

Mais il conviendrait de donner une chronologie litho-stratigraphique établie selon les principes de continuité et d'identité du contenu paléontologique décrits par l'*International Commission on Stratigraphy* (ICS), Fig.3,4,5. Longue évolution dont nous percevons approximativement quelques épisodes.

L'Hadéen

Marquant le début de l'accrétion terrestre, l'Hadéen, aura duré de 4,5 à 4 milliards d'années et même au-delà. Il se serait terminé vers les 3,8 milliards d'années, après le *bombardement tardif* par lequel la croûte terrestre s'est parée de métaux nobles. La Terre était recouverte surtout de laves en fusion assez fluides et de fragments de basalte s'écornant entre elles par des mouvements erratiques, quand ils ne sont pas de nouveau brisés par d'innombrables bombardements météoritiques. Plus proche de la terre, 25°000 au lieu de 350°000 km actuellement, la lune exacerbait la fragmentation par d'épouvantables marées induisant un démantèlement érosif.

Provenant de la fusion du manteau, ces basaltes sont constitués de komatiites riches en MgO dans une proportion de 20%. Au début de l'Hadéen, la chaleur était telle que les cellules de convection étaient plus nombreuses et plus réactives, émergeant ici et là en chaînes volcaniques, évacuant dans leurs exhalaisons une énorme chaleur interne. La chaleur ainsi évacuée aura permis un relatif refroidissement et davantage l'extension des banquises rocheuses.

En dépit de l'intense chaleur régnante, il y avait déjà suffisamment d'eau induisant des réactions aqueuses d'altération des laves en argiles magnésiennes à la surface et serpentinisations des pyroxènes et olivine en profondeur. La quantité d'eau était telle que l'on parle déjà de *proto-océan* et même de *cycle de l'eau*. Une des conséquences est la baisse du point de fusion des silicates par hydratation des roches en fusion. Par la suite, sous l'effet de pluies incessantes, les laves, plus riches en silice, se sont cristallisées en TTG (tonalite, trondhjemite et granodiorite) que sont les plutons de feldspath, micas et quartz. Leur consistance était telle qu'ils avaient pu échapper à un quelconque recyclage par fusion dans le manteau, mais vont progressivement constituer de véritables continents, d'autant que leur densité est inférieure à celle du magma mantellique.

Recouvert d'un océan magmatique généralisé, tout au moins durant l'Hadéen (Fig.3), le manteau s'est progressivement solidifié vers le haut par précipitation des silicates magnésiens polymorphiques (pyroxène et olivine) et en même temps vers le bas par cristallisation de la pérovskite.

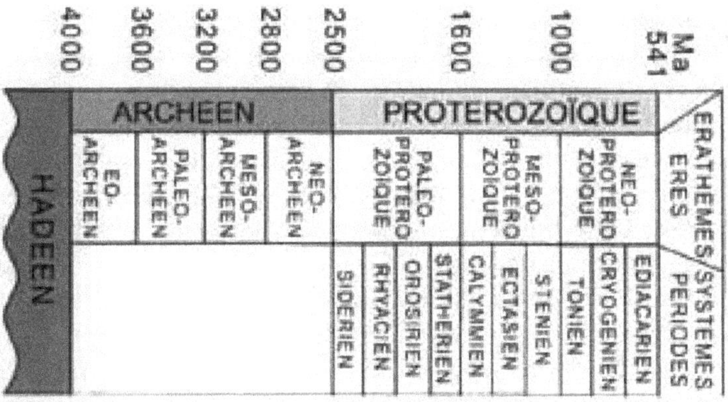

Fig.3- Premières assises de la croûte terrestre (d'après l'ICS)

Simultanément à cette double progression, il y a eu migration des éléments sidérophiles vers le noyau. Les éléments incompatibles, tels que les basaltes KREEP, auraient été piégés dans l'énigmatique épaisseur de la couche D'' aux profondeurs 2°600-2°700 km. Déjà présents quasiment dès le début de l'Hadéen, les plus anciens zircons remontent à 4,3, voire 4,4 milliards d'années, soit seulement quelque 200 millions d'années après l'avènement du système solaire. Cela implique que la différenciation magmatique s'est faite très tôt dans le déroulement de l'Hadéen dont il ne reste que très peu de formations rocheuses.

L'Archéen

Au terme de l'*Hadéen* qui aura duré de 4,5 à 4 milliards d'années, l'océan magmatique s'est quelque peu solidifié, laissant apparaître progressivement de véritables continents. On admet que les premières cristallisations des TTG en massifs rocheux sont apparues dès le début de l'*Archéen* s'étalant de 3,8 à 2,5 milliards d'années. Dans cette cristallisation persistante, résistant aux multiples bombardements des météorites et à toute tentative de liquéfaction, il devait y avoir l'inaltérable et réfractaire zircon : $ZrSiO_4$, dans de larges proportions. Ces zircons renferment des fragments microscopiques de feldspaths et de quartz. De telles inclusions s'apparentent aux roches granitiques. Il apparaît que les roches non basaltiques se sont formées très tôt, avant l'Archéen proprement dit.

Durant l'Archéen, le gradient géothermique était beaucoup plus fort, si fort que la fusion du plancher océanique en contact avec le manteau supérieur va en affecter la composition chimique sur une épaisseur de quelques dizaines de kilomètres. Ce sont alors les magmas remontant du manteau superficiel qui vont donner corps à la croûte terrestre. L'extension de la croûte continentale progresse par des changements de faciès, les TTG se substituant de plus en plus aux granites. L'arrivée des granitoïdes à la moitié de l'Archéen, ne vont pas éliminer les TTG qui restent dominants durant tout l'Archéen :3,8-2,5 milliards d'années.

Les premières roches sédimentaires, en particulier le grès découvert au Groenland, remontent à 3,87 milliards d'années, ce qui implique l'existence de continents, voilà déjà 4 milliards d'années, époque ancienne appelée de ce fait : *Archéen*. On y trouve des roches volcaniques, du granite intrusif à la faveur d'un refroidissement relativement lent, du gneiss issu d'un métamorphisme régional... Témoignant de la nature de la lithosphère primitive, les *minerais de fer rubanés* caractérisent l'Archéen et la base du Protérozoïque. L'aspect rubané recèle de minces niveaux de SiO_2 en alternance avec des niveaux ferrifères dont la présence est liée à une atmosphère pauvrement oxygénée, prédominée plutôt par de l'azote et le CO_2.

L'apparition de la vie aurait été amorcée en milieu océanique dans des cheminées hydrothermales à l'abri des UV, la couche d'ozone n'étant pas encore formée. Mais d'autres hypothèses ont été envisagées, en particulier l'ensemencement de molécules organiques par les comètes et les météorites. La preuve la plus tangible est révélée par la présence de stromatolithes peuplant les océans archéens depuis 4,3 milliards d'années. Il s'agit de récifs constitués d'alternance de cyanobactéries piégées dans des ciments carbonatés et de sédiments pélagiques, encore visibles actuellement à la marge de certains océans.

Le Protérozoïque

Allant de 2,5 milliards d'années à 540 millions d'années, la très longue chronologie du *Protérozoïque* marque la transition entre l'ancien monde de l'Archéen et tout un monde fait de continents relativement stables. Une atmosphère davantage oxygénée (*Great Oxygenation Event*) s'est développée depuis au moins 2,3 milliards d'années, sans cependant parvenir à l'actuel taux de 21% d'oxygène. Il faudra attendre le *Phanérozoïque* pour atteindre brutalement un tel taux générant de l'ozone dans la haute atmosphère. C'est ce qui va faciliter le maintien de la vie à l'abri des UV, mais il est à craindre que la présence excessive de l'ozone actuel dans la basse atmosphère puisse devenir source d'ennui.

Corrélativement à la hausse d'oxygène, la diminution de la teneur en CO_2, et par conséquent celle de l'EdS, laissent place à de grandes glaciations, la Terre devenant subitement une boule de neige. De violents épanchements volcaniques lui ont donné un coup de chaud et de nouveau un EdS de par le CO_2 émis durant les éruptions. L'implacable vie n'a plus qu'à se frayer, au hasard des nécessités, un chemin entre « le chaud » et « le froid », s'enrichissant miraculeusement en algues et champignons, et même d'animaux encore à corps mou : *faune d'Édiacara* qui remonte à quelque 580 millions d'années et qui va s'éteindre à la fin du Protérozoïque.

Le Phanérozoïque

Correspondant aux 540 millions d'années écoulées, le *Phanérozoïque* est subdivisé conventionnellement en trois ères : le *Paléozoïque*, le *Mésozoïque* et le *Cénozoïque*, Fig.4, trois ères par lesquelles la vie est devenue manifestement perceptible.

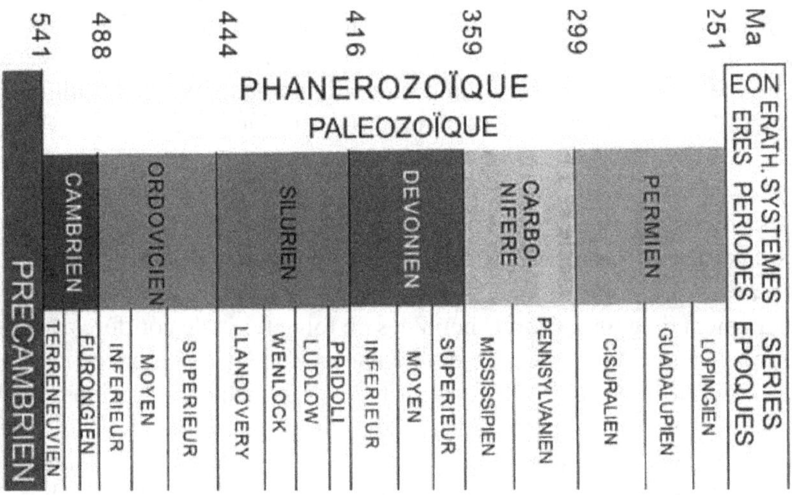

Fig.4- Le Paléozoïque (d'après l'ICS)

Le Paléozoïque inférieur

Marquant le début du *Paléozoïque*, le Cambrien est constitué par des continents pour la plupart rassemblés dans l'hémisphère sud où l'on voit apparaître des formes de vie macroscopiques générant des tests et même des coquilles fossilisables. C'est aussi au *Paléozoïque inférieur* qu'apparaissent quasiment tous les groupes d'invertébrés : arthropodes, mollusques, brachiopodes, échinodermes… La présence de vertébrés se limite à quelques groupes de poissons primitifs, en particulier les agnathes, alors que les continents sont dominés par un climat désertique, mais qui va subir, vers la fin de l'*Ordovicien*, une glaciation, une chute du niveau marin et une extinction de 85% des espèces récifales.

Un réchauffement durant le Silurien va de nouveau donner vie en milieu marin qui voit son niveau s'élever à la faveur des fontes de glaces. Se détachant du *Gondwana* au sud, de petites plaques avaient dérivé vers le nord. Entrant en collision avec la *Laurentina*, ces plaques ont donné naissance aux montagnes calédoniennes : une orogenèse qui aura duré de l'*Ordovicien* au *Dévonien.*

Le Paléozoïque supérieur

Subdivisé successivement en trois périodes : *Dévonien*, *Carbonifère* et *Permien*, le *Paléozoïque supérieur* se caractérise par une orogenèse *hercynienne* qui a donné, par suite de collision de la *Laurussia* avec le *Gondwana*, durant le *Permien,* un unique continent : la *Pangée* dans laquelle la chaîne calédonienne subira une intense érosion donnant des sédiments rouges *(old red sandstones).* C'est durant ces périodes qu'apparaîtra une végétation luxurieuse : des plantes vasculaires dès le *Dévonien*, qui s'est avéré une période chaude propice à l'apparition de coraux, éponges et algues dans d'immenses étendues récifales à l'aplomb des océans tropicaux.

La fin du *Dévonien* va connaître une extinction dramatique due à une anoxie des océans, touchant plus particulièrement le benthos, mais aussi certains récifs majeurs comme les éponges calcifiées. De vastes plates-formes carbonatées vont pouvoir se développer de nouveau, durant le *Carbonifère inférieur*, sans donner lieu à des récifs majeurs à proprement parler. L'avènement de grandes forêts peuplées de fougères et de conifères, aura pour conséquence une baisse de CO_2 et une hausse d'O_2. C'est alors que la vie sur la terre ferme s'enrichit d'une multitude d'animaux : batraciens, reptiles, araignées, scorpions et insectes des plus coriaces, tandis que l'océan se peuple d'autres faunes : poissons osseux et à mâchoires, raies, requins… Une glaciation durant le *Carbonifère supérieur* va particulièrement inhiber la vie aquatique de par une baisse drastique du niveau des océans, notablement à l'aplomb du Gondwana.

Amorcée au *Carbonifère supérieur,* l'érosion de la *chaîne varisque* (*hercynienne* en Au-delà) se poursuit durant le *Permien* en une épaisse série sédimentaire détritique (*new red sandstones*). L'immensité de la Pangée est dominée par un climat aride, de par l'étendue continentale laissant apparaître ici et là des évaporites. La fin du Permien va subir un cataclysme volcanique d'une grande ampleur (2 millions de km^2 de lave durant 1 million d'années) et une sévère extinction qui éliminera 95% de la vie aquatique et une grande proportion de la vie continentale : disparition des groupes entiers : coraux, trilobites, foraminifères. Et c'est sans doute la plus grave des extinctions connues à ce jour. Un tel cataclysme va impacter durablement le climat, jusqu'à libérer les hydrates de méthane stockés dans des sédiments pélagiques, la température atteignant 50 à 60 C° dans les régions continentales équatoriales et 40 C° dans les océans.

Le Mésozoïque

Ayant flotté d'un seul tenant pendant quelque 100 millions d'années, la Pangée va se disloquer en continents préfigurant l'Océan Atlantique dès le *Trias*. C'est la première période du *Mésozoïque* durant laquelle la vie reprend par l'apparition de reptiles et de mammifères. Sur la vaste Pangée en passe de se fragmenter, une extension progressive de l'océan donne lieu à des mers peu profondes, envasées de séries détritiques et de dépôts de carbonates et d'évaporites au voisinage des mers épicontinentales. Plus au sud, la Téthys se met à entasser des sédiments qui ne vont pas tarder à donner les Alpes.

Plus tard, l'Inde et l'Australie se sont individualisées au voisinage de l'Océan Indien durant le *Jurassique* : deuxième période qui voit apparaître les premiers oiseaux et les dinosaures sous un climat chaud et humide à fort EdS, avec un niveau marin plus élevé, de 80 m que l'actuel. Entre le Trias et le Jurassique, survient une crise qui se solde par une disparition de 75% des espèces marines, atteignant également la flore. La fragmentation de la *Pangée*, durant le *Crétacé,* s'achève par l'individualisation des océans et la formation des *rifts*. La vie s'enrichit de nouveau en faunes (mollusques, madréporaires, tyrannosaures terrestres, ptérosaures aériens, poissons téléostéens, insectes) et en flores, plus particulièrement des plantes à fleurs.

Le Cénozoïque

Amorcée durant le Trias, l'avènement des actuels continents remonte au début du *Paléogène* : première période du *Cénozoïque* survenu il y a 65 millions d'années et qui va se poursuivre par une seconde période : le *Néogène*, durant quelque 20 millions d'années, Fig.5. L'Atlantique nord aura terminé son ouverture avec l'Océan Arctique, tandis que la mer Rouge se creuse au *Pliocène*, dernière époque du *Néogène*.

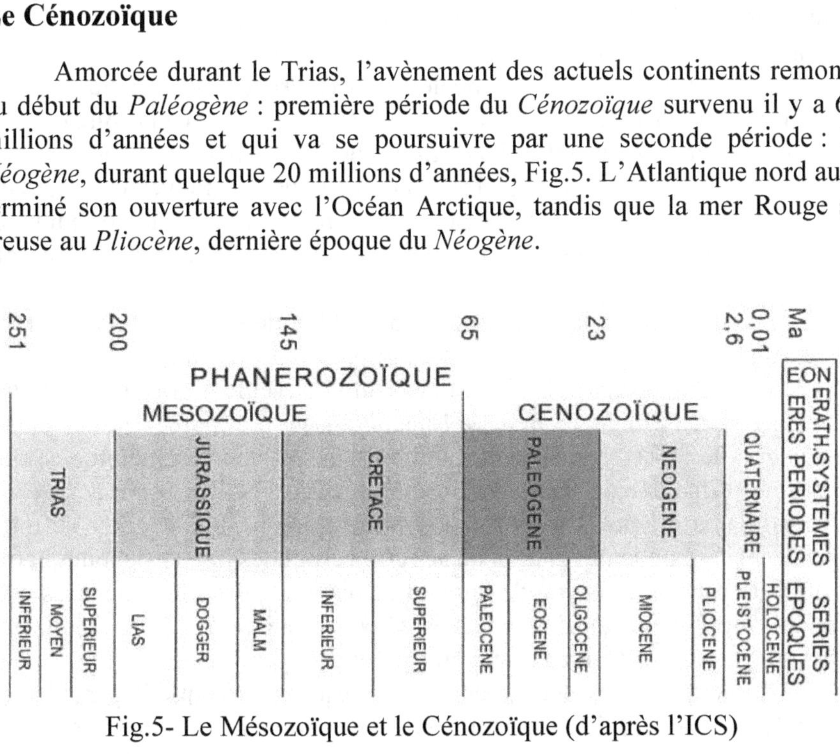

Fig.5- Le Mésozoïque et le Cénozoïque (d'après l'ICS)

Résultant de la collision de l'Europe et de l'Asie, les plaques du Gondwana comportant l'Afrique et l'Inde, les actuelles chaînes alpine et himalayenne se sont formées durant le *Cénozoïque*. La compression majeure des Alpes date de l'*Éocène*, alors que l'*Oligocène* était déjà marqué par des alternances de bassins et de reliefs. Le bassin méditerranéen s'est formé bien plus tard au *Miocène* qui voit l'apparition des grands singes en dépit d'un moment d'effondrement paroxysmique. Les chaînes des Rocheuses et des Andes se sont hissées par subduction de la plaque Pacifique sous les continents américains.

Un refroidissement drastique à partir de l'*Oligocène* laisse apparaître des glaciers durant tout le *Pléistocène* par une succession de glaciations et recule des mers. Une baisse de niveau, estimée à 80 m, permet l'émergence d'isthmes entre l'Asie et l'Amérique du Nord, entre l'Australie et Asie, entre l'Angleterre et l'Europe. La dernière glaciation remonte à 11°000 ans : début de l'*Holocène*.

Naissance de la lune

Le processus de formation des planètes recèle une histoire violente entre amas d'orbites voisines, se télescopant brutalement, libérant une énergie colossale. Entre 3,9 et 4 milliards d'années, toutes les planètes avaient subi d'intenses bombardements. La plus spectaculaire est celle qui a donné naissance à la *Lune* par une collision tangentielle entre la *Terre* et une *protoplanète* du nom de *Theia,* appelée parfois *Orphée*, de la taille de *Mars*, enrichissant la Terre de 15 % de sa masse. Heureusement que la collision était tangentielle, sinon l'ensemble *Terre-Lune* aurait été pulvérisé. C'est durant le rebond de cette collision que la Terre aurait acquis un mouvement angulaire particulier par une inclinaison de son axe de rotation selon une obliquité de 23°26'. C'est cette inclinaison qui aura permis un cycle des saisons climatiques.

Au demeurant, la Lune était à 25°000 km de la Terre. En ces temps-là les marées étaient énormes, s'amplifiant en un *océan magmatique généralisé*. La rotation de la Terre devenant relativement plus lente est alors compensée par l'éloignement de la Lune induisant des marées et un freinage de rotation de la Terre et de son satellite. S'ensuit une élongation des jours passant de 17h à 24h dès la transition entre l'*Archéen* et le *Protérozoïque*, il y a 2,5 milliards d'années. Une rotation plus rapide a dû engendrer de fortes tempêtes. Une trop lente rotation de la Terre verrait des jours trop longs et trop chauds, de par une plus grande durée d'insolation. Corrélativement les nuits seraient trop longues et plus glaciales. C'est ce qui va arriver à plus longue échéance, la Lune s'éloignant inexorablement.

L'énergie dégagée par l'énorme collision a provoqué l'éparpillement de *Theia* en éclats fluidifiés et la fusion du *manteau* terrestre dont une partie a été éjectée, contribuant ainsi au « nourrissage » de l'accrétion de la *Lune* le long d'un anneau équatorial. La Lune était encore recouverte de silicates en fusion. Les *zones élevées (Highlands)* étaient formées d'anorthosite constituée majoritairement de plagioclases : silicates d'aluminium et de calcium. Les creux étaient recouverts de laves basaltiques riches en titane pouvant s'incruster ici et là, mais surtout d'éléments incompatibles, tels que le potassium, les terres rares et le phosphore (KREEP), refusant toute inclusion, surnageant dans le magma, telle une écume.

L'origine de ces laves n'a rien de volcanique, la Lune n'ayant pas de volcan. Déjà plus ou moins visqueuse, la croûte s'est mise en fusion sous l'effet des innombrables impacts météoritiques générant une différenciation de la croûte lunaire en deux condensats superposés en densités différentielles : plagioclases surnageant les pyroxènes dans l'épaisseur de quelques centaines de km de magma apparemment anhydre, sinon les feldspaths auraient coulé.

Au voisinage de la protoplanète Terre qui aurait déjà atteint 90 % de sa masse actuelle[27], il devait y avoir plusieurs dizaines de planétésimaux nés selon les mêmes processus d'accrétion et de différenciation. Vers les 3,9 et 3,8 Ga après la formation des *planétésimaux*, quelques millions d'années après la géante collision, la migration de Jupiter vers le Soleil s'est accompagnée d'un déplacement des résonances gravitationnelles. Un tel déplacement aurait délesté fortement la ceinture des astéroïdes de ses redoutables nodosités. Survenu après refroidissement du magma océanique, l'intense *bombardement tardif*, affectant toutes les planètes internes, aura constitué un *vernis tardif* accessible à l'exploitation minière, tant il était déjà riche en métaux plus ou moins nobles.

Si tant de métaux sidérophiles n'ont pu plonger vers le noyau, c'est que le magma océanique était déjà suffisamment refroidi. Incrustés superficiellement dans la croûte en formation, ces métaux font le bonheur de quelques miniers, les extirpant à coup de krigeage… Depuis sa formation, il y a quelque 4,7 milliards d'années, la Lune, se refroidissant, est restée durablement cratérisée par l'impact des collisions survenues entre 3,9 et 3,8 milliards d'années. Contrairement à la Terre en perpétuel remodelage, elle n'a subi apparemment aucune érosion.

Les planètes joviennes

Paradoxalement, les *planètes joviennes*, dites externes se sont formées bien plus tôt et plus rapidement que les *planètes telluriques* dites internes. Les éléments plus légers, encore gazeux, plus volatils, constitués d'hydrogène,

---

[27] Halliday A. N. *A young Moon-forming giant impact at 70–110 million years accompanied by late-stage mixing, core formation and degassing of the Earth.* Phil. Trans. R. Soc. A (2008) 366, 4163–4181 doi :10.1098/rsta.2008.0209

d'hélium, d'ammoniac, de méthane et d'eau, sont repoussés par le vent solaire au-delà de la *ligne des glaces*[28] et formeront les *géantes rouges*, appelées *planètes joviennes* : *Jupiter, Saturne, Uranus, Neptune et Pluton*, de moindre densité : 0,7 à 1,5. Bien plus denses (3,5 à 5,5) on a les planètes telluriques : *Mercure, Vénus, Terre et Mars*. Entre *Mars* et *Jupiter*, se trouve une *ceinture* continue de millions d'*astéroïdes* redoutables, alors que la loi de Bode prédisait une planète. Ils sont vraiment à craindre.

L'énorme astéroïde d'il y a 65 millions d'années a laissé en échange des dinosaures un grand gisement de nickel. Plus près de Jupiter avec lequel ils sont entrés en résonance, ils sont séparés en différentes catégories par des lacunes, appelées *lacunes de Kirkwood*[29]. Les plus rocheux, de *type S*, sont proches de Mars. Les plus métalliques, de *type M*, sont éparpillés un peu partout le long de la ceinture. Les astéroïdes de type M et S sont des fragments de *planétésimaux* possédant déjà un manteau silicaté et un noyau de fer. Au-delà des *géantes rouges*, le *Système solaire* est enveloppé par un énorme nuage constituant un réservoir de comètes : le *nuage de van Oort*, nuage dont la limite externe marque la frontière du champ gravitationnel du Système solaire.

Accrétion de l'Hydrosphère

Dans l'Univers en expansion l'eau se présente en faible proportion : un millionième de la masse de l'Univers, dans des formes variables :

- essentiellement sous forme de gaz autour des nébulosités et sous forme de glaces enveloppant des poussières d'étoiles, comètes et astéroïdes,
- exceptionnellement sous forme liquide sur la Terre : une *zone habitable*[30] du Système solaire.

L'eau est apparue dans l'Univers bien avant l'accrétion de la Terre. Bien avant son impact géant avec *Théia*, la Terre était couverte d'un manteau magmatique en fusion généralisée sur 1000 km de profondeur. On parle alors d'océan magmatique qui aurait duré quelque 160 millions d'années. On est encore bien loin de l'océan à proprement parler. En raison d'une température encore trop élevée et de la faible gravité, les éléments volatils n'ont pu se condenser. De plus, ils sont soufflés par un violent vent solaire.

---

[28] Encrenaz Th, et al : *Le Système solaire*, Les Ulis et Paris, EDP Sciences et CNRS Editions, coll. "savoirs actuels / Astrophysique", janvier 2013

[29] Dermoti S. F et Murray C. D. : *Nature of the Kirkwood gaps in the asteroid belt.* Nature ISSN 0028-0836, CDEN NATUAS, 1983, Vol 301, n° 5897, pp 201-2015

[30] Françoise Roques, *Zone d'habitabilité*. Université des Sciences en Ligne, CETI/Observatoire de Paris, 2012

Contrairement à l'accrétion des *planètes géantes*, l'actuelle atmosphère est plutôt à l'origine d'une *accrétion secondaire* par dégazage du manteau et/ou apport interstellaire ? La question reste ouverte.

Il apparaît tout de suite qu'entre l'atmosphère et l'océan, les réactions sont instantanées. Moins immédiate est la réaction entre l'atmosphère et la croûte continentale. Émergeant durant l'accrétion primaire terrestre, il y a quelque 4,56 milliards d'années, l'océan magmatique généralisé était accompagné d'une atmosphère primordiale, brûlante, tant elle devait être une chape infernale. On peut déjà parler, dès l'Hadéen, de proto-océan et de cycle de l'eau sous une atmosphère très dense, voire opaque, d'autant qu'elle émanait d'exhalaisons de roches fondues.

Formation des océans

Au terme de l'accrétion terrestre, l'atmosphère s'est formée secondairement durant un milliard d'années par dégazage du manteau expulsant une épaisse nuée volcanique. En plus de l'hydrogène et de l'hélium, il y avait tous les gaz que l'on ne pourrait respirer sans se faire violence : CO_2, N_2, H_2S, SO_2, H_2S, H_2O, H_2, CH_4, NH_3 et une floppée de gaz rares : argon, néon, xénon, krypton, mais pas d'oxygène ; c'est encore le milliard ennuyeux : *the boring billion*. Dans cette panoplie gazeuse, les plus dominants étaient CO_2, H_2O et CH_4. C'est ce qui aura permis une baisse de température et la condensation de la vapeur d'eau en liquide, malgré le faible rayonnement solaire dont la luminosité n'était que de 75% à l'Hadéen.

Détruits par les UV, mais aussi par réaction chimique avec l'oxygène, le CH_4 et le NH_3 seront des composés de courte vie. En l'absence de champ magnétique et de couche d'ozone, l'irradiation par les UV affectait l'intégralité de l'atmosphère, brisant la fragilité des liaisons hydrogène H :O :H, mais aussi celles du CO_2. Depuis lors, la luminosité n'a cessé d'augmenter. Et d'importants changements climatiques sont à craindre en sus des causes anthropiques dont on parle de plus en plus… Durant ce dégazage, l'atmosphère s'est saturée en vapeur d'eau induisant un EdS et une hausse des températures. Il y avait bien de l'eau sous forme de vapeur, et même beaucoup d'eau (80% des nuées ardentes), qui s'est condensée ici et là en nuages éclatant en déluges, donnant naissance à un océan primitif dès la fin de l'Hadéen, vers les 3,8 milliards d'années.

Durant les 100 premiers millions d'années, l'apport aurait atteint six fois la masse des océans, alors que la Terre n'était qu'à 80% de sa masse actuelle. Durant cette période, la croûte terrestre était une fournaise effervescente, tel un océan vaporisé dans l'épaisseur d'une lourde atmosphère. Une grande partie du CO_2 s'est dissoute en carbonates contribuant à la formation de la lithosphère dont les contours étaient incertains, en particulier au plancher océanique.

Sous l'effet d'irruption de dorsales médio-océaniques, la Pangée : l'unique super – continent d'alors, s'est disloquée en plusieurs continents occupant à peine un tiers de la surface de la planète. Remontant à 200 millions d'années, la première fracture de la Pangée a donné naissance d'abord à l'océan Atlantique.

Un peu plus tard, il y a 150 millions d'années, c'est le continent indien qui s'est détaché de l'Antarctique, puis, bien plus tard : il y a 70 millions d'années, c'est l'Australie qui a pris ses distances. Ainsi individualisés, ces continents se sont mis à flotter par-dessus l'asthénosphère, dérivant tel un radeau : l'Amérique du Nord s'éloigne de l'Europe à raison de quelques centimètres par an. Il en va de même entre l'Amérique du Sud et l'Afrique, de par une poussée de l'expansion du fond de l'océan.

Par-dessus le plancher basaltique d'une épaisseur de 5 à 10 km, mais bien plus dense que ne l'est la croûte continentale sur une épaisseur de 30 à 70 km, l'étendue océanique s'articule entre l'émergence des continents, mais aussi le long des gigantesques dorsales médio-océaniques (Fig.1).

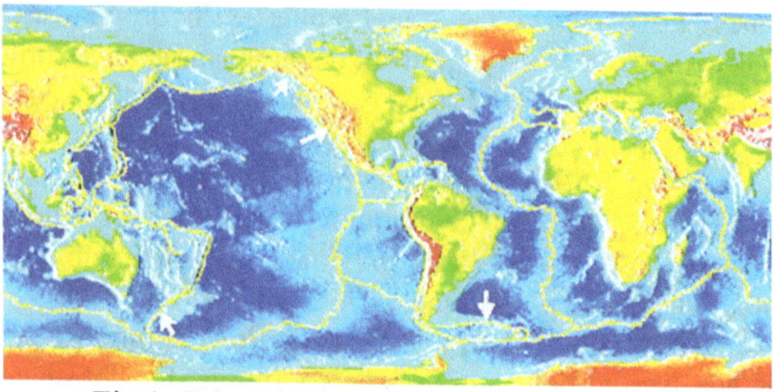

Fig.1- Répartition des dorsales océaniques,
© Fond NOAA, CNRS[31]

Partant de l'océan Arctique, la dorsale médio-atlantique émerge en Islande et replonge dans l'Atlantique, contournant l'Afrique, l'océan indien et l'Australie, remontant vers la Californie jusqu'à Vancouver. Véritable chaîne montagneuse sous-marine, une telle dorsale présente une structure transversale très spéciale tout au long de sa longueur : 60°000 km d'un seul tenant, mais aussi par la largeur de sa crête d'une envergure de quelques milliers de kilomètres.

Fondue par un rift, la crête donne lieu à une vallée étroite, de quelques dizaines de kilomètres, parsemée de volcans. Culminant à quelque 2,5 km sous le niveau zéro, elle est le lieu d'épanchement volcanique du manteau par des

---

31

https://www.cnrs.fr/cw/dossiers/dosgeol/01_decouvrir/01_extension/01_terrain/06a.htm

effusions qui s'étalent inexorablement de part et d'autre de la crête en plancher basaltique qui s'enfonce par la suite dans les fosses de *subduction*, (Fig.2).

Émergeant des *dorsales médio-océaniques,* mais aussi des *points chauds et des fumerolles très minéralisées*, le flux d'*eau juvénile* est recyclé par retour des *eaux vadoses*[32] avalées par *subduction* entre *plancher océanique* et *croûte terrestre* dans laquelle l'eau s'infiltre et hydrates les roches à raison d'un taux de 1 à 2%. De plus, dans la zone de subduction, la croûte continentale et le plancher océanique sont entraînés vers le manteau l'enrichissant en eau. S'ensuit une modification des points de fusion et de viscosité des matériaux, ce qui induit un phénomène de convection : cause majeure de la tectonique des plaques. Le flux d'eau accompagnant la subduction peut être restitué par le volcanisme ou alimenter des sources hydrothermales profondes.

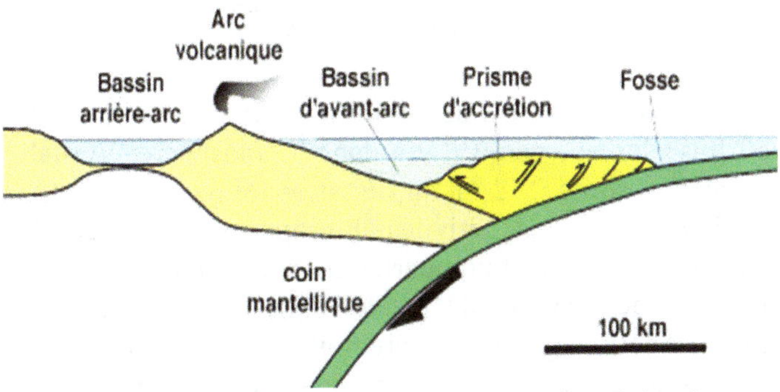

Fig.2- Coupe schématique d'une zone de subduction, Sagascience, dossier Géomanipsn CNRS[33]

Dissolution du CO_2 et formation de l'oxygène

Le processus de condensation de vapeurs alimentées par des éruptions volcaniques suivies de pluies diluviennes aurait duré quelques millions d'années à un rythme dégressif. On y trouvait : HCl, H_2CO_3, HNO_3, H_2SO_4 ... De telles pluies, fortement acides, ne pouvaient permettre la formation de carbonates. Elles étaient cataclysmiques et très corrosives à l'endroit des basaltes et des komatiites. En l'absence d'oxygène libre, la dissolution des silicates ne pouvait donner un quelconque oxyde, tant le milieu était anoxique durant tout l'Archéen de 3,8 à 2,5 milliards d'années, laissant quelques

[32] En particulier celles qui percolent depuis la zone non saturée

[33] https://www.cnrs.fr/cw/dossiers/dosgeol/01_decouvrir/02_subduction/04_subduction_plaques/img/grandes
/01a.htm

vestiges de roches sédimentaires alternant strates riches en fer et d'autres riches en silice.

En dépit de la rareté des sédiments carbonatés, la teneur en CO_2 était prédominante où la pression partielle $^{p}{}_{CO2}$ était très élevée durant 1,3 milliards d'années. Baignant dans l'hyper humidité atmosphérique où il prédomina momentanément (au détriment de la condensation progressive de la vapeur d'eau), le CO_2 est par la suite piégé par dissolution dans l'océan sous forme de carbonates : calcaires et dolomies :

$$CO_2 + 2H_2O \rightarrow HCO^-_3 + H_3O^+$$
$$H_2O + HCO^-_3 \rightarrow CO^-_3 + H_3O^+$$
$$CO^-_3 + Ca^{++} \rightarrow CaCO_3$$
$$CO^-_3 + Mg^{++} \rightarrow MgCO_3$$

Gigantesque réservoir l'actuel océan renferme 40°000 gigatonnes de carbone, 50 fois plus que ce qu'il y a dans l'atmosphère. Véritable puits de carbone, l'océan absorbe 2, 2 Gt/an de carbone, dans une proportion d'un quart des émissions dues aux activités anthropiques, tandis que la biosphère continentale assimile moins d'un quart. On observe que l'actuel taux de CO_2 atmosphérique est de 0,035 à 0,04%, tandis que la masse crustale de calcaire est estimée à $3{,}5*10^{20}$ kg. De ces précipitations, d'abord chimiques, puis biochimiques, sont nés des *calcaires construits*. Les plus anciens remontent à 3,5 Ga, soit 1Ga après la formation de la Terre.

Dans l'atmosphère primitive, la présence d'oxygène était éphémère : l'individualisation de l'O_2, à partir de la dissociation de H_2O par les UV, est capturée par des réducteurs, tels que le fer. Dans l'hydrosphère terrestre, l'oxygène est apparu tardivement, d'abord sous forme d'oxyde, ici et là, notamment en Afrique du Sud, dans des gisements d'uranite (UO_2) âgés de 3,4 Ga, puis dans de la sidérite ($FeCO_3$) de la pyrite (FeS_2) dont l'aspect parfois rubané alternant dépôt siliceux et jaspilites (BIF : *Banded Irion Formations*) est dû à l'oxyde de fer présent sur quasiment tous les continents à partir de 3,5 milliards d'années, avec un maximum dès le *Protérozoïque*, il y a 2, 5 milliards d'années.

L'abondance relative de l'oxygène est accumulée dans des silicates, tels que les hématites : Fe_2O_3 et les magnétites : Fe_3O_4. Capturé par des liaisons fortes difficiles à briser, il n'a pu être dégazé ni du manteau, ni même de la croûte, sinon en quantité très faible et sans conséquence une quelconque oxygénation de l'atmosphère où il était instantanément oxydé en CO_2 ou en SO4. Il aura fallu attendre quelque 3,2 milliards d'années pour voir apparaître des micro-organismes phototropiques consommant le CO_2 et rejetant l'O_2 consommé de nouveau par la multitude des éléments métalliques encore dissoute dans l'océan où les formations carbonatées abondent en inclusion de stromatolites.

Commence alors une véritable activité biologique de piégeage du CO_2 et l'avènement de l'O_2 par un foisonnement biologique et une prolifération des cyanobactéries sous forme d'algues bleues monocellulaires capables de photosynthèse où l'oxygène est rejeté en tant que « déchet » mortel pour la cause qui lui avait donné naissance. Fourni essentiellement par la photosynthèse, un tel rejet est cependant atténué par la fermentation de la matière organique dégageant CO_2 et CH_4. Le milieu devenant vite anoxique laisse émerger de nouveau d'autres microalgues.

Le processus devenant cyclique, l'oxygène s'en trouve piégé dans l'océan durant un milliard d'années, d'autant que l'atmosphère de l'Archéen était elle-même réductrice. Il aura fallu attendre la fin de l'Archéen, il y a 2,5 milliards d'années pour voir une atmosphère suffisamment pourvue d'oxygène libre sous l'impulsion d'une photosynthèse accrue. Le peu d'oxygène libre, apparu avant que ne s'achève l'Archéen, était vite réduit par le fer présent partout.

Outre le *Great Oxygenation Event* (GOE), le Protérozoïque va subir des glaciations parfois totales, mais aussi une anomalie positive des teneurs en ^{13}C des carbonates. C'est alors que le taux de CH_4 diminue au profit d'une hausse de CO_2 qui va être piégé de suite dans la précipitation des carbonates. S'ensuit corrélativement une baisse notable du redoutable EdS et un refroidissement par lequel la ligne des glaces, depuis les pôles, atteindra les basses latitudes, vers les 30° et bien au delà. Avec la hausse du pouvoir réflecteur de la croûte enneigée, une bonne moitié du rayonnement solaire est renvoyée.

La Terre n'est plus qu'une boule de glace. Émis par des éruptions volcaniques, le CO_2 va de nouveau entrer en scène brisant les glaces et, à terme, dissous dans l'océan, puis piégé dans les carbonates. Rythmées par des épisodes de glaciation, les périodes interglaciaires laissent apparaître une forte interaction géochimique entre l'océan et l'atmosphère, avec une augmentation considérable de l'O_2 et une diversification de la vie dont les organismes pluricellulaires étaient présents il y a 2,1 milliards d'années.

Dégazage et/ou apport interstellaire ?

La lente *accrétion primaire* des *planètes telluriques* à partir des nodosités gravitant autour du Soleil a provoqué la fusion des silicates et l'expulsion de la vapeur d'eau vers la surface par un dégazage volcanique brutal colportant tout un cortège de sels minéraux. Comme en témoigne la découverte des zircons âgés de 4,4 milliards d'années, l'eau devait être également de la partie. L'épaisse enveloppe gazeuse, très chaude, s'est maintenue par une *accrétion secondaire* autour de la Terre déjà en *accrétion primaire* qui aurait mis 1 milliard d'années à se refroidir. Cette hypothèse semble remise en cause par une théorie de collision de noyau de glace cométique libérant de grandes quantités d'eau.

Simultanément au dégazage bouillonnant, la Terre en feu et en flammes reçoit d'importants apports rafraîchissants depuis l'espace interstellaire très généreux, à partir :

- de l'énorme *Nuage* de *van Oort*, entourant tout le système solaire, constitué de multiples météorites, comètes et astéroïdes riches en eau (10 % de leur masse). La masse actuelle du nuage (environ 3 masses terrestres) ne serait plus qu'une petite partie de la masse éjectée (50 à 100 masses terrestres)[34].
- d'un déluge de pluies torrentielles durant des millions d'années, donnant naissance à des océans recouvrant initialement la totalité de la Terre, ce qui a permis de :
  - dissoudre l'importante quantité de CO_2 et de la piéger par le Ca donnant ainsi du calcaire au plancher océanique,
  - de refroidir la Terre à une température clémente ; à 1,45 milliards de l'*accrétion primaire*, la température était de 80 °C…

L'hypothèse d'un apport par les comètes est de plus en plus controversée du fait que le rapport *Deutérium/Hydrogène* est 2 fois plus élevé que celui de l'eau des océans. Constituées de noyaux de glace enrobés de diverses matières, les comètes s'apparenteraient à des « *boules de neige sales* » dont certaines auraient heurté la Terre y cédant de l'eau.

Un bombardement très intense aurait créé 10 millions d'impacts de même importance que celui du cratère de Chixculub au Mexique. Un tel impact survenu lors de la *Transition Crétacé-Tertiaire*, reste plausible et pourrait encore survenir. La Terre reçoit des milliers de tonnes de particules météoritiques riches en chondrites carbonées notablement hydratées. Il y a 4 milliards d'années, le flux météoritique devait être plus intense. L'hypothèse d'un apport préférentiel par les météorites semble plus plausible : le rapport *Deutérium/Hydrogène* est le même que celui de l'eau des océans.

La proportion entre dégazage et apport interstellaire reste une question ouverte. La masse d'*eau juvénile* piégée dans le manteau durant l'*accrétion primaire* représente 0,3% de la masse des roches mantelliques. Cependant, la proportion d'eau juvénile intervient peu dans la composition des eaux thermo-minérales. L'origine de ces eaux étant au demeurant météorique. Elle serait plus importante que celle de l'*hydrosphère,* appelée *eau vadose*, soit une à deux fois la masse des océans. La moitié proviendrait de l'hydrogène repoussé par le vent solaire, puis incorporé dans les planétésimaux où il a dû réagir au contact de monoxyde de carbone pour donner de l'eau.

---

[34] Alessandro Morbidelli – (2006) – *Origin and dynamical evolution of comets and their reservoirs of water, ammonia and methane.*

Difficile à quantifier, un tel bilan reste équilibré, d'autant que le niveau des océans est encore relativement stable. Avec le réchauffement climatique avéré, un tel équilibre pourrait être mis en danger. Pour le moment, l'essentiel de la vapeur d'eau atmosphérique est retenu énergiquement par une puissante gravité terrestre bien supérieure à celle de Mars. Les pertes de vapeur dans la haute atmosphère (par décomposition sous l'effet du rayonnement ultraviolet) sont estimées à 3 m d'épaisseur sur les 4,5 milliards d'années écoulées.

Une constante originelle

« See the rivers how they run. Changeless towards a changeless sea. » Charles Kingsley

Depuis l'accrétion secondaire de l'Hydrosphère autour de l'accrétion primaire terrestre, la quantité d'eau est bien la même. L'origine de l'accrétion secondaire reste une querelle inépuisable dans les Sciences de la Terre. Dans la haute atmosphère, des molécules d'eau sont constamment décomposées par les rayons UV solaires et l'hydrogène ainsi créé, trop léger pour être retenu par la gravité, s'échappe dans l'univers. Ces phénomènes sont quasiment négligeables : l'analyse des sédiments marins a révélé que le volume des eaux océaniques avait très peu varié depuis un milliard d'années. Les éventuelles pertes au delà de la haute atmosphère sont négligeables, sinon nulles. On peut donc considérer qu'à l'échelle de la Planète, le cycle de l'eau est stationnaire, c'est-à-dire que toute perte d'eau par l'une ou l'autre de ses parties, atmosphérique ou terrestre, est compensée par un gain d'eau par l'autre partie.

Couvrant 71% de la surface de la planète Terre, sur une profondeur moyenne de 3, 7 km, la masse des océans est estimée à quelque 1°400 millions de km^3. C'est quasiment la totalité de la masse d'eau de l'hydrosphère dans laquelle l'eau douce ne représente que 2,5 à 3 %. Cependant, à l'échelle de l'Univers en expansion « *l'eau liquide est plus rare que l'or* », dirait Hubert Reeves[35]. Et c'est vraiment une aubaine miraculeuse d'avoir tant d'eau sur Terre. Il reste à la rendre disponible à tout un chacun, c'est là une tout autre affaire en chemin vers l'impitoyable loi de l'offre et de la demande : une loi du plus fort des instincts prédateurs, primitifs…

En dépit de l'explosion démographique, il y a autant d'eau que naguère et jadis, certes très inégalement réparties. Inégalité de plus en plus exacerbée, de par un réchauffement climatique largement avéré. En revanche, ce qui a beaucoup changé depuis, - et en très peu de temps - ce sont les formes et la nature des gisements, de par l'épuisement frénétique des réserves disponibles : moins d'eau potable, plus d'eau polluée. Ces réserves, à vrai dire, ne sont pas des stocks, mais des flux aléatoires, très variables.

---

[35] Hubert Reeves, in Vivre autrement (n° 1) Février 2007. 14. ACTUS.

Ce qui pose vraiment problème, c'est la reconquête de sa qualité originelle. Sa dégradation ne date pas de 4 milliards d'années, ne provient pas des éruptions volcaniques, ni des comètes, ni des météorites ; elle est due aux activités anthropiques qui se sont accélérées depuis quelques siècles. L'eau que nous buvons est celle que buvaient nos ancêtres. C'est toujours la même molécule depuis que l'Oxygène a pu capturer miraculeusement deux hydrogènes.

L'Hydrosphère terrestre aurait été une *« accrétion secondaire »*, probablement par un « dégazage » de *« l'accrétion primaire »*. Mais d'autres hypothèses restent à prendre en compte ; notamment l'accrétion exogène tardive essentiellement hydrique. L'atmosphère primordiale, déjà saturée en eau, aurait été balayée par les vents solaires. Quelle que soit l'hypothèse retenue, l'eau reste une somme triphasique à peu près constante depuis des lustres et le restera ainsi jusqu'à l'adsorption de la Terre par le Soleil. Cependant, la luminosité du Soleil augmentant exponentiellement, une hausse de la quantité de vapeur engendre un énorme EdS.

Dans 1,6 milliards d'années la température aura atteint quelque 100°C et une évaporation des océans vers le cosmos d'où ils étaient venus. Mais déjà, une partie de cette eau est engloutie chaque année, à raison de 1, 12 milliards de tonnes piégées par le lawsonite : une espèce d'éponge formée au voisinage des zones de subduction. Une telle perte est loin d'être compensée par les apports épisodiques des éruptions volcaniques estimées à 0,23 milliards de tonnes de vapeur d'eau. Il ne s'agit là que d'hypothèses dont on ne peut vérifier le processus. Ladite lawsonite se désagrègerait avant d'atteindre les strates inférieures du manteau.

Et l'Eau devient salée !

Avec l'apparition du sodium, puis plus tardivement celle du chlore, l'eau, jusque-là incolore, inodore et sans saveur, va prendre un goût très salé, goût qui va se dégrader par une pollution anthropique effroyable… L'épaisse enveloppe gazeuse de l'atmosphère primitive, très chaude, était chargée en chlore et en soufre volcaniques qui se sont dissous dans l'océan. La proportion d'eau provenant de l'espace interstellaire, à partir des comètes et plus probablement à partir des météorites, aurait été déjà salée au contact des nodosités telluriques.

Outre cet apport originel, la salinité des océans est due à la combinaison des ions K^+, Ca^{++}, Mg^{++}, Na^+, SO_4^{--}et Cl^- transportés par ruissellement érosif de la croûte continentale inexorablement lessivée, mais aussi par l'exhaure des eaux souterraines vers la mer, totalisant 3,6 milliards de tonnes par année. Provenant essentiellement des éruptions volcaniques, le chlore s'est dissout dans l'océan, tandis que le sodium provient exclusivement du ruissellement continental. La masse d'évaporite, expurgée de son eau où le

NaCl prédomine à 78%, couvrirait la Terre d'une couche de 1,5 m d'épaisseur. Estimée à quelque 50 millions de milliards de tonnes, à raison de 35 g/l, la quantité de sel dissous est un invariant originel, du fait de l'équilibre cyclique entre ions.

L'eau salée est en permanence perdue à travers le plancher océanique où le sodium est piégé au passage par les basaltes au profit de l'olivine et du pyroxène, puis rejetée par des cheminées hydrothermales. Considérant le rapport du sodium total marin à l'apport du sodium continental, John Jolly (1899)[36] propose un temps de résidence du sodium estimé à 100 Ma, ce qui est suffisamment long pour assurer une stabilité de la quantité de sel. Les investigations plus récentes, plus précises, donnent un temps de résidence de 58 Ma, à raison d'un taux de renouvellement de 45 fois depuis l'apparition des océans.

Relativement au temps de renouvellement de la masse d'eau de mer Mo par l'apport des rivières Q_R, estimé à $Mo/Q_R = 1{,}41*10^{21}$ kg/$3{,}6*10^{16}$ kg/an ≈ 40.000 ans, le temps de résidence du sodium est bien plus long du fait de la faible réactivité des ions K^+, Ca^{++}, Mg^{++}, Na^+, SO_4^{--} et Cl^-, celui du chlore est encore plus long : 94 Ma. Plus redoutable sont les ions réagissant fortement, tels que le plomb et les métaux de transition pour lesquels le temps de séjour est très court, voire éphémère et dont les concentrations seront très faibles et très variables selon l'endroit.

La synergie entre les gradients de température et de salinité induit des *circulations thermohalines* en un vaste mouvement de convection et de brassage de l'océan mondial. En contact avec l'atmosphère, les couches superficielles océaniques, se densifiant sous l'effet de l'évaporation, finissent par plonger vers les eaux profondes. Plus salée, la Méditerranée s'écoule vers l'océan par le détroit de Gibraltar, à même le seuil, à 300 m de profondeur, à la vitesse de 1 m/s.

Poursuivant sa plongée sous une profondeur de plus de 1°000 m, un tel écoulement peut atteindre le golfe du Mexique. Se trouvant sous une forte pluviosité, l'ouest du Pacifique équatorial est moins salé, si bien que la couche d'eau chaude (30°C) flotte sur les eaux plus denses, de par une plus forte densité et une plus basse température. En revanche, l'océan Atlantique perd plus d'eau qu'il reçoit et voit sa salinité plus élevée. Impulsés par les vents, les courants équatoriaux attirent par ricochet les eaux profondes.

Au voisinage des grandes embouchures des grands fleuves, les eaux côtières sont moins salées, tel est le cas de la baie du Bengale en aval du Gange. Au voisinage des pôles où les précipitations sont supérieures à l'évaporation, l'eau douce gèle à 0°C, tandis que l'eau de mer à -1, voire -2°C, en expulsant une bonne proportion de son sel : 30 à 50 %. Appelée *Antarctic*

[36] J. Jolly, 1899. *An estimate of the geological age of the Earth*, Ann Rpt Smithson Inst for 1899, 247-288.

Bottom Water (ABW), cette couche salée et froide plonge vers les plaines abyssales le long des dorsales, bien au delà de l'équateur.

Il en va de même entre l'Arctique et l'Atlantique Nord, quand les eaux froides et salées plongent dans les mers de Norvège, d'Islande et du Groenland, atteignant l'Atlantique Nord, constituant ce qu'on appelle *North Atlantic Deep Water* (NADW). Une telle plongée est acheminée par l'étroit passage entre le Groenland et l'Islande en un flux torrentiel vers le sud, entre le socle américain et la dorsale médio-atlantique, ce qui provoque un appel d'eau depuis les hautes latitudes et une remontée vers les faibles latitudes.

Mais il suffit d'une fonte brutale des glaces océaniques pour que ces phénomènes s'inversent, laissant flotter une couche moins salée. Une fonte rapide des calottes glaciaires entraînerait une dilution de la salinité et une perturbation du Gulf Stream : énorme courant apportant inlassablement de la chaleur depuis le Cap de Bonne-Espérance jusqu'à la mer de Norvège. Pouvant se développer en quelques dizaines d'années, de telles catastrophes sont survenues maintes fois. C'est ce qui s'est passé il y a 17°000 ans.

C'est à cause d'un iceberg égaré que le Titanic avait coulé. C'est grâce au Gulf Stream que la mer autour de l'Irlande est moins froide que sur la côte du Labrador. Passant au large de Terre-Neuve, le courant est encore assez tiède et va céder de la chaleur à l'Europe, se refroidissant inexorablement à l'approche des mers de Norvège et du Groenland.

Une noblesse contrainte à l'altérité

L'eau, - ce don du ciel tombé à terre via la mer et le soleil -, devient tout de suite un gisement minier qualifié insidieusement d'« *Or bleu* ». Et là, elle devient vulgaire marchandise à la merci de celui qui peut se l'approprier discrètement à l'insu de la Communauté. Il y a dans cette mine d'or atteinte de « *bleuite* » toute une noblesse contrainte à l'altérité sans lendemain : *« l'or bleu a révélé son cerne noir »*[37]. Mais quand elle vient à tomber gratuitement sans prévenir, plus qu'il n'en faudrait, plus que « nécessaire », c'est toute la Collectivité qui paye les pots cassés. Les dégâts ainsi causés affectent toute la Société, et plus durement les plus démunis ; alors que l'eau à boire n'est accessible qu'aux mieux lotis.

La question de la qualité de l'eau a vu le jour avec les découvertes des germes pathogènes mis en évidence par Louis Pasteur qui du coup a levé le mythe des *« générations spontanées »*, mythe entretenu par Buffon… Depuis, les filières de traitement des eaux ne cessent de s'allonger, de grossir, de s'alourdir commercialement, alors que les problèmes de pollution des ressources vitales ne cessent de s'aggraver au détriment du contribuable. La

---

[37] F. Dagognet, *100 mots pour commencer à philosopher*, Editions : les empêcheurs de penser en rond, 2001

croissance de la pollution devient alors une véritable rente lucrative pour les entreprises de dépollution, en tête desquelles se trouve Véolia.

Si l'eau, cet élément fondamental qui a donné naissance au miracle de la vie, se réduit à un bien commercial, alors le prix induit par la loi de l'offre et de la demande sera exorbitant. En termes d'offre, la quantité d'eau constitue une « variable fixe » :

- en régression qualitative, très inégalement répartie, très peu renouvelable économiquement,
- difficilement mobilisable écologiquement : dégradation des écosystèmes, désertification, envasement des retenues, intrusion marine par surexploitation des nappes côtières qui n'en peuvent plus, salinisation des terres par irrigation…

Mais c'est du côté de la demande que les projets de sociétés viables et durables ne sont pas clairement perçus. Il y a là de gros problèmes d'équité, d'éthique, de survie... qui réclament :

- une adéquation entre intérêts particuliers et exigences sociales irrépréhensibles,
- une prise de conscience chez les décideurs par un projet de société viable,
- une prise en compte des facteurs de développement par des choix prioritaires,

D. Baudru et B. Maris[38] préconisent que :

- *«l'un des principes fondamentaux d'une gestion démocratique est que tout ce que l'eau rapporte devrait, au centime près retourner à elle en dépollution, assainissement, investissement… »*
- *« même si cette ressource, devenue rare, est considérée comme marchandise, et que quel que soit son mode de gestion, il faut savoir que le marché est inapte à traiter la question des biens collectifs – l'eau, comme l'air, les bancs de poissons ou l'ozone – en raison de l'impossibilité de définir clairement des droits de propriété. »*

L'épuisement des ressources en eau face à une demande vertigineuse implique :

- d'aller chercher l'eau de plus en plus loin par-delà les continents : hormis quelques projets pharaoniques sans lendemain pour les générations futures, chercher l'eau en Afrique se réduit à une corvée assumée exclusivement par les femmes ;

---

[38] Daniel Baudru et Bernard Maris, *Quatre modèles de gestion.* Le Monde diplomatique, novembre 1997

- des pompages de plus en plus profonds, dans des aquifères fossiles où les réserves ne sont pas renouvelables et seront épuisées au plus tard dans 40 à 50 ans ; les nappes côtières sont si sollicitées qu'elles n'arrivent plus à se régénérer ; et c'est l'intrusion marine qui prend le dessus ;
- un endiguement des eaux de surface dans des sites de plus en plus rares, de plus en plus contestables, sinon périlleux, quand ils ne sont de sitôt envasés, tout au plus en 50 ans ;
- une aridité exacerbée où la sécheresse - persistante en un lieu - est compensée ailleurs par des inondations épisodiques, si ce n'est par des ouragans dévastateurs ; les circulations atmosphériques sont si imprévisibles qu'un brin de chandelle soufflé depuis le fin fond d'un continent pourrait provoquer un ouragan dans un tout autre continent.
- une régression des forêts et un assèchement des zones humides, voire des lacs et des mers : la mer d'Aral, asséchée de moitié, s'est inexorablement salée ;
- un dessalement de l'eau de mer et son transport laborieux vers les pays enclavés : formalités de droit de passage et taxes douanières… ;
- un brassage et un « barattement » accéléré du cycle de l'eau dégageant ainsi chaleur et puanteur.

En Afrique équatoriale, il y a bien de l'eau, et même beaucoup d'eau, mais l'inexistence des infrastructures d'adduction d'eau potable (AEP) et d'assainissement font que cette eau reste inaccessible, voire dangereuse pour la santé, de par l'extrême pauvreté qui sévit.

L'abandon des réseaux d'AEP est compensé par tout un trafic d'eau « minérale » livrée en biberons, en bouteilles, en bonbonnes aromatisées pour tous les goûts, sauf que l'on n'arrive pas encore à reproduire la microflore originelle, mais ça ne saurait tarder. Et pour synthétiser les quelques milliards d'emballages plastiques imputrescibles, il faudra tout de même un peu d'eau ! La plus petite bouteille d'eau coûte 8000 à 10 000 fois plus cher que l'eau fournie par le réseau municipal. L'emballage coûte plus cher que le contenu en eau dite « minérale ».

Toute proportion gardée, l'emballage d'un médicament ne coûterait pas autant. Sur ce commerce florissant entre dictateurs impitoyables et la très « démocratique » OMC, les Sciences de la Vie et de la Terre ne sont consultées qu'accessoirement pour tirer parti de procédés d'épuration plus lucratifs. L'approvisionnement en flacons ne peut être justifié que si la ressource en eau s'avère insuffisante à charger le réseau d'AEP.

En quoi l'Eau est mémoire ?

L'eau *« échantillonne »* tout sur son passage ; elle mémorise les humeurs du ciel, le tremblement au fond de l'océan, les cataclysmes et même le chaos. Elle mémorise la naissance, le vieillissement et l'altérité de nos cellules ; il en résulte une tout autre soupe terrestre insoupçonnable. Elle est aussi une mémoire qui s'offre à la Paléontologie et même à l'Archéologie des songes évanescents. L'épaisseur des glaciers renferme les traces des variations climatiques depuis des centaines de millénaires. Contrairement aux glaciers, l'étendue superficielle d'eau liquide, constamment renouvelée, est sans mémoire, hormis les eaux fossiles telles que les eaux albiennes du Sahara. Le désert étoilé raconte le tumulte des torrents et l'intumescence des océans.

Pour autant que l'on puisse se permettre encore quelques similitudes sans tomber dans les niaiseries chimériques, on peut entrevoir au moins deux types de mémoires, l'une courte, l'autre longue. *Les mémoires courtes* s'effacent et se réimpriment, tel un *palimpseste*, telle une mémoire vive d'un processeur réinitialisé entre deux sessions.

Relativement à une mémoire courte, le cycle hydrologique est chimérique ; il est décadaire, tout au plus saisonnier. *Les longues mémoires*, essentiellement abyssales, stockent une décantation de toutes les traces du passé, depuis le début de « l'accrétion de l'hydrosphère » autour de la Terre. Il y a là une mémoire prodigieuse dont on ne connaît que des bribes, sinon quelques fragments édulcorés. L'ensemble des mémoires ainsi emboîtées constitue une étonnante mémoire continue qui se recycle et qui se projette par un climat imprévisible.

L'eau aurait une tout autre mémoire. Elle donnerait même à guérir, proclament les homéopathes en mal de reconnaissances universelles. Elle est un miroir où se complaisent les narcissiques en peine de retrouvailles. En cela, l'eau est chemin perdu. Il est question, depuis au moins une quinzaine d'années, d'une *« mémoire de l'eau »*. Plus qu'il n'a été question, la revue « Nature »[39] a publié les résultats d'une expérience qui stipulent que l'eau « se souvient » des substances qu'elle contenait ; c'est-à-dire qu'elle garde les traces curatives simplement par *« succussion homéopathique »* : dilution extrême et agitations successives, ou encore par intumescences du cristal de givre autour d'un germe résiduel : chlorure de lithium.

Quasiment exempt de germe initial, le cristal de givre continue à grossir. La structure garde cet effet malgré les dilutions successives. Il suffirait, paraît-il, que l'eau se souvienne du principe curatif qu'elle contenait. Et alors elle devient active face à la maladie. Il y aurait en effet de quoi bouleverser la médecine. Il en faudrait plus pour bouleverser les fondements de la physique. Si une telle mémoire est possible, alors elle peut garder trace du meilleur et du pire. Se pose le problème de l'élimination de l'indésirable.

---

[39] Jacques Benveniste, *Ma vérité sur la mémoire de l'eau*, Nature, juin 1988, p. 66.

Cela suppose la possibilité d'effacer la mémoire initiale et d'envisager une mémoire sélective.

Louis Rey[40], plus prudent, parle d'un *« effet fantôme »* obtenu par thermoluminescence : l'eau refroidie en glace, puis irradiée, émet de la lumière suite à son réchauffement. Cet effet fantôme serait alors la formation d'un cristal de givre autour du chlorure de lithium. Malgré le revers écumé par la prestigieuse revue Nature, les résultats obtenus par Rey ont été publiés dans la revue *« Physique A »*. La question reste ouverte avec à la clé une grosse prime et bien d'autres hommages. Avis aux amateurs… Il y a bien de l'agitation dans l'air. Et plus agité que le cycle de l'eau, il n'y en a pas. Il y a là une tout autre mémoire qui mérite réflexion.

L'eau est l'étoffe de la matière

Dans le domaine de l'industrie des procédés, l'eau est bonne à tout faire ; elle dissout, dilue, transforme, transporte, réchauffe, rafraîchit, refroidit, humecte, purifie notre sang en charriant les sels indésirables vers les reins... Elle est le sujet de tous les verbes. Et les verbes dont elle ne peut être sujet, ne conduisent à rien, à aucune croissance. Elle est la base alimentaire pour tous les êtres vivants, tant végétaux qu'animaux… En milieux arides, les cactacées arrivent à stocker une proportion d'eau équivalente à la moitié de leur poids sec. Elle est l'étoffe sublime de la matière dont elle constitue les deux tiers de la masse totale. Elle est capable d'acquérir à moindre frais les trois états de la matière...

« *Elle n'a rien à soi,* écrit Léonard de Vinci, *mais s'empare de tout, empruntant autant de natures diverses que sont divers endroits traversés, comme le miroir accueille en soi autant d'images qu'il y a d'objets passant devant lui… Elle emporte ou dépose, creuse élève, arrache ou édifie, comble ou vide, monte ou s'enfonce…* »[41]

L'eau est l'étoffe de la vie, étoffe portée au gré du vent, au gré des saisons, au gré des tumultes océaniques, au gré du réchauffement climatique, au gré de la pollution qui va imprégner les esprits de la manière la plus monnayable, la plus vile, la plus servile. Étoffe en haillon ternie par le temps des hommes, non sans charge et sans rancœur, elle est l'étoffe subliminale de la parole, du moins de l'articulation des cordes vocales : une gorge asséchée ne peut plus parler. Étoffe laminaire entre Ciel et Terre, entre l'Être et le Néant, entre le vide et le plein, entre le léger et le massique, soumise à la

[40] Louis Rey, *J. Benveniste : Human Basophil Triggered by very dilute antiserum against-IgE, in Nature, 1988*

[41] Léonard de Vinci, *carnets*, t. 2, p. 11, Codex Atlanticus, édition Hoepli, p. 102, Codex Arundel

gravité, elle autorise encore l'osmose et même la rétro-dispersion des sels de la vie.

La Mécanique des fluides a eu pour l'eau une tout autre analyse, apparemment déconcertante, dérisoire, la réduisant à une cause matérielle, massique, pesante..., visiblement continue et non rigide. Sans ces dernières approximations de macro-continuité de la matière, Léonhard Euler et Joseph Louis Lagrange n'auraient pas pu écrire de si belles équations de la Mécanique analytique. Elle consista à assimiler la Particule fluide (volume élémentaire fini dont le grand nombre de molécules constitue localement un invariant de l'état physique : pression et température constantes) à un point géométrique, et de négliger ainsi les distances intermoléculaires. Niché dans un repère fixe, Euler voyait les gouttes d'eau passer. Chevauchant un trièdre mobile, Lagrange tentait de suivre les mêmes gouttes le long des lignes de courant. La non-rigidité distingue le fluide du solide. Non-rigidité où les contraintes de cisaillement sont nulles, avec au bout du compte un tenseur isotrope, (sphérique) des pressions hydrostatiques…

Une image née des flots devient tout de suite inépuisable. Et c'est là un autre aspect de sa divinité. Elle va s'écouler dans d'autres images non seulement inépuisables, mais souvent inattendues, insoupçonnables. Elle peut se mouvoir dans la spirale de la chute d'une feuille morte. Elle peut s'émouvoir dans la musique due à l'effondrement des pans de sable sur les flancs de dunes sous le sirocco. En amplifiant avec douceur la note sans trop la forcer, on peut percevoir une suite infinie de mélodies secrètes.

Il est vrai que d'innombrables images foisonnent dans l'Être sans trouver le moindre reflet dans les flots ondoyants. En revanche, la chute d'une pomme a fini dans la révélation de la loi fondamentale de l'attraction terrestre, Newton l'a ramassée au vol, au bon moment. La chute d'une feuille morte dans le creux d'un vallon normand peut provoquer, ailleurs, un déluge dans l'épaisseur des couches d'air océanique, déluge imprévisible échappant à toute mise en équation…

Apparition de la vie

In some warm little pond with all sorts of ammonia and phosphoric, - light, heat, electricity, etc..., present, that a protein compound was chemically formed, ready to undergo still more complex changes. At the present day, such matter would be instantly devoured, or absorbed, which would not have been the case before living creatures were formed. Charles Darwin [42]

[42] Lettre de Charles Darwin à Joseph. D. Hooker, 1871 : *Dans quelque petit étang chaud contenant des substances ammoniques ou phosphorées, - la lumière, la chaleur, l'électricité, etc..., font qu'un composé protéinique s'est formé chimiquement, prêt à subir encore des réactions plus complexes. De nos jours, ces produits seraient dévorés*

Les prémices de la vie remontent à 4,3 milliards d'années, comme en témoigne la présence de stromatolithes peuplant les océans archéens : des cyanobactéries piégées dans des ciments carbonatés. Riche en hydrogène et en gaz rares, l'atmosphère primitive avait laissé place à une atmosphère secondaire nourrie par des apports cosmiques, ou par relargage du manteau, en éléments volatils, en particulier de l'azote, des gaz à effet de serre et de beaucoup d'eau, de par des pluies diluviennes.

Les océans ainsi formés, déjà à l'Archéen, laissent apparaître une vie mono-cellulaire à une température avoisinant les 70°C, sous une forte pression en CO_2. Progressivement, la température à dû baisser, se stabilisant à 20°C, marquant l'explosion cambrienne, il y a déjà 541 millions d'années. Il y a là une longue histoire dont nous ne connaissons que quelques bribes.

Une vie abiotique

Au demeurant, il ne s'agissait que d'un processus physico-chimique par lequel « *rien ne se perd, rien ne se crée, tout se transforme* », affirmait le mathématicien et chimiste Antoine Lavoisier, sans parvenir à en donner une démonstration triviale. Partant d'un métabolisme capable de produire l'énergie nécessaire à la synthèse de ses propres molécules, très vite la transformation lavoisienne s'est complexifiée en processus *prébiotique* par une photosynthèse utilisant l'énergie solaire pour transformer l'eau et le CO_2 en molécule organique, mais aussi de l'oxygène. Il y a dans cette photosynthèse une *photochimie non lavoisienne*, dirait Bachelard[43], une photochimie qui surpasse la chimie en tant que telle, mais qui la contient sans la renier.

S'inspirant des travaux de Louis Pasteur battant en brèche le mythe de *générations spontanées*, Aleksander Ivanovich Oparin et John Burdon Sanderson Haldane furent les premiers à entrevoir, dès les années 1920, l'origine d'une *vie abiotique* émergeant exclusivement d'un océan primitif enveloppé d'une atmosphère particulièrement riche en hydrogène, méthane et ammoniac.

On sait, au moins depuis les années 1950, comment les acides aminés se sont constitués en protéines composées d'un radical NH_2 associé à de simples éléments : C, O, H. Il avait suffi de la présence de ces quatre molécules élémentaires mitonnées par un fort rayonnement UV, pour aboutir à des molécules stables constituées diversement en de très grandes variétés. Passant des monomères, tels que l'éthylène, à des polymères, comme le

---

ou absorbés, ce qui n'a probablement pas été le cas avant l'apparition des êtres vivants.

[43] Gaston Bachelard, *La philosophie du non*, PUF, 1940, p. 69

polyéthylène, il avait suffi de quelques éléments pour voir émerger 99% de la masse des êtres vivants.

Enrichis de soufre et de phosphore, ces polymères se sont complexifiés en d'autres édifices laissant apparaître des protéines, de l'ADN, de l'ARN et de l'ATP. Sur les 92 éléments naturels, il aura suffi d'une vingtaine pour parvenir à une très grande diversité de vies qui ont survécu à maintes foudres du ciel et à de violents épanchements volcaniques. Sous son apparente fragilité, la vie est capable d'une merveilleuse ténacité à se régénérer ici et là, par-delà la tragédie, tel un phénix renaissant de ses cendres…

Des acides aminés ont été maintes fois reconstitués in vitro par simulation de rayonnement et d'atmosphère de l'époque. Se pose la question de savoir si une telle atmosphère avait existé ? Limitée au demeurant à la prolifération des algues, la photosynthèse avait libéré l'oxygène, mais aussi en produisant de la matière organique dont une partie s'est amoncelée au fond des océans, échappant à l'oxydation atmosphérique. C'est aussi ce qui avait permis à l'ADN d'échapper aux UV.

L'édification du premier ADN reste une énigme. Il s'agit d'une gigantesque molécule formée d'une double hélice reliant des dizaines de millions de *nucléotides* en deux chaînes pouvant se répliquer séparément selon un code génétique spécifique à chaque organe en formation. Il en résulte deux formes, l'une gauchère (*lévogyre*) attribuée aux acides aminés, l'autre droitière (*dextrogyre*) concerne les sucres.

L'une de ces deux formes en « miroir », étant l'image antisymétrique de l'autre, la vie réelle ne peut exister que sous une seule de ses formes concomitantes. Indépendamment des propriétés intrinsèques des molécules, une seule de ces deux formes s'est affirmée très tôt dans l'avènement de la vie, selon un code inhérent à l'énigmatique ADN, laissant de côté la forme « miroir ».

Les attributs de la vie relèvent de l'implacable mystère d'une organisation moléculaire individualisée en diverses cellules capables d'accumuler de la matière et de transmettre de l'information génétique. L'énergie requise provient essentiellement du Soleil, directement utilisée par les végétaux autotrophes en une photosynthèse fabriquant du glucose et de la matière organique à partir de l'eau et du CO_2. Impactée par l'oxygène atmosphérique, une partie du glucose ($C_6H_{12}O_6$) est convertie en énergie, mais aussi en alcool, avec rejet de CO_2 et de vapeur d'eau.

Apparition des bactéries et de tout le reste

Présente au moins depuis trois milliards d'année, l'eau liquide aura rendu possible l'émergence de la vie. Dans l'eau, ou tout au moins au voisinage de l'eau, la vie s'est accommodée à divers milieux, se répliquant à différentes échelles, autant sur la terre ferme qu'en profondeur océanique, à des écarts de température de -50 °C où vivent les *bactéries psychrophiles* et à +50 °C, voire plus de 100°C où baignent les *bactéries thermophiles*. De telles bactéries, déjà *eucaryotes* sont apparues quasiment en l'absence d'O_2 et sans photosynthèse, durant l'Archéen, entre 3,8 et 2, 5 milliards d'années ; le taux de O_2 était à peine de 1%.

D'autres micro-organismes *procaryotes* vivent en anaérobie, d'autant que l'oxygène leur est fatalement mortel. La vie serait apparue dans une mare tiède ou dans un océan ensoleillé où les phytoplanctons convertissent l'eau et le CO_2 en matière organique, puis en zooplancton évoluant en d'autres créatures…

En l'absence de couche d'ozone, les premières algues ont dû développer une forme de résistance laissant apparaître des cellules eucaryotes et par la suite des organismes multicellulaires, il y a déjà 1,3 milliard d'années durant lequel le taux d'oxygène dépassait à peine 1%. Le piégeage du CO_2, et du carbone en tant que tel dans l'accumulation de la matière organique enfouie dans les sédiments, aura permis une hausse de la concentration en oxygène, actuellement à 21%. En l'absence de végétation qui serait décimée par déforestation abusive, l'oxygène disparaîtrait en quelques millions d'années. Entre 21% d'oxygène et 0,036% de CO2, la perturbation du climat reste à craindre, ne serait-ce que par un EdS avéré.

Les récentes explorations des fonds océaniques ont révélé une grande diversité de faune au voisinage des sources hydrothermales, le long du rift des dorsales médio-océaniques. L'eau est certes l'élément nécessaire, mais pas suffisant, il en faut plus pour donner la vie. N'en déplaise à Saint-Exupéry, l'eau n'est pas tout à fait *la vie même*. Il se pourrait aussi qu'elle ait émergé de quelques passées argileuses.

La prééminence du végétal avait tout de suite servi de nourriture à l'animal. C'est ainsi que les stromatolithes se sont raréfiés de par la prolifération des invertébrés, à partir du Paléozoïque, il y a 570 millions d'années. Il apparaît que sans végétaux, il n'y aura pas d'animaux. Il y a dans cette assertion, apparemment triviale, de très fortes interactions *hétérotrophes*, herbivores, mais aussi carnassières, dont on n'a pas conscience immédiatement, ne serait-ce qu'en termes de chaîne alimentaire et d'écosystème de plus en plus fragilisé par des spéculations frénétiques.

Le comportement d'un virus, selon qu'il est hydraté ou déshydraté, nous donne une perception de la frontière entre la vie et la mort. Tel est le cas du virus de la moisissure : asséché, il devient inerte ; humecté, il redevient agressif. Et ce coronavirus SARS-COV-2, d'à peine un tout petit paquet de molécules, a fait un ravage dans la population humaine, déstabilisant l'économie mondiale. Relativement à la mort, la définition de ce qu'est la vie semble binaire, tout au moins à l'échelle d'un virus. La définition se complique dès que nous considérons la vie d'une bactérie, d'une amibe, d'une moisissure, d'une poussière, d'une planète, d'une étoile...

Du cosmos nous ne percevons à peine que 5% de sa masse. Les 95% restants sont de la *matière noire* que l'on qualifie d'*énergie noire* dont nous n'avons aucune connaissance. D. Parrochia attire notre attention que « *matière noire et énergie noire ne sont pas la même chose* »[44]. « *Au fond de la matière pousse une végétation obscure.* », écrit Bachelard[45]. Pour percevoir au mieux l'entité macroscopique, il faudrait aller dans ce qu'elle a de plus intime, de plus microscopique. Il conviendrait peut-être d'identifier la notion de vie indépendamment de tout échelle corporelle. Elle pourrait être caractérisée par la faculté d'accumuler de la matière et de l'énergie dans des répliques moléculaires d'ADN et d'ARN au sein des divisions cellulaires.

L'origine de la vie est une question fondamentale, aussi bien pour la religion que pour la philosophie. Il y a là un mystère, une énigme, que la science cherche à percer : d'où vient l'œuf qui a donné le poussin ? Sur cette question, la perception philosophique ne peut être claire qu'en se à fiant à la science qui peine à trouver une réponse triviale. Se fier à la science, non pas aveuglément, mais pouvoir la posséder en conscience. Et c'est loin d'être gagné. Sans la science, la philosophie ne saurait avoir une vision claire du mystère de la vie, de ce qui nous entoure.

Il en va de même – nous semble-t-il – de tout autre croyance, sauf à sombrer dans l'obscurantisme. Sur le fait que nous soyons issus de poussières d'étoiles et que nous redeviendrons poussières, nous sommes tous à peu près d'accord, quelles que soient nos connotations philosophiques, religieuses ou scientifiques (par-delà toute hiérarchie, nous nous plions à l'ordre de l'alphabet latin).

L'ancêtre commun à toutes les choses de la vie aurait été l'hydrogène dont on dit qu'il est *l'étoffe de l'univers*. Une telle origine est un peu vague, d'autant que l'hydrogène : atome le plus primitif, est loin d'une quelconque manifestation de la vie en tant que telle. Se posera alors la question de savoir d'où vient l'hydrogène ? Là est l'énigme inaccessible à toute perception. Mais, à partir de quelle complexité moléculaire peut-on parler de vie ? On pourrait partir de l'émergence de l'ADN dont on ne sait pas encore comment il se réplique de par sa complexité échappant à toute reconstitution.

En revanche la fin de vie semble triviale. Indispensable à la photosynthèse, l'énergie solaire n'est cependant pas inépuisable. Si tout se passe comme prévu, on en a encore pour quelque 3 milliards d'années. Après quoi, la ressource en carbone inorganique se raréfie, la plus importante proportion reste piégée dans les sédiments, mais aussi dans l'océan.

La concentration en CO_2 atmosphérique est estimée, actuellement, à 360 ppm, quatre fois plus dans deux siècles, alors qu'elle n'était qu'à 200

---

[44] « D'après une évaluation récente (Astrophysical Journal, octobre 2022), il y aurait dans l'univers environ 33,8% de matière noire et 66,2% d'énergie noire. » D. Parrochia personnelle.

[45] Gaston Bachelard, *L'Eau et les Rêves*, J. Corti, 1942, p. 3

ppm au dernier maximum glaciaire, il y a 18°000 ans. Une baisse à 100 ppm compromettrait la photosynthèse, ce qui mettrait en danger toute la biosphère. Il apparaît que le CO_2 pose un double problème : sa carence inhibe la photosynthèse, son excès induit un effet de serre étouffant.

Géochimie de l'Hydrosphère

Les eaux continentales contiennent diverses substances générées par des réactions physico-chimiques d'abrasion et de dissolution in situ. De tels phénomènes peuvent être perçus en termes d'équilibres cinétiques et/ou thermodynamiques. Avant de faire état sommairement des roches et minéraux constituant fermement la croûte terrestre, nous voudrions d'abord identifier la minéralisation des eaux atmosphériques que nous qualifions ouvertement de *Chimie des eaux du ciel.*

Chimie des eaux du ciel

Une grande part des échanges de matière entre les océans et les continents transite par l'atmosphère. L'importance et la diversité de ces échanges, à partir de sources naturelles et anthropiques, ont été largement soulignées par de nombreuses études (SETTLE et PATTERSON, 1982 ; ARIMOTO et al. 1985 ; LOSNO, 1989). À l'aide de ces informations, il est possible actuellement de chiffrer globalement l'intensité des apports atmosphériques. Cependant l'impact réel reste délicat, sinon difficile à prévoir, à cause des transformations des éléments transportés dans le cycle biogéochimique, à travers l'interface atmosphère-croûte terrestre. L'objet de cette étude est de tenter de décrire l'état chimique dans lequel arrivent au sol les précipitations atmosphériques.

Notre appréhension d'éléments microscopiques diffus dans l'atmosphère, nous vient de l'opportunité d'expériences menées en Algérie dans le cadre de nos recherches post-universitaires. Concernant la minéralisation atmosphérique, il n'y a pas eu, à notre connaissance, en Algérie, d'études basées sur des données chiffrées ; pourtant la mesure est des plus simples : il suffit d'analyser le contenu d'un pluviomètre et d'en déduire la composition chimique. Préalablement, nous voudrions donner un bref aperçu de la molécule d'eau dont l'étendue ne représente qu'un mince vernis relativement à l'épaisseur des assises continentales.

Après un bref aperçu sur le processus de formation des précipitations atmosphériques, nous exposons la méthode d'identification des éléments à quantifier. S'agissant d'une première approche, nous nous attacherons essentiellement à une analyse chimique globale, en nous limitant aux éléments majeurs. Les éléments-traces échappent provisoirement aux moyens d'investigation consentis pour la présente étude développée pour la première fois en Algérie. Selon les résultats obtenus, nous tenterons une interprétation de la liaison évidente entre les pluies et les aérosols, en essayant de mettre également en évidence les aspects thermodynamiques et les mécanismes de dissolution des fractions insolubles.

La molécule d'eau

Il aura fallu attendre l'avènement de la chimie moderne survenu tardivement à la fin du XVIIIe siècle, pour commencer à s'interroger sur la composition atomique des éléments. Venant se greffer sur l'alchimie, la chimie analytique aura permis, de par sa rationalité, d'individualiser quelques composés qui lui étaient déjà familiers. Cependant, entre l'alchimie et la chimie, il n'y a apparemment pas de *rupture épistémologique*, comme pourraient le penser quelques *historiens continuistes*. Chimie et alchimie continueraient à se côtoyer sans se heurter, l'alchimie poursuivant son chemin chez quelques sorciers à l'affût des humeurs, sous l'impassible indifférence des chimistes rompus au gai savoir…

Cependant le passage de l'alchimie tâtonnante à la chimie moderne tout en harmonie mathématique, a dû être marqué quelque peu par une *rupture épistémologique* en une *chimie non lavoisienne* décrite par Bachelard à deux reprises, dans deux ouvrages : *Le pluralisme cohérent de la chimie moderne* et *La philosophie du non*, ce sur quoi D. Parrochia a bien voulu attirer notre attention dans une communication personnelle[46]. Il nous apparaît qu'une telle *rupture* est moins spectaculaire, moins manifeste, que celle de la Relativité d'avec la gravitation newtonienne.

La formulation, encore en vogue, n'a pu être identifiée qu'au début du XIXe par Gay-Lussac en 1805. Elle est constituée d'un atome d'oxygène capturant délicatement deux atomes d'hydrogène sur deux des quatre sommets qu'offre le tétraèdre des liaisons oxygènes (Fig.1).

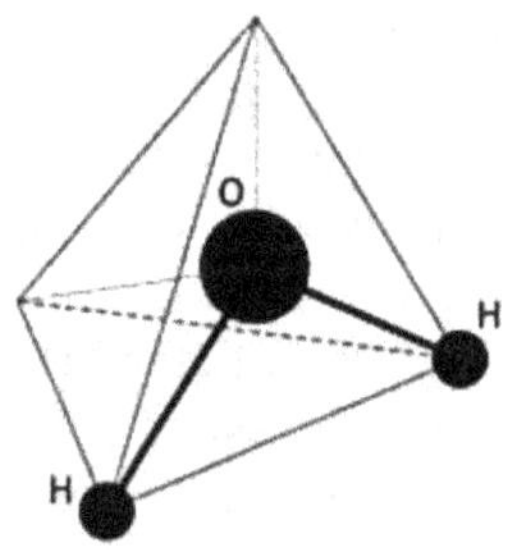

Fig.1- Atome d'oxygène capturant deux atomes d'hydrogène

[46] « *Bachelard pense sans doute le contraire (voir notamment Le pluralisme cohérent de la chimie moderne p.* 157, 169, 187 et 190*). Dagognet (tableaux et langages de la chimie) aussi. En France, Bernadette Bensaude, influencée sans doute par Duhem, Metger et les historiens continuistes pensent le contraire…* »

Partant de la structure électronique régie par la classification périodique de Mendeleïev, on identifie la position des atomes selon les colonnes de 1 à 18, distribués en groupes de IA à VIIB. Est venue par la suite la mécanique quantique mettant en évidence la structure des couches et sous-couches du cortège électronique des atomes.

Comme l'indique déjà la nomenclature de Mendeleïev (Fig.2), en première ligne, la première couche ne peut contenir que deux électrons : 1 électron pour l'hydrogène en IA (colonne 1) et deux électrons pour l'hélium en colonne 18. La deuxième couche, ligne 2, va comporter huit électrons distribués en huit éléments, allant du lithium (1 seul électron en couche 2) au néon à huit électrons, et ainsi de suite…

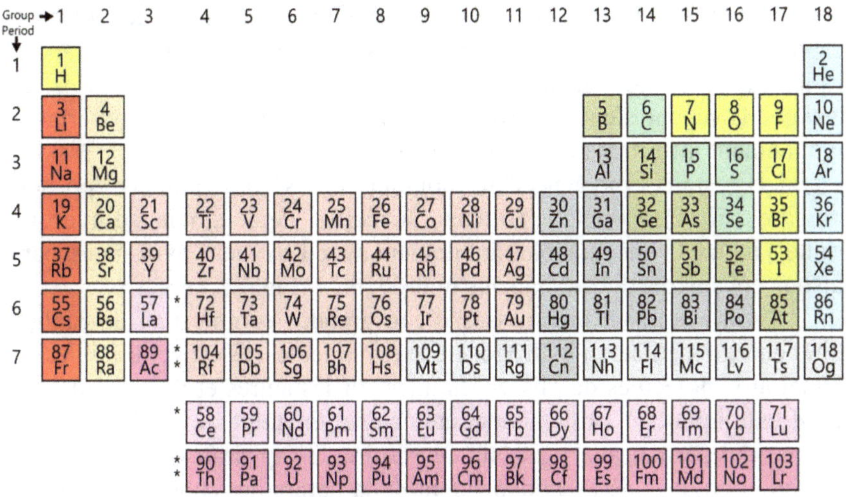

Fig.2-Classification de Mendeleïev

Pour que la couche externe de l'hydrogène soit saturée, il lui faudra 1 électron. Pour que la couche externe de l'oxygène soit saturée, il lui faudra 2 électrons. S'ensuit alors un tour de passe-passe entre deux atomes d'hydrogène et un atome d'oxygène moyennant une liaison par mise en commun d'un doublet d'électrons, l'un provenant de l'oxygène, l'autre de l'hydrogène.

Un tel doublet appartient à la fois aux deux atomes en présence, avec en sus un deuxième atome d'hydrogène qui vient se greffer sur le même atome d'oxygène offrant une deuxième liaison bipolaire (Fig.3), ce qui donne une molécule d'eau suffisamment stable, telle que l'on puisse écrire rigoureusement H:O:H. Il apparaît que chaque atome d'hydrogène se lie séparément à l'atome d'oxygène, selon un angle de 105 degrés et une distance interatomique de 0,096 nm, alors que la distance moyenne intermoléculaire à l'état liquide est de 0,27 nm.

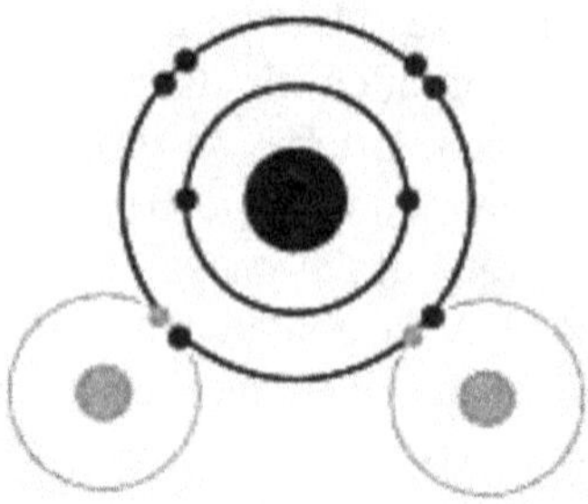

Fig.3- Mise en commun de doublets d'électrons

La distance minimale intermoléculaire correspond à une densité maximale atteinte à + 4°C. Un tel agencement permet encore des rotations et des vibrations, mais aussi des interférences avec le rayonnement infrarouge à des longueurs d'onde allant de 1 à plusieurs centaines de micromètres. C'est ainsi que la vapeur d'eau absorbe et renvoie vers le sol une part importante du rayonnement infrarouge émis par la Terre.

Il reste à l'oxygène deux doublets libres aux sommets opposés du tétraèdre (Fig.1), doublets pouvant accueillir deux atomes d'hydrogène, lesquels atomes vont caracoler habilement avec l'oxygène avoisinant, par des liaisons éphémères dites « liaisons hydrogène » (Fig.4).

Ainsi naissent des masses d'eau grandes comme l'océan malgré la faible énergie de liaison hydrogène entre molécules. C'est cette faiblesse qui permet aux molécules de glisser les unes sur les autres et de s'écouler… Un litre d'eau liquide, à 20°C, peut contenir une vingtaine de millilitres de gaz ; c'est ce qui permet aux poissons de respirer. Il apparaît que les propriétés physico-chimiques de l'eau dépendent de la nature des substances dissoutes. La densité varie avec le taux de salinité (6 à 34 g/l), de même que la température avec la profondeur, l'extension des masses et les courants marins.

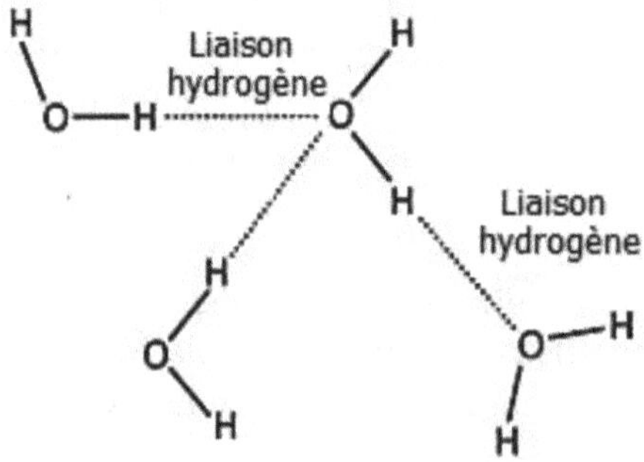

Fig.4- Liaisons Hydrogène

De la Méditerranée à l'océan Atlantique, au fond du lit du détroit de Gibraltar, s'écoule un véritable fleuve induit par les gradients de densité et de température, par des gradients osmotiques de dispersion d'une forte concentration vers une moindre concentration. Rien que par la variation de température, corrélativement à la pression atmosphérique, l'eau peut se solidifier en glace ou se sublimer en gaz : trois phases liées par un point triple (Fig.5).

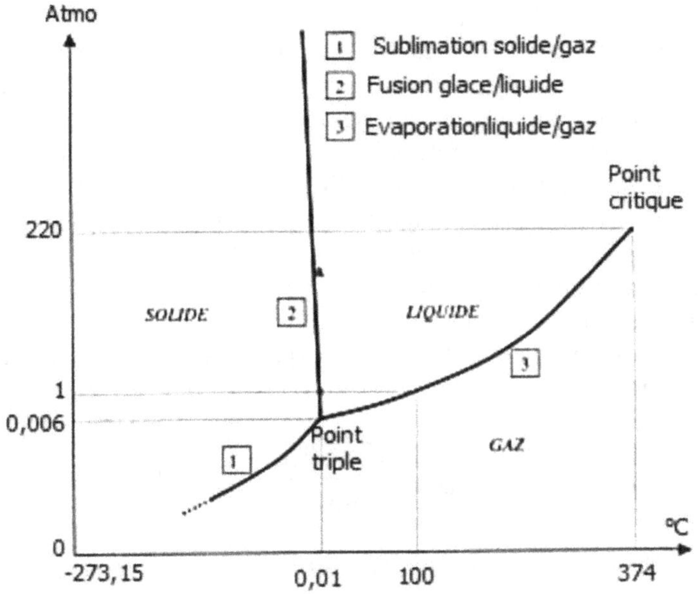

Fig.5- Diagramme des phases

Sous une apparente simplicité, un atome d'oxygène et deux atomes d'hydrogènes, la molécule d'eau cache bien des merveilles, ne serait-ce que sa très grande inertie calorifique. Comparativement à d'autres fluides, il faut beaucoup d'énergie pour fondre un bloc de glace ou bouillir une marmite d'eau… Quelle merveille d'avoir une température clémente permettant l'écoulement de la vie ! Que serions-nous sans l'hydrogène, cette étoffe de l'Univers ? Que serions-nous sans oxygène ? L'eau disparaîtra en premier lieu, puis tout ce qui a pu émerger après l'oxygène.

Les isotopes de l'eau

Caractérisant la variation de la masse pour chaque élément dans des proportions majeures à marginales, les isotopes ne sont pas toujours stables, tel est le cas de l'hydrogène qui en possède trois[47] : ^{1}H=99,984 ; ^{2}H=0,015 ;

[47] P. Fritz et J.C. Fontes, *Handbook of environnement al isotop geochemistry*. Vol. 1. Elsevier, N-Y, 1980

$^3H=10^{-16}$ à 10^{-14} %. Le ^3H n'est pas stable, mais plutôt radioactif décroissant. Constituant l'eau par capture délicate de l'hydrogène, l'oxygène présente trois isotopes stables : $^{16}O=99,76$; $^{17}O=0,037$, $^{18}O=0,10$, dont l'abondance dépend de nombreux facteurs : échange avec les métaux environnants, cycle d'évapotranspiration, altitude et latitude des condensations et des précipitations, distance de l'océan, mélange avec l'eau magmatique… Il y a plus d'isotopes dans l'eau à l'état de glace qu'à l'état fluide.

Cependant les échanges les plus déterminants se font à partir de l'évaporation des plans d'eau. Sous l'intense évaporation, les eaux s'alourdissent et s'enrichissent en isotopes lourds. En milieu minéral, les échanges se font plus généralement par hydratation des silicates où l'on observe une diminution relative de $\delta^{18}O$ et une élévation de δ^2H. Portant uniquement sur l'oxygène (qui peut être par ailleurs échangé avec le CO_2), les échanges avec les minéraux s'intensifient avec l'élévation de la température au voisinage des gîtes géothermiques. En revanche, les échanges avec H_2S portent uniquement, mais dans une moindre proportion, sur H.

Les variations isotopiques sont exprimées par des rapports $^2H/^1H$ $^{18}O/^{16}O$, telles que :

$$\delta^m l(\%) = \frac{(^m l/\ ^n l)_{eau} - (^m l/\ ^n l)_{SMOW}}{(^m l/\ ^n l)_{SMOW}} * 1000 \qquad (1)$$

avec : $^m l$ et $^n l$ = deux isotopes de l'élément l de masses atomiques m et n ; SMOW = Standard mean ocean water.

Lors de l'évaporation à l'aplomb des océans, Wallick[48] observe une baisse des rapports dans la phase vapeur atteignant -80% en δ^2H et -10% en $\delta^{18}O$. Une telle baisse serait due au fait que l'évaporation des isotopes plus lourds nécessitent plus d'énergie. Craig, 1961, propose une covariation entre ^2H et ^{18}O qui s'identifie à une corrélation mondiale, telle que :

$$\delta^2H = 8\delta^{18}O + 10.$$

La formation de pluie

L'essentiel de la matière contenue dans l'eau de pluie est fourni par les particules solides ou gazeuses en suspension dans l'atmosphère. Les

[48] A. Wallick, *Environmental isotope: principles and applications,* in groundwater geochemical studies in Alberta, Canada. 1st canadian-American Conf. Hydrogeology. Hitchon, B. et Wallick, P. M. (dirs), NWWA, Dublin, Ohio, p. 246-266.

différentes espèces en suspension sont à l'origine des réactions chimiques qui vont se produire lors d'une averse. Il est donc indispensable d'essayer de faire le lien entre l'aérosol et la pluie, et d'étudier le processus d'intrusion et de dissolution de l'aérosol dans la pluie.

Aspect physique

Résultant de l'évapotranspiration, la vapeur d'eau s'élève et, au contact des masses d'air plus froides, se cristallise autour de noyaux d'accrétion (cristaux de glace ou de sel, aérosols de poussières et de pollens, à l'exclusion des suies) pour donner des nuages. La condensation autour des nodosités en suspension nécessite que l'air soit chargé de suffisamment d'humidité. Une autre condition est que ces nodosités, qualifiées de *noyaux de condensation dans les nuages* (CCN selon l'acronyme anglais), soient mouillables : les suies ne le sont pas. De tels noyaux sont très abondants à l'aplomb des continents, se raréfiant en haute mer.

Les émissions de SO_2 constituent des aérosols devenant par la suite des noyaux de condensation. Agissant comme catalyseurs de la cristallisation de l'eau pour former la glace dans les nuages, les bactéries "glaçogènes" pourraient jouer un rôle dans la formation de la pluie et de la neige. Ces bactéries sont, hélas, souvent pathogènes des plantes. (Cindy Morris, chercheuse de l'INRA d'Avignon, in *« Science »* du 29 février 2008.

Pour une température donnée, l'air ne peut contenir qu'une quantité donnée de vapeur d'eau : 1 m^3 d'air à 20 °C contient 17,3 g de vapeur d'eau et à 0 °C seulement 4,8 g. Des millions de petites gouttelettes se distillent dans les plus grosses qui vont alors tomber dès que le diamètre atteint 0.5 à 1 mm. Il leur arrive aussi de s'évaporer avant d'atteindre le sol. En raison des variations de la multitude des conditions atmosphériques, la taille des gouttes est très variable : de 0.1 mm, sous forme de crachin et bruine en chute lente, de la pluie à proprement parler à partir de 2,5 mm, pouvant atteindre 10 mm durant les averses brutales en chute rapide de pluie torrentielle.

Cette cristallisation est particulièrement influencée par les mouvements ascendants et descendants, ainsi que par la charge électrique se manifestant dans les nuages. Quand l'air chaud arrive dans une zone froide stationnaire, il se forme des stratus apportant avec eux la pluie. Et lorsque de l'air froid se mélange avec de l'air chaud stationnaire, cela provoque la formation de nuages abondants (cumulus) suivis d'averses.

Avant de se condenser, l'eau se trouve dans l'atmosphère sous forme de vapeur, à pression partielle $P(H_2O)$ inférieure à la pression de vapeur saturante P_{sat}. Par suite d'un refroidissement, causé dans la majorité des cas par une détente, la pression de vapeur saturante diminue et le nuage se forme dès que celle-ci devient inférieure à la pression de vapeur de la masse d'air sec. Cependant, la formation du nuage nécessite une supra-saturation, mais surtout la présence de nucléïdes de NaCl ou de H_2SO_4 ou encore de HNO_3, car la très petite taille d'un germe probable d'une goutte d'eau nécessite une très grande courbure de la surface de séparation entre l'eau et l'air. On admet pratiquement que l'équilibre entre les surfaces de séparation liquide-vapeur est régi par l'équation d'équilibre de la pression de vapeur saturante (ATKINS, 1980) :

$$\mu_{vap} = \mu_{liq} \qquad (1)$$

Avec :

$$\mu_{vap} = \mu^0_{vap} + RTLn\{P_{H_2O}\} \qquad (2)$$

$$\mu_{liq} = \mu^0_{liq}2\left(M/_{\rho}\right)rG \qquad (3)$$

Où : μ^0_{vap} et μ^0_{liq} sont respectivement les potentiels chimiques standards de la vapeur et de l'eau, R : la constante des gaz parfaits (= 8.32 J/Mol/K), T : la température absolue, M : la masse molaire de l'eau, ρ : masse volumique de l'eau, r : le rayon de la goutte d'eau, G : la tension superficielle.

En considérant la pression de vapeur saturante P'_{sat}, on peut écrire, en vertu de (1), (2) et (3) :

$$\begin{cases} RTLn(P'_{sat}) = \mu^0_{eau} - \mu^0_{vap} \\ P_{sat} = P'_{sat}e^{\left(\frac{2MG}{\rho rRT}\right)} \end{cases} \qquad (4)$$

Plus r est petit, plus la pression de vapeur saturante de l'eau sera élevée. La condensation de la vapeur d'eau dans l'air pur apparaît donc difficile, car les petites gouttes formées spontanément présentent des saturations très importantes. Une goutte de 0.01 µm de rayon, contenant $1.4*10^5$ molécules sera en équilibre à 10°C avec une phase vapeur à la pression de vapeur égale à 1.2 fois la pression de vapeur saturante de l'eau pure.

Si au contraire, il existe une surface solide sur laquelle peut se condenser la vapeur d'eau, alors l'équation d'équilibre s'enrichit de la différence entre la tension superficielle solide/air et la tension superficielle solide/eau ; d'autre part le rayon de courbure de la surface de l'eau devient plus important. C'est donc sur toute la surface solide projetée par l'aérosol que va se condenser la vapeur d'eau de la masse nuageuse.

On peut calculer la surface qu'offre 1 mg de solide de densité 3, correspondant à un alumino-silicate moyen divisé en sphères de 1 µm de rayon. Le volume d'une telle sphère est de $4.19*10^{-18}$ m^3, sa masse serait de $1.26*10^{-14}$ Kg et sa surface de $1.26*10^{-11}$ m^2. Il y aurait donc 80000 sphères pour 1 µg de matière, soit une surface de 10^{-6} $m^2/\mu g$.

Composition et origine des aérosols

Condensées autour des nodosités telluriques, les gouttelettes de pluie sont chargées de divers macro-éléments : Na, K, NO_3, NO_2, SO_2, H_2S, NH_2... Lessivant une atmosphère chargée en CO_2, elles deviennent acides : H_2CO_3 par dissolution du CO_2 dans la pluie. S'ensuit une altération des roches aussi dures soient-elles en une pédogenèse plus ou moins fertile. Au demeurant cristallin, le granite s'altère en sables et en argiles par-dessus lesquels vont s'accumuler de la matière organique et toute une vie bactérienne, des champignons sur un lit d'humus, pour autant que le climat soit tempéré. Ailleurs, dans les régions froides, on aura les *podzols* en Sibérie. Autour de la Méditerranée on aura de la *terra rossa*, de la tourbe en Écosse, des *latérites* en climats tropicaux déboisés...

Sur les sédiments calcaires, les pluies acides se manifestent par une karstification : réseau de fissures, là où la craie a été dissoute par l'infiltration des eaux pluviales creusant inexorablement d'énormes galeries laissant apparaître ici et là des cheminées qualifiées selon les localités de : lapiez, avens, dolines, bétoires... Sur les sols apparemment non réactifs, la pluie s'infiltre à travers les anfractuosités, atteignant les aquifères, plus ou moins lentement selon la porosité et la perméabilité des strates rencontrées. C'est dans ces aquifères que l'eau de pluie va se minéraliser jusqu'à devenir dure, devenant parfois gazeuse et même saumâtre par suite de pompage intense en nappe côtière.

Mais toute la pluie tombée est loin de parvenir entièrement à la nappe : une partie est réévaporée avant d'arriver au sol, une autre fraction ruisselle. La fraction infiltrée se distribue en eau :

- absorbée par la végétation dont une proportion est rejetée par transpiration,
- retenue énergique par le sol jusqu'à compensation de la RFU,
- une partie enfin parvient à la nappe en termes de *pluie efficace*.

L'*hydrochimie* des eaux du ciel se complexifie en une *hydrogéochimie* par de multiples interactions avec les divers horizons pédologiques à travers lesquels se déroule la propagation des solutés. L'excès d'engrais, et particulièrement les imperceptibles dépôts de soufre et d'azote sous forme de sulfates sont lessivés par les averses, atteignant inexorablement les nappes. En l'absence de couvert végétal suffisant, les averses brutales se manifestent par une érosion des sols, les dépouillant de leur fertilité, les ruisseaux se creusent en ravins. De telles averses surviennent plus fréquemment en milieux semi-arides et très épisodiquement en milieux arides. De par leur forte intensité et leur courte durée, elles développent une *croûte de battance* inhibant l'infiltration espérée.

Lessivant quelque peu l'atmosphère, la neige tapissant le relief reçoit par ailleurs diverses poussières et même des lœss apportés par les vents pouvant être d'origines lointaines : désertique, anthropique, voire volcanique. Les plus redoutables sont celles chargées de résidus industriels, voire radioactifs. La concentration moyenne en aluminium de l'aérosol méditerranéen prélevé en Corse (R. LOSNO, 1989) se situe aux alentours de 160 ng/m^3, mais en présence d'épisodes sahariens, BERGAMETTI et al. (1989) notent que cette valeur moyenne peut atteindre une pointe de 1600 ng/m^3 dans laquelle l'aluminium élémentaire représenterait 4 à 5 % de la masse minérale totale. D'après LOSNO (1989), la quantité de matière minérale totale se situe aux alentours de 3 mg/m^3, soit une surface de $3*10^{-6}$ m^2/m^3. Il faut ajouter à cela (BREMOND, 1989) une quantité similaire de carbone.

La question qui se pose actuellement est de savoir si les gouttelettes de pluies sont le fruit d'une coalescence de gouttelettes primaires ou s'il s'agit plutôt d'une sélection de l'aérosol sur lequel se condense la vapeur d'eau. Comme la pluie se forme par condensation et coalescence d'eau et d'aérosol, nous ne discuterons pas ici en détail des origines de ces aérosols qui ont été largement documentés par de nombreuses études (PACYNA, 1984 ; ANDREAE, 1986 ; BERGAMETTI, 1987 ; LOSNO, 1989 ; AYIVI et HAFOUDA, 1993). Trois principales sources de matière alimentant l'atmosphère sont à rappeler :

a)- Origine marine : génération d'aérosols par les mers et les océans qui émettent constamment des particules de sels dans l'atmosphère, par suite d'évaporation de micro-gouttelettes arrachées à la couche superficielle de l'eau sous l'effet du vent. C'est ce que l'on appelle l'effet "bubbling" décrit par BLANCHARD, 1983. L'arrachement des particules salées peut avoir lieu sous l'effet d'oxydation d'une composante gazeuse contenant par exemple du soufre organique ; surtout si cette oxydation est suivie immédiatement d'une condensation de ces gaz en particules (ANDREAE, 1986). Les éléments majeurs arrachés sont : le sodium, le chlore, le magnésium et le soufre, avec une proportion non négligeable de potassium.

b)- Origine continentale : L'érosion éolienne des sols, et surtout des sols désertiques, constitue la source naturelle d'aérosols dont l'importance est liée à la dégradation du couvert végétal. Les apports de matière en aérosol sont, ici, très irréguliers ; ils dépendent des épisodes climatiques secs mouvementés de sirocco. De par l'hétérogénéité de la croûte terrestre, la composition des aérosols d'origine continentale est moins bien définie ; on y trouve cependant essentiellement : de la silice, de l'aluminium, du fer, du manganèse, du calcium.

*c)- **Origine anthropique :*** Nous regroupons ici sous le terme "anthropique" l'ensemble des rejets industriels dont il est de plus en plus difficile de faire une nomenclature exhaustive. Ces rejets sont caractérisés essentiellement par des oxydes de soufre pouvant se transformer en acide sulfurique, mais aussi par des oxydes d'azote se transformant en acide nitrique. Le tableau 1 ci-après, emprunté à P. CHOVIN (1972), donne une nomenclature des sources de pollution d'origine anthropique. D'une manière moins notable, on trouve beaucoup d'éléments traces dont la teneur peut varier brutalement, par suite de filtres défectueux ou de fuites accidentelles : du plomb, du zinc, du cuivre, de l'aluminium, du fer, du manganèse, et du phosphore.

Groupe	Aérosols	Gaz et Vapeurs	Taux d'émission Caractéristique (poids en %)
Combustibles	Poussières et fumées	NO_2, SO_2, CO, acides, matières organiques	0,05 à 1,5 du poids du combustible
Automobiles	Fumées	NO_2, SO_2, CO, acides,	4 à 7 du poids d'hydrocarbure
Industries du pétrole	Poussières et Buées	SO_2, H_2S, NH_3, CO, hydrocarbures mercaptants	0,25 à 1,5 du poids de la substance
Industrie chimique	Poussières, buées, fumées, pulvérisations	SO_2, CO, NH_3, acides, matières organiques, solvants, sulfures, odeurs	0,25 à 1,5 du poids de la substance
Thermo et Electro-métallurgie	Poussières et fumées	SO_2, CO, fluor, matières organiques	0,5 à 2 du poids de la substance
Traitement du minerai	Poussières et fumées	SO_2, CO, fluor, matières organiques	1 à 3 du poids de la substance
Industrie agro-alimentaire	Poussières et fumées	Substances odorantes	0,25 à 1,5 du poids de la substance

Tab. 1 : Nomenclature des sources de pollution, (P. Chovin, 1972)

Méthode d'étude

Au delà de l'aspect physique décrit précédemment, le processus de formation des précipitations comporte de nombreuses réactions chimiques dont nous allons donner un bref aperçu.

Identification des aérosols

Les réactions chimiques en phase aqueuse peuvent influencer

fortement l'équilibre solide-liquide-vapeur en présence. Si le germe solide présente une bonne surface hygroscopique, ou bien s'il se laisse dissoudre rapidement, la pression de vapeur saturante s'en trouve abaissée par condensation. La baisse du potentiel électrochimique qui en résulte se fait d'une manière sélective vis-à vis des aérosols sur lesquels se condense le nuage. Selon qu'il s'agisse de particules de quartz pur ou de sel marin, ou encore d'acide sulfurique hydraté, la condensation sera plus ou moins rapide. Les sels marins sont bien sûr plus hygroscopiques que le quartz.

Sur les tensions de vapeurs en présence, la dissolution de gaz issus des réactions chimiques en cours agit d'une manière opposée à celles des germes solides. On conçoit aisément qu'un élément n'intervient pas tout seul dans les réactions de dissolution, mais qu'il agit et réagit avec différentes espèces en solution par réaction de précipitation, de complexation, ou encore d'adsorption ; le tout dépend bien sûr de la matrice où s'effectue l'ensemble de ces réactions.

Se pose ici l'épineux problème de la détermination des partitions solubles. Certains métaux, tels que le calcium, peuvent également former des sels avec les anions, tels que les phosphates, ou les carbonates ou encore les sulfates. Les différentes concentrations en PO_4 et CO_3 qui en résultent sont difficilement mesurables. Ces quelques considérations nous amènent à nous limiter, dans cette première approche, au dosage des éléments majeurs suivants :

- les anions : Cl^-, HCO^-_3, NO^-_3 et SO^{--}_4
- les cations : Na^+, K^+, Mg^{++} et Ca^{++}

Cependant le dosage élémentaire des éléments majeurs ne peut fournir toute l'information nécessaire, s'il n'est pas accompagné de la mesure conjointe de quelques paramètres physiques. Ainsi pour décrire les spéciations acido-basiques des espèces en solution, il faut mesurer le pH et la conductivité électrique, mais aussi corrélativement la température. Pour avoir des informations sur les phénomènes d'oxydo-réduction, il convient de procéder à des mesures de potentiel électrochimique.

Il s'avère que la présence de couples lents O_2/H_2O rend impossible la mesure d'un tel potentiel, surtout si le milieu est trop dilué et qu'il se trouve en contact avec l'air, comme c'est le cas ici. STUMM et MORGAN, (1981), proposent d'évaluer ce potentiel électrochimique (en volt) par la formule empirique suivante : $E = 0.69 - 0.06pH$. Il est à remarquer qu'on n'est jamais certain qu'un réducteur réagissant plus rapidement que l'oxygène ne fixe pas lui-même la valeur du potentiel électrochimique réel de la solution.

Site de prélèvements

Initialement, nous avons envisagé un échantillonnage spatio-temporel Nord-Sud et Est-Ouest, durant une année hydrologique, à l'échelle nationale. Une concertation avec l'ANRH et l'ANPE, nous a alors permis de dégager une dizaine de points de prélèvement ; mais très vite, il s'est posé un problème de coordination : collecte, conditionnement et acheminement des échantillons vers les centres d'analyse. En nous limitant aux éléments majeurs et en considérant 30 à 40 jours de pluie, le nombre d'analyses à effectuer serait de 3000 à 4000. Se lève alors le problème de la quantité de réactif à acquérir...

Pour une première approche de la chimie des précipitations atmosphériques en Algérie, nous nous sommes limités à un échantillonnage ponctuel, au cours du temps, sur le site le plus proche du centre d'analyse.

a)- Situation géographique et climatique du site de prélèvement : Le site retenu (station INA, El-Harrach) est situé sur la terminaison Est de la dorsale du Sahel. Cette dorsale, estompée de plus en plus vers l'Est, marque cependant bien la limite entre le littoral immédiat, dominé par des embruns marins, et la plaine de la Mitidja où prédominent des cultures maraîchères et de l'arboriculture. Le climat se traduit par une prédominance des temps relativement stables et anticycloniques, c'est-à-dire favorables à la pollution atmosphérique. On distingue classiquement deux saisons :

- une longue saison sèche et chaude avec cependant de fortes occurrences de brouillards des plus épais,
- une saison humide caractérisée par un hiver doux à faibles amplitudes diurnes.

b)- Sources de pollution : Aux voisinages immédiats du site retenu, les sources de pollution atmosphérique sont nombreuses et très variées ; les plus importantes sont d'origine industrielle et automobile. Les complexes industriels les plus importants se trouvent à l'Est et au Sud du site de prélèvement : immédiatement sur la bordure Est de la ville d'El-Harrach et au Sud-Est à Oued-Smar ; plus loin, toujours à l'Est, se trouvent les zones industrielles de Rouiba et de Reghaïa. Plus au Sud, en pleine Mitidja, se trouve la cimenterie de Meftah. Une autre cimenterie, plus dangereuse de par sa proximité immédiate d'une forte zone urbaine, est celle de Raïs-Hamidou, à l'W d'Alger, sur la RN 11.

Dispositif de collecte des précipitations

Le procédé de prélèvement utilisé doit permettre de recueillir les précipitations atmosphériques et les laisser s'écouler dans un flacon facilement manipulable par la suite. Nous avons adopté pour cela un pluviomètre en polyéthylène à lecture directe de la lame d'eau tombée ; il comporte quatre éléments :

- un cône de réception calibré à 400 cm^2,
- une bague intermédiaire solidaire d'une entretoise,
- une éprouvette graduée solidaire d'une entretoise,
- un entonnoir muni d'un support métallique.

Les précipitations sont recueillies dans l'entonnoir qui est directement en communication avec l'éprouvette graduée permettant ainsi la lecture directe de la lame de pluie tombée. Entonnoir et éprouvettes sont surmontés d'un cône de réception permettant ainsi d'empêcher au mieux les pertes par évaporation et le rejaillissement des gouttes de pluie. Les matériaux plastiques utilisés sont suffisamment robustes et en principe inaltérables ; ils sont cependant vulnérables au vieillissement dû au rayonnement UV. Toutefois leur transparence n'entraîne qu'un faible échauffement des parois.

Le dispositif de collecte des précipitations atmosphériques est installé en quatre prototypes, sur la terrasse du Département de Technologie Alimentaire, c'est-à-dire à une dizaine de mètres du sol, de façon à éviter au mieux la contamination des prélèvements par rejaillissement de particules solides terrestres. Deux pluviomètres, de type "SPIEA MN ROI 2050A" décrits ci-dessus, sont constamment ouverts ; ils sont destinés à recueillir les "retombées totales", c'est-à-dire les poussières atmosphériques avant la pluie + la pluie tombée. Deux autres pluviomètres du même type, destinés à la récolte des "retombées humides", sont fermés quand il ne pleut pas et ne sont ouverts qu'à la tombée des premières gouttes.

Les échantillons ainsi recueillis sont, dès que possible transvasés dans des fioles jaugées, préalablement rincées plusieurs fois à l'eau bidistillée. Afin d'éviter au mieux les réactions chimiques de complexation et la dégradation de certains éléments, notamment la digestion des nitrates par les algues, ces fioles sont mises rapidement au frais, à 4°C. Une fois vidés, les pluviomètres sont lavés et de nouveau installés au site de prélèvement, à attendre la prochaine pluie.

Quantification des aérosols

En l'absence d'un rapport mesurable des concentrations élémentaires massiques dans l'air et dans l'eau, SLINN (1983) propose d'utiliser la variation de la concentration de l'aérosol au cours du temps. La quantité de matière recueillie au sol, en un point de prélèvement fixe, pourrait alors être exprimée sous forme de flux de matière au-dessus de ce point. Ainsi pour quantifier l'abattement des aérosols, il apparaît préférable de travailler en termes de flux de matière arrivant au sol. Ce flux, exprimé selon SLINN en $Kg/m^2/s$, s'écrit :

$$F_X = C_X P$$

où: C_X est la concentration, exprimée en Kg/m^3, de l'élément x dans l'eau de pluie, P est la pluviosité exprimée en $m^3/s/m^2$

L'intérêt de cette relation est de mettre en évidence la corrélation qui pourrait exister entre le flux et l'intensité de la précipitation, laquelle précipitation échantillonne directement le contenu atmosphérique. En l'absence de mesures instantanées des concentrations et des précipitations, il reste cependant possible de déceler moyennement l'évolution des concentrations d'une averse à l'autre et d'en déduire l'évolution des flux d'aérosols dans la succession discontinue des précipitations atmosphériques.

Analyse chimique

Examen et mesures préliminaires

Plusieurs éléments sont susceptibles d'être rencontrés dans les précipitations atmosphériques : dépôts de substances minérales très souvent formées de carbonates terreux (Ca et Mg), mais aussi de carbonates de fer plus ou moins hydratés. On rencontre assez fréquemment des matières siliceuses et argileuses, parfois des substances organiques (pollen, champignons, algues, œufs et fragments d'insectes...). En pareils cas, il est alors nécessaire de procéder systématiquement à une filtration, voire même une centrifugation.

Après cet examen préliminaire, la première mesure à effectuer est celle de la température qui, on le sait, joue un rôle déterminant dans la solubilité des sels et des gaz, mais aussi dans la conductivité électrique et le pH par dissociation ionique des sels en présence. Pour chaque prélèvement effectué, nous procédons alors à la mesure in situ des deux grandeurs suivantes :

- le pH qui va traduire immédiatement l'acidité ou l'alcalinité des précipitations atmosphériques,
- la conductivité électrique qui, elle, va traduire le taux de salinité des précipitations; ce taux est directement proportionnel à la somme des ions en solution.

Sur une vingtaine d'échantillons considérés, on constate une tendance globale vers l'acidité, avec cependant quelques pH anormalement alcalins : on note un maximum de 9.29 enregistré le 30 décembre 1992. Le pH le plus acide a été enregistré le 6 janvier 1993 ; il est de : 4.3. Entre le 5 novembre 1992 et le 9 mai 1993, soit 23 prélèvements, la moyenne des pH observés est de : 6.96. La pluie tombée serait, en moyenne, légèrement moins acide que les basses couches de l'atmosphère qu'elle échantillonne.

La valeur du pH enregistrée par ailleurs en Europe et aux États-Unis (BERNIER, 1991) tourne autour de 5.7 ; mais il s'agit là d'une grandeur physico-chimique pouvant varier brutalement en fonction de la solubilité du CO_2 atmosphérique et du SO_2 marin, mais aussi en fonction de la latitude.

Pour les 23 prélèvements considérés, la conductivité électrique est en moyenne de $10.3*10^{-2}$ mmho/cm. On constate ici une salinité légèrement plus grande au sein de l'atmosphère ambiante. Les conductivités extrêmes enregistrées ont un minimum de : $5.3*10^{-2}$ mmho/cm et un maximum de : $22.0*10^{-2}$ mmho/cm, Là aussi, l'atmosphère ambiante serait plus salée que la pluie tombée, (Fig.1a et Fig.1b).

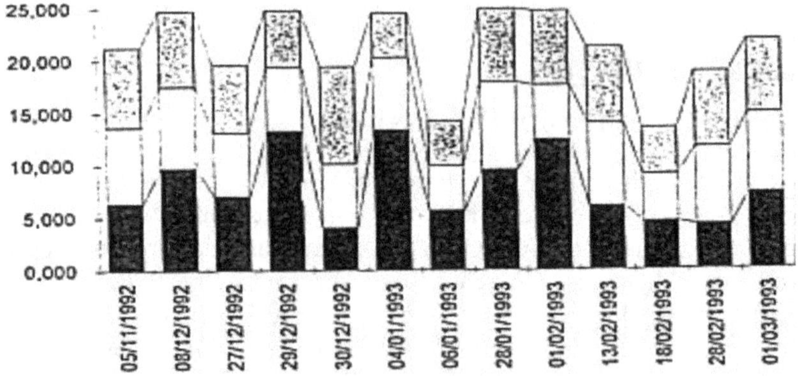

Fig.1a- Variation du pH au cours des précipitations :
RT , RH, Pluie (station INA, Alger)

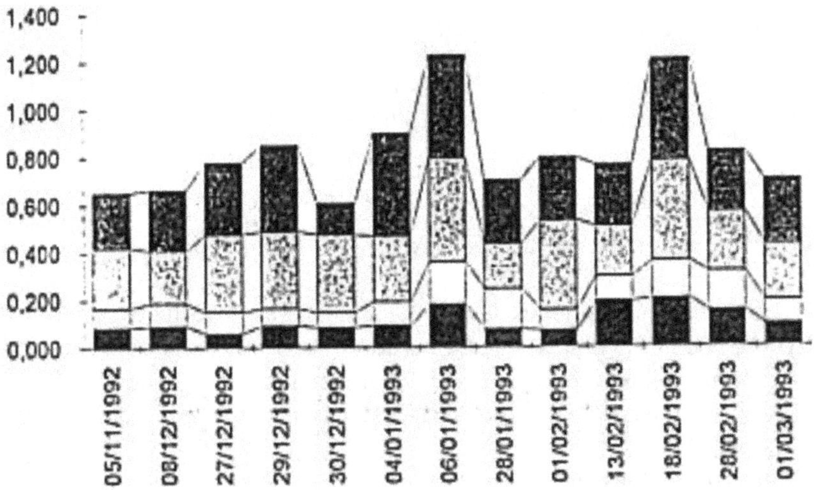

Fig.1b- Conductivité et potentiel électrique des pluies
PE en RT PE en RH CE en RT CE en RH
RT= retombée totale, RH= retombée humide

Connaissant le pH, on peut par simple application de la formule de STUMM et MORGAN (1981), évaluer immédiatement le potentiel électrochimique des précipitations atmosphériques : $E = 0.69 - 0.06pH$. Au niveau de 13 autres sites nous avons pu effectuer un seul prélèvement par station, au printemps, à des dates différentes, à partir du 24 avril, jusqu'au 13 mai 1993.

En considérant la totalité des prélèvements, y compris la station INA, on peut noter :

- deux prélèvements simultanés sur 2 sites (Alger et Biskra) en date du 05/05/1993, où le pH et la conductivité électrique des précipitations atmosphériques se sont révélés nettement différents d'une station à l'autre :
    - un pH de 7.27 et une conductivité de 0.073 mmhos/Cm à Alger (INA),
    - un pH de 6.76 et une conductivité de 0.329 mmhos/Cm à Biskra;
- deux autres prélèvements simultanés sur 2 autres sites (Chlef et Bouira) en date du 20/04/1993, là aussi le pH et la conductivité électrique des précipitations atmosphériques se sont révélés nettement différents :
    - un pH de 8.5 et une conductivité de 0.115 mmhos/Cm à Chlef,
    - un pH de 7.59 et une conductivité de 0.042 mmhos/Cm à Bouira;

Dosage des éléments majeurs

Après un bref aperçu sur la complexité des interactions physico-chimiques intervenant dans les précipitations atmosphériques, nous nous limitons ici à une analyse globale des éléments majeurs suivants :

- les anions : Cl^- , HCO^-_3 , NO^-_3 et SO^{--}_4
- les cations : Na^+ , K^+ , Mg^{++} et Ca^{++}

Les analyses chimiques de ces éléments ont été effectuées par AYIVI et HAFOUDA (1993), avec la collaboration du Département des Sciences du Sol. Nous ne reviendrons pas ici sur les modes opératoires de ces analyses, ils sont largement décrits dans les mémoires d'Ingéniorat de AYIVI et de HAFOUDA.

Nous rappelons cependant que les concentrations anioniques ont été le plus souvent déterminées simplement par titrimétrie classique, moyennant réactifs et indicateurs. Les cations ont fait l'objet d'analyses un peu plus élaborées, par spectrométrie de flamme à absorption atomique, disponible au Département des Sciences du Sol.

Résultats escomptés

Sur les 23 pluies échantillonnées, l'approche statistique révèle de très faibles corrélations entre les différents éléments considérés. La meilleure corrélation est fournie par le sodium avec le chlore : 0.744. La conductivité électrique avec le chlore et le sodium présente une corrélation du même ordre de grandeur que celle qui est obtenue entre chlore et sodium : 0.665 avec le chlore et 0.715 avec le sodium en retombée totale. Les plus faibles corrélations sont de 0.010 pour le calcium avec les sulfates et 0.012 pour le magnésium avec le sodium. Les graphiques Fig.2a et Fig.2b présentent les variations des concentrations en méq/l pour chaque élément majeur considéré au cours des précipitations atmosphériques.

On peut constater que les teneurs en Cl^- et en $HCO3^-$ sont plus importantes que les teneurs en NO_3^- et SO_4^{--} . D'une pluie à l'autre, les variations de concentration en Cl^- et en HCO_3^- sont plus marquées que celles des concentrations en NO_3^- et SO_4^{--}.

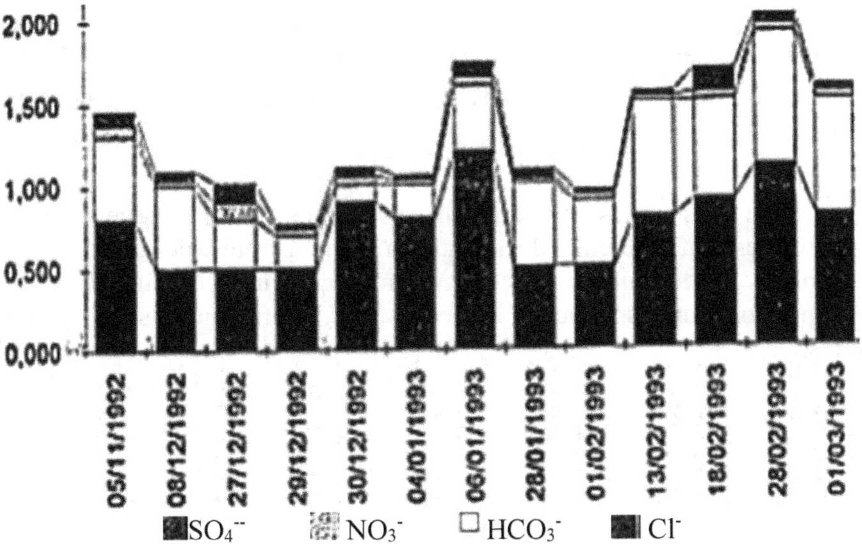

Fig.2a-Anions en retombée totale (station INA, Alger)

Concernant les teneurs en cations, on note une nette prédominance des concentrations en Na sur celles des cations K^+, Mg^{++} et Ca^{++} qui présentent à leur tour des variations analogues entre eux et faiblement marquées par rapport à celles des concentrations en Na^+, (Fig.2b).

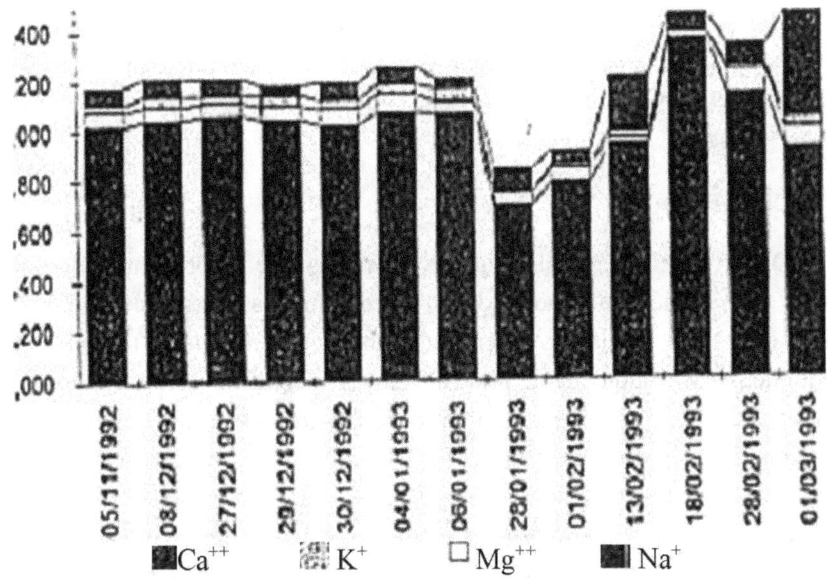

Fig.2b-Cations en retombée totale (station INA, Alger)

La figure 3 fournit la balance entre la somme des cations et la somme des anions au cours des précipitations atmosphériques. Le déséquilibre ionique mis en évidence par la différence notable entre anions et cations peut résulter soit de la présence d'ions non identifiés, tels que les ions H^+ et NH_4^+, soit simplement d'erreurs systématiques dans les analyses effectuées au laboratoire.

Pour les rares prélèvements simultanés, les concentrations enregistrées sont différentes d'une station à l'autre. En guise de comparaison, le tableau 2.d fournit les concentrations de quelques éléments dans les précipitations atmosphériques prélevées en divers endroits du globe terrestre.

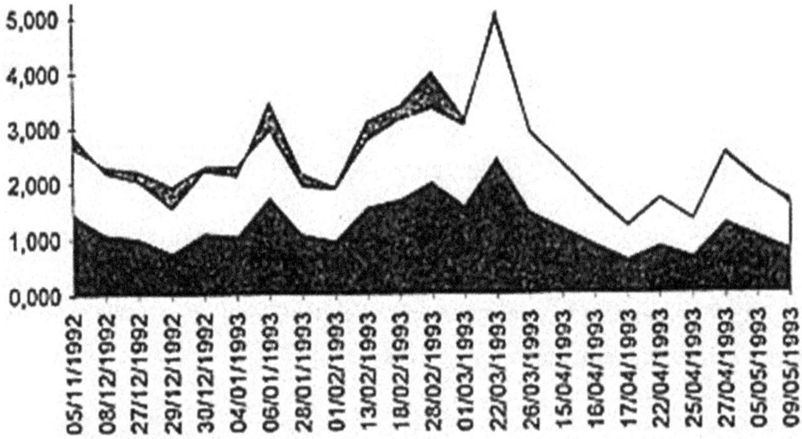

Fig.3- Balance entre anions ■ (SO_4^{--}, NO_3, HCO_3^-, Cl^-) et cations □ (Ca^{++}, K^+, Mg^{++}, Na^+), [A]-[C], station INA Alger

Conclusion

Dans l'ensemble, ces variations ne sont guère surprenantes, dans la mesure où la matière incorporée dans l'eau de pluie est constituée d'aérosols solides et gazeux, d'origines diverses (marines et continentales) ; mais cela s'explique par le fait que d'une pluie à l'autre, les conditions atmosphériques peuvent changer brutalement, notamment l'hygrométrie qui, à elle seule, joue un rôle déterminant dans les processus de dissolution ou de complexation des éléments, ou encore à cause des phénomènes d'adsorption ou de désorption sur des surfaces ionisées. Dans cette approche, nous nous sommes limités à une analyse globale de la totalité des précipitations atmosphériques (solides et liquides). Les teneurs en éléments considérés portent sur l'ensemble des fractions solubles et insolubles, sans distinction des spéciations.

Il serait souhaitable de poursuivre ce travail, au pas saisonnier, par des analyses plus différenciées, spécifiant la fraction soluble de la fraction insoluble. Cependant pour une saison donnée, il faudrait effectuer plusieurs prélèvements et n'analyser que les plus longues averses ayant fait l'objet d'un échantillonnage à de plus petits intervalles de temps, par exemple toutes les 10 à 15 minutes, de façon à pouvoir caractériser le flux des concentrations au cours des averses. Dans le domaine de la chimie des précipitations atmosphériques, les recherches actuelles tournent autour des problèmes liés à la présence de matière organique dans la goutte d'eau ; mais les résultats obtenus sont loin d'être tangibles.

	Alger	Cavallo	Paris	Bermudes	Antarctique		Mer du Nord	
	a	b	c	d	e		f	
Na	21139	2140	347	2900	15		19000	
Mg	765	794	54	370.		...	.....	
Al	494	59	....				3,8	660
Si		1078	181					
P		25						
S		877	1060	203				
Cl	22303	4790	1200	48		32000		
K	842	598	235		4,9			
Ca	3240	1161	451		3,9			
Mn		10,8	5	0,27		0,13		17,5
Fe		264	51	4,8		3,4		450
Cu		1,2 ...		0,66		0,03		24
Zn		23,7	78	1,15		0,06		70
Pb		9,7 ...		0,71		0,03		25
HCO_3	31030							
NO_3	2720							
SO_4	2438							

Tab.2- concentrations en mg/l de quelques éléments dans les précipitations atmosphériques observées en divers endroits du monde : a = Ce travail (AYIVI, HAFOUDA et nous, 1992/93), b = LOSNO, 1989, c = JAFFREZO, 1987, d = JICKELLS et al., 1984, e = BOUTRON, 1984, f = CAMBRAY et al., 1979 ; où c, d, e, et f sont fournis par LOSNO que nous citons en références bibliographiques ci-après.

Matériaux de la croûte terrestre

... âpre Matière dont l'eau est le cœur. Teilhard de Chardin
... âpre divinité de la roche sauvage. Friedrich Nietzsche

Géologiquement parlant, on distingue approximativement deux grandes catégories de matériaux : les roches *ignées* d'origine magmatique et les formations *sédimentaires* formées de divers dépôts : lacustres et/ou éoliens.

Les roches ignées

Généralement cristallines, les roches ignées sont constituées essentiellement de silicates (95%), pouvant être intrusives, telles que le granite lentement cristallisé, ou volcaniques, telles que les basaltes : silice liquéfiée, brutalement refroidie jusqu'à devenir vitreuse.

Les roches intrusives, à proprement parler, sont plutoniques de par une remontée lente du magma se frayant une intrusion au sein des formations géologiques déjà en place. Le refroidissement progressif génère alors toute une palette de roches de minéralisation différentielle où apparaissent granite, diorite, gabbro. Constituées essentiellement de silicates (quartz, feldspaths, pyroxènes, olivines, amphiboles et micas), ces roches sont pauvrement aquifères : à peine 1% de porosité. De par leur compacité, elles constituent plutôt des limites étanches sur lesquelles viennent se caler la résolution des modèles macroscopiques d'écoulement... Sauf à considérer de grandes étendues altérées superficiellement, ces roches sont pauvrement aquifères. Elles peuvent cependant se fracturer par suite de contraintes tectoniques et devenir quelque peu aquifères. Sur les 95% de silicates on a 50% d'oxygène, 26% de silicium, 7,3% d'aluminium, 4,1% de fer, du calcium, du sodium, du potassium et du magnésium pour une même proportion : 3,2%.

Les roches éruptives, appelées volcaniques résultent d'une remontée rapide du magma émergeant à la surface des formations géologiques existantes. Le refroidissement rapide génère alors une tout autre palette de roches de minéralisation différentielle où apparaissent basalte, andésite, rhyolite, présentant une grande porosité vacuolaire sans intérêt hydrogéologique, sauf si elles viennent à se fissurer, ce qui engendre une porosité ouverte et une connexion des pores au demeurant fermés. Les éruptions volcaniques sont souvent accompagnées d'éjections explosives de gaz plus ou moins aqueux sous forme de cendres et de scories pyroclastiques pouvant devenir aquifères par empilement de leurs dépôts sous forme de tufs.

Qu'elles soient intrusives ou éruptives, les roches magmatiques, essentiellement silicatées, peuvent subir un métamorphisme de *contact* avec un magma, ou *régional* (compression orogénique), ou encore d'*impact* de météorites, affectant notablement la structure originelle par une tout autre réorganisation minéralogique.

Les formations sédimentaires

Résultant de l'altération des roches mères, les formations sédimentaires sont en faible proportion, mais superficiellement dispersées sur la totalité de planète, reconnaissable par la présence fréquente de fossiles. De minéralisation relativement peu variée (quartz, feldspaths, calcite, dolomite, débris organiques et micas), on peut distinguer cependant trois grandes classes génétiques de sédiments : chimique, détritique ou biogénique.

Les sédiments chimiques : ils proviennent de la précipitation des sels dans un milieu saturé et donnant lieu par la suite à des évaporites saumâtres : anhydrite, halite, gypse..., à raison d'une très faible proportion : à peine de quelques % de l'ensemble sédimentaire[49].

Les sédiments détritiques : issus de l'altération physique par érosion (hydrique pouvant être glaciaire ou éolienne comme celle du sirocco), ils donnent lieu à des aquifères de grande importance, de par l'épaisseur de leur dépôt, particulièrement dans les alluvions gréseuses non consolidées, sous forme de galet, gravier, ou sable, riches en silice et en oxydes, mais aussi en passées argileuses néoformées. Ils sont différenciés selon le processus de mise en place dans une proportion des 2/3 de la totalité des roches sédimentaires. Corrélativement aux alluvions, les colluvions participent de processus analogues en présence de reliefs érodés ou effondrés, s'accumulant en bas de pente, sous forme de cône de déjection hétérogène, sans classement granulométrique. Plus hétérogènes, et même erratiques, sont les dépôts glaciaires. En revanche, les dépôts éoliens le long des dunes littorales peuvent constituer d'excellents aquifères.

Les sédiments biogéniques : ils sont constitués de coquilles et tests marins ou lacustres. Leur consolidation, simultanée ou consécutivement séquentielle, sous forme de calcaire, de marne ou de craie, donne des roches *carbonatées*. Représentant 20% des roches sédimentaires, la sédimentation des matériaux carbonatés contribue à la minéralisation des eaux par dissolution en générant inexorablement une karstification suffisamment

[49] F. Boulvain, *Une brève histoire de la Terre*. Académie royale de Belgique, 2020, p. 13

aquifère, alors que la craie massive est pauvrement aquifère. Elles se présentent en bancs de calcaire lité d'épaisseur variable, alternant parfois avec des marnes ou des argiles, ou encore en calcaire massif. Aussi massives soient-elles, la dureté de leur consolidation finit par se fissurer jusqu'à donner de profonds réservoirs d'eau, d'hydrocarbures, de schistes bitumineux et de gaz.

Au delà de ces matériaux, la croûte terrestre est enveloppée dans une troposphère constituée de gaz et de vapeur d'eau pouvant interagir énergiquement avec le relief par de multiples processus physico-chimiques : érosion hydrique et/ou éolienne, dissolution, mais aussi thermodynamique par de forts contrastes de gel et dégel.

Faciès des ions majeurs

De par leurs proportions notables, on appelle ions majeurs les anions : Cl^-, CO^{2-}_3, HCO^-_3, et SO^{--}_4 et les cations : Na^+, K^+, Mg^{++} et Ca^{++}. Dans une moindre proportion, on a encore : le bore (B), le fer (Fe^{2+} et Fe^{3+}), le fluor (F), le manganèse (Mn^{2+}), les nitrates (NO^-_3), le strontium (Sr^{2+}). Plus abondant dans les gîtes métallifères, l'aluminium se réduit dans les eaux souterraines à des traces. Sa solubilité réclame un pH fortement acide : inférieur à 5.

La minéralisation des eaux est caractérisée par la concentration des solides totaux dissous (TDS) exprimée en g/l. Pour un TDS < 1 g/l, l'eau est dite douce, saumâtre entre 1 et 10 g/l, saline entre 10 et 100 g/l, devient une saumure pour un TDS > 100 g/l. Pour visualiser les proportions et les tendances entre anions et cations, on a recours à des études statistiques d'ACP ou AFC[50], mais aussi à des diagrammes de type Piper, Stiff, ou encore Schoeller.

Le plus fréquemment utilisé est le diagramme de Piper qui se prête aussi à d'autres interprétations pédologiques, mais aussi dans l'interprétation de l'évolution hydrogéochimique. Il est constitué de deux triangles isocèles, l'un consacré aux anions, l'autre aux cations. Enchâssé entre les triangles (Fig.1), les surmontant, un losange vient synthétiser le tout en termes de % de milliéquivalent par litre (méq/l : rapport de la concentration en mg/l à la masse équivalent de l'élément, laquelle masse est le rapport de la masse de l'élément à sa valence).

---

[50] ACP : Analyse en Composantes Principales, AFC : Analyse Factorielle des Correspondances

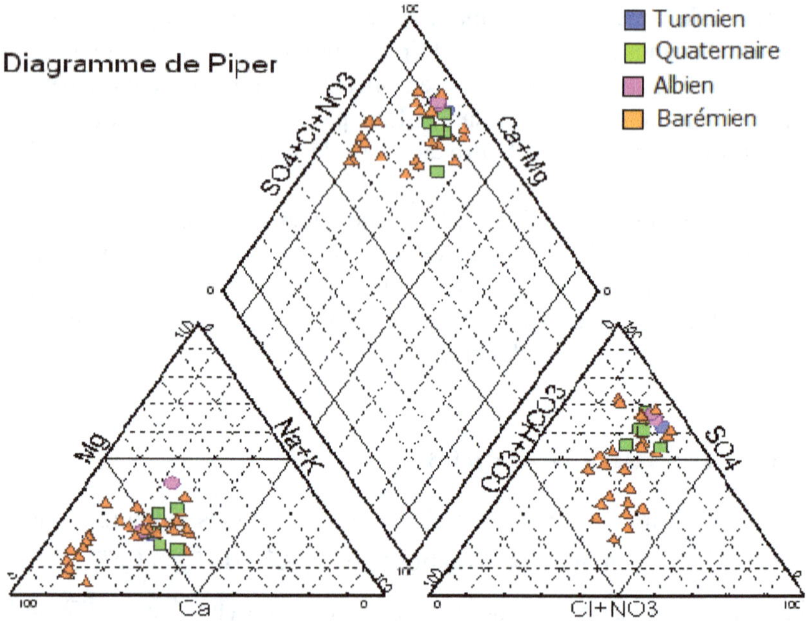

Fig.1- Classification des eaux de Laghouat : sulfatées calciques et magnésiennes, ABH du Sahara

Les entités hydrogéologiques ou simplement géologiques sont caractérisées par des faciès chimiques pouvant être sulfatés-calciques et magnésiens, comme c'est le cas des eaux de Laghouat imprégnant différents étages géologiques. La tendance magnésienne reflète les formations dolomitiques, alors que les sulfatés-calciques dénotent des formations à la fois carbonatées et gypseuses. Le caractère sulfaté peut bien provenir des sulfures de pyrite.

Les milieux alcalins

Les roches alcalines sont ignées. Leurs éruptions magmatiques peuvent être saturées en silice avec au moins 50% de quartz dans lequel il y aura : $Na_2O+K_2O>Al_2O_3$, comme c'est le cas des granites. Elles peuvent être déficitaires en silice, telles que : $Na_2O+K_2O>SiO_2$, ce qui les rend insaturées, comme c'est le cas des syénites. L'émergence de leur éruption est directement soumise aux altérations physico-chimiques essentiellement climatiques, mais aussi hydrothermales sous forme d'*altérites*.

Altérites granitiques

Formés dans des conditions de température et de pression élevées, les granites sont d'origine magmatique. Ils sont plutoniques, mantéliques le plus souvent pour les granites calco-alcalins, ou crustaux pour les leucogranites. Mais ils peuvent bien s'incruster par subsidence à la faveur d'effondrement de chambre magmatique, ou par intrusion de magma dans des passées plastiques ou dans des fissures s'élargissant sous leur poussée massive. Ils sont formés essentiellement de :

- Quartz s'identifiant communément à la silice SiO_2,
- Feldspaths alcalins potassique et sodique, tels que l'orthose : $(K, Na)[Si_3AlO_8]$,
- Plagioclases : série feldspathique allant d'un pôle sodique, l'albite : $Na[Si_3AlO_8]$ à un pôle calcique, l'anorthite : $Ca[Si_3Al_2O_8]$.

Pouvant se fissurer à leur tour, les granites subissent deux types d'altération selon deux types de climat :

- Dans les régions tempérées, le mode d'altération conduit vers une *arénisation* sous forme de boules individualisées sur une épaisseur de quelques mètres, conservant cependant une composition chimique proche du minéral originel ;
- Dans les régions équatoriales, l'altération se fait par *latérisation* sous forme d'une frange argileuse dominante sur plusieurs dizaines de mètres.

Dans les deux cas, l'altération se fait par *hydrolyse*, avec une séquence d'altérabilité décroissante, allant de la biotite au quartz. Elle est d'autant plus importante que le climat est humide. Elle porte essentiellement sur les feldspaths libérant successivement le sodium, le calcium, le magnésium, le silicium, le fer et, enfin, l'aluminium. N'existant qu'aux pH inférieurs à 5, l'ion Al^{3+} est fortement adsorbé par les néoformations argileuses. Dans les eaux souterraines où le pH est plutôt basique, il n'apparaît qu'à l'état de traces. Au-dessus d'un pH de 8,5, il est substitué par des complexes hydroxylés : $Al(OH)^{2+}$ de moins en moins échangeables, constituant des cations de liaison entre les argiles et les complexes humiques.

Riches en silice, la microcline et l'orthose, toutes deux feldspathiques, sont plus résistantes à l'altération par hydrolyse que ne le sont les plagioclases riches en calcium : pôle anorthite. Lentement soluble à température ambiante, la présence de la silice dans les eaux souterraines proviendrait de l'altération des minéraux silicatés. Au contact des sources hydrothermales où sa solubilité est favorisée par des acides carboniques, sa teneur peut atteindre 100 mg/l. Une telle dissolution libère de l'acide monocyclique : H_2SiO_3. En climat chaud et humide, la silice est lessivée à travers les latérites ferralitiques, plus qu'elle ne peut l'être en régions tempérées où elle est adsorbée par l'alumine formant un gel alumino-silicique.

Il y a dans les eaux naturelles des ions inactifs qui n'existent qu'à l'état libre et ne peuvent se recombiner à température ambiante, tels que Na^+, K^+, Cl^-... et des ions réactifs dans les processus d'association-dissolution, tels que H^+, OH^-... Comme le sodium, la silice ne participe pas à la dureté de l'eau. De par sa haute solubilité, le sodium ne précipite quasiment jamais, alors que le potassium, appartenant aux métaux alcalins, se trouve piégé dans les feuillets d'argiles, sélectivement avant le sodium, En milieu sec, l'altération par les écarts extrêmes de température génère une simple dégradation des granites, sans modification notable de leurs minéraux originels.

Le fer et le manganèse en milieu aquifère

Présent dans la croûte terrestre où il tient la quatrième position en termes d'abondance, le fer se trouve :

- dans des eaux souterraines à des concentrations allant jusqu'à 4 mg/l en deux oxydations : ferreux Fe(II) soluble et ferrique Fe(III) colloïdale ou précipité,
- sous forme de traces dans les sédiments à l'état de sulfures (pyrite, marcassite), de carbonates (sidérites), d'oxydes (hématite)
- incrusté essentiellement dans les roches ignées sous forme de silicates (amphiboles, pyroxènes, olivine, micas et argiles), mais aussi sous forme d'oxydes de magnétite.

Bien moins abondant, le manganèse présente des propriétés voisines de celles du fer et de comportement analogue, se trouvant dans la même position d'élément de transition sur la classification de Mendeleïev. Sa faible concentration dans les eaux (0 à 2mg/l) s'étend cependant sur un large spectre d'états d'oxydation de Mn(0) à Mn(VII) ; la plus fréquente des oxydations est celle de l'oxyde de pyrolusite à l'état Mn(IV). En forte concentration, celui-ci est bien plus néfaste pour la santé. Il est présent dans différentes roches : dans le gypse où il se substitue au calcium, dans les roches métamorphiques, se substituant aux carbonates.

Oxydoréduction du fer et du manganèse

En l'absence d'oxygène, un faible potentiel rédox favorise fortement l'apparition de formes réduites de Fe(II) et Mn(II) solubles. Sous l'effet d'un potentiel rédox enrichi en oxygène, de tels ions (Fe^{3+}, Mn^{2+}) solubles peuvent précipiter en hydroxyde de Fe(III) et de Mn(IV) : MnO^2 :

$$Mn^{2+} + 2H_2O \rightarrow MnO_2 + 4H^+ + 2e^-$$
$$Fe^{2+} \rightarrow Fe^{3+} + e^-$$
$$Fe^{3+} + 3H_2O \rightarrow Fe(OH)_3 + 3H^+$$

En milieu suffisamment oxygéné, on peut avoir des réactions plus complètes :

$$2Mn^{2+} + 2H_2O + O_2 \rightarrow 2MnO_2 + 4H^+$$
$$4Fe^{2+} + O_2 + 4H^+ \rightarrow 4Fe^{3+} + 2H_2O$$

Enrobant les grains de sel, les oxydes de fer et de manganèse voient leur réactivité augmenter à la faveur de l'humidité. Pouvant être fortement adsorbés, ils peuvent aussi être dissous par réduction pour peu que l'oxygène vienne à manquer. Une grande surface d'adsorption en accélère l'oxydation, particulièrement pour le manganèse. Des observations expérimentales ont pu mettre en évidence des cinétiques d'ordre 1 décrivant la dissolution par oxydoréduction des couples $Fe(OH)_3/Fe^{2+}$ et MnO_2/Mn^{2+} :

$$\frac{\partial[\mathrm{Fe(II)}]}{\partial t} = \frac{k[O_{2(aq)}]}{[H^+]^2}[\mathrm{Fe(II)}]$$

$$\frac{\partial[\mathrm{Mn(II)}]}{\partial t} = k_1[\mathrm{Mn(II)}] + k_2[\mathrm{Mn(II)}][MnO_2]$$

Avec $k_1 = 4*10^{12}$ mol^{-3}d^{-1} et $k_2 = 1*10^{18}$ à $5*10^{18}$ mol^{-3}d^{-1} mol^{-4}d^{-1} : des valeurs observées dépendant des conditions expérimentales,

Effet du soufre et des carbonates sur le fer

Le fer peut être plus ou moins réduit par la présence de soufre, de carbonate ou de matière organique. Sous conditions d'équilibre rédox, les réactifs en présence peuvent induire des modifications géochimiques selon plusieurs processus simultanés :

- Précipitation du Fe(II) en sulfures,
- Dissolution du $CaCO_3$ par le CO_2.,
- Réduction des oxydes de Fe(III) par S(-II) pour former du FeS…

Le soufre, à lui seul, peut apparaître sous plusieurs états d'oxydation : S(IV) pour SO_4^{2-} dominant en milieux oxydants et S(-II) pour H_2S, HS^-, S^{2-} dominants en milieux réducteurs. Il apparaît que l'excès de soufre peut inhiber la dissolution et la mobilité des métaux qui se retrouvent sous forme de sulfures. Dans ce type de réaction, le produit de solubilité de FeS est nettement inférieur à celui de MnS. En milieu réducteur, les ions ferreux donnent un précipité :

$$Fe^{2+} + HS^- \rightarrow FeS + H+$$

En milieu oxydant, on observe plutôt une dissolution :

$$FeS_2 + \frac{15}{4}O_2 + \frac{7}{2}H_2O \rightarrow Fe(OH)_3 + 4H^+2SO_4^{2-}$$

En association avec les ions carbonates et en présence de CO_2, les ions ferreux génèrent du bicarbonate de fer avec en sus de l'acide carbonique :

$$CaCO_3 + CO_2 + H_2O \rightarrow Ca^{2+} + 2HCO_3^-$$
$$FeCO_3 + CO_2 + H_2O \rightarrow Fe^{2+} + 2HCO_3^-$$

Cependant, en milieu réducteur, les carbonates peuvent neutraliser les acides et inhiber la réduction des métaux où le changement de concentration des ions métalliques est assujetti à la solubilité des carbonates, principalement aux carbonates de Ca et de Mg. En l'absence de réaction avec le fer ou le manganèse, d'autres réactions sont susceptibles de modifier les conditions d'équilibre du milieu, telles que :

$$NO_3^- + 6H^+ + 5e^- \rightarrow 3H_2O + \frac{1}{2}N_2$$
$$NO_3^- + 10H^+ + 8e^- \rightarrow 3H_2O + NH_4^+$$
$$SO_4^{2-} + 9H^+ \rightarrow HS + 4H_2O$$
$$CH_2O + 4H^+ \rightarrow CH_4 + H_2O$$

Directement liés à la concentration en oxygène et en CO_2 dissous, le pH et le potentiel rédox agissent notablement sur les réactions d'oxydoréduction. En milieu aquifère, pauvre en oxygène et plutôt réducteur, la baisse du potentiel rédox induit une augmentation de fer et de manganèse. Un appel d'eau par pompage entraîne momentanément une re-dissolution des précipités de fer et de manganèse à l'aplomb du cône de rabattement. Le fer dissous dépend de la réduction amorcée :

$$Fe(HCO_3)_2 \rightarrow Fe(OH)_{2(s)} + 2CO_2$$

De même que le manganèse dissous devient insoluble :

$$Mn(HCO_3)_2 + O_2 + 2H_2O \rightarrow 2Mn(OH)_{4(s)} + 4CO_2$$

Les milieux carbonatés

La sédimentation de matériaux organiques se consolide en roches carbonatées caractérisées par l'ion CO_3^{2-}. Elles sont constituées essentiellement de calcaire pour au moins 50% de calcite et dans une moindre proportion par de la dolomite. De faible dureté, rayable à l'acier et parfois à l'ongle, elles font effervescence à l'HCl. En revanche, les dolomies, bien que carbonées, ne font pas effervescence à froid avec un acide dilué à 10%.

Leur genèse s'est différenciée d'abord en *dolomies primaires* formées par précipitation dans des lagunes côtières où elles alternent entre gypses et argiles, puis en *dolomies secondaires*, plus carbonatées, qui se sont formées par substitution totale ou partielle de la calcite en dolomite se bréchifiant par la suite en *sable dolomitique*.

Altération des carbonates

En l'absence de CO_2, la calcite est peu soluble : saturation à 16 mg/l à 16°C. Celle de la dolomite est encore plus lente. Réagissant à l'acide carbonique, la calcite donne du bicarbonate de calcium, à raison d'une solubilité estimée entre 80 et 300 mg/l selon les conditions régnantes :

$$H_2O \rightarrow H^+ + OH^-$$
$$H_2CO_3 \rightarrow H^+ + CO_3^{2-}$$
$$H_2O + CO_2 \rightarrow H_2CO_3$$
$$CaCO_3 + H_2CO_3 \rightarrow Ca(HCO^-_3)_2$$

L'électroneutralité de la solution à l'équilibre s'écrit en termes de concentration :

$$2[Ca^{2+}] + [H^+] = [OH^-] + [HCO_3^-] + 2[CO_3^{2-}]$$

Relativement à ces concentrations, on définit différentes constantes d'équilibre, telle que :

$$K_{CO2} = \frac{\alpha_{H2CO3}}{p_{CO2}}$$

où α_{H2CO3} représente l'activité en H_2CO_3 et p_{CO2} la pression partielle dans l'atmosphère estimée à $10^{-3,5}$.

Pour le carbonate de calcium, on aurait : $K_{CaCO3} = \alpha_{Ca}\alpha_{CO3}$, avec $\alpha_{Ca} = 10^{13,4}(\alpha_H)^2$ et $\alpha_{CO3} = 10^{-21,7}/(\alpha_H)^2$. Pour des solutions très diluées, les coefficients d'activité γ_i des différentes espèces se réduisent à l'unité et les α_i s'identifient aux m_i. La condition d'électroneutralité se simplifie à :

$$2\alpha_{Ca} + \alpha_H = 2\alpha_{CO3} + \alpha_{HCO3} + \alpha_{OH}$$

Et :

$$[H^+] = \sqrt{\frac{K_{H2CO3}K_{HCO3}K_{CO3}}{K_{CaCO3}} p_{CO2}[Ca^{2+}]}$$

A 25°C, la concentre de l'ion H se réduit à :

$$[H^+] = 10^{-4,9}\sqrt{p_{CO2}[Ca^{2+}]}$$

En exprimant les activités des différentes espèces en fonction de celle de H+, on obtient : $\alpha_H = 10^{-8,4}$, d'où pH 8,4 pour la calcite considérée. Il y a là une relation entre le pH et le degré de saturation de la calcite ou de tout autre minéral, ce qui permet de percevoir, rien qu'à la mesure du pH, s'il y a précipitation ou non. Une calcite au demeurant confinée voit son pH diminué au moindre contact avec l'atmosphère. Aussi, pour éviter le risque de dégazage du CO_2 et précipitation de carbonate, le pH d'échantillon d'eau souterraine doit être mesuré in situ. Une telle précipitation apparaît fréquemment aux résurgences des eaux sous forme de tufs calcaires.

Alcalinité, acidité et pouvoir tampon

La spéciation des carbonates, en termes d'*alcalinité* dépend du pH, moyennant une disponibilité suffisante des bases fortes, telle que NaOH. Pour une pression partielle de p_{CO2} constante, le pH peut bien varier, par addition d'une base C_B ou d'un acide C_A. L'électroneutralité de l'ensemble s'écrit : $C_B + [H^+] = [OH^-] + [HCO_3^-] + 2[CO_3^{2-}] + C_A$. Si $C_B > C_A$, on va vers la neutralisation des acides et inversement vers la neutralisation des bases pour $C_A > C_B$, telles que :

$$\begin{cases} C_B - C_A = [OH^-] + [HCO_3^-] + 2[CO_3^{2-}] - [H^+] \\ C_A - C_B = [H^+] - [OH^-] - [HCO_3^-] - 2[CO_3^{2-}] \end{cases}$$

Par dissolution des minéraux carbonatés et silicatés, les eaux souterraines sont naturellement alcalines, alors que l'acidité serait plutôt signe de contamination par des industries. Cependant, les gîtes métallifères présentent souvent des acidités, en particulier l'oxydation de la pyrite produisant de l'acide sulfurique. Mais d'autres espèces peuvent influencer le pH et la spéciation. Aussi, il est nécessaire de déterminer le degré de minéralisation dans l'eau par un indice de saturation :

$$SI = \log(IAP/K)$$

Où IAP est le produit de solubilité des différentes activités, K : la constante d'équilibre affectant la dissolution du minéral. Relativement à la calcite, on aurait :

$$\begin{cases} K = \dfrac{IAP}{\alpha_{CaCO3}} \\ IAP = \alpha_{Ca} * \alpha_{CO3} \end{cases}$$

Dans l'hypothèse qu'à l'équilibre, l'activité de la calcite en phase solide est égale à l'unité, on aurait immédiatement IAP=K, et SI=log(IAP/K)=0. Pour SI<0, la solution est insaturée et SI>0 : la solution est sursaturée. La stabilité du pH aux variations brutales pourrait être maintenue par un *pouvoir tampon* que l'on définit comme l'inverse de la pente d'une courbe de titrage de la concentration d'un acide C_A, courbe par laquelle on voudrait exprimer la variation du pH en fonction d'une base de concentration C_B, tel que :

$$\beta_{pH} = \frac{\partial C_B}{\partial pH} = -\frac{\partial C_A}{\partial pH}$$

Brassage de l'Hydrosphère

Quand la mer brusquement se retire de son assise originelle non négociable, au point de donner l'impression qu'elle se « vide » de son apparente horizontalité, et qu'elle se rétracte effroyablement – plus qu'elle ne le fait par le cycle de ses marées ordinaires parfois imperceptibles –, c'est pour reconquérir furieusement ses limites initiales par un retour de manivelle sur les abords les plus escarpés... Quand la Terre se trouve enveloppée partiellement sous la pénombre d'un cône d'une froideur énigmatique, il en résulte une éclipse annulaire éblouissante. Lever les yeux au Ciel sous une telle éclipse n'est pas sans danger…

Quand la Lune et le Soleil sont de part et d'autre de la Terre, les masses fluides de l'Hydrosphère se gonflent et se soulèvent en marées *de vive-eau.* Il s'ensuit une série de conséquences irrévocables : décélération imperceptible de la rotation de la Terre, éloignement et accélération de la rotation de la Lune, allongement du jour terrestre de quelques fractions de nanosecondes, déformation de l'enveloppe fluide en dômes dissymétriques opposés, frottement au fond des océans entre masses fluides et masses solides en rotation…Et ce n'est pas tout : les forces de Coriolis, à elles seules, viennent compliquer ce schéma par une infinité de vagues d'allure insaisissable. Ces assertions élémentaires, clairement décrites dans les tablettes des Sciences de la Terre[51], n'ont apparemment rien de tragique dans l'immédiat ; c'est tout juste si elles peuvent aider à mieux percevoir la complexité du climat.

En revanche, ce qui est loin d'être clair, - et pourrait bien devenir vraiment tragique - c'est la disponibilité de la ressource en eau sur la planète Terre. Son recyclage, dérisoire par rapport à l'accroissement de son usage tous azimuts, pose de gros problèmes de préservation du patrimoine, si ce n'est déjà de graves problèmes de survie. Si aujourd'hui encore nulle part nous ne manquons d'oxygène, le manque d'eau, l'extrême manque d'eau qui frappe des milliers d'enfants par jour, est analogue au manque d'air, au manque immédiat d'oxygène : « *l'eau est la première cause de mortalité sur Terre* »[52]. Pourtant, la quantité d'eau douce disponible sur Terre est suffisante pour faire face à un tel drame. Il y a là non-assistance à des milliers d'êtres humains en danger.

Mais disponibilité n'est pas gratuité. Certes, l'eau n'a jamais été gratuite. Le manque d'eau dans des pans entiers de l'Hydrosphère est essentiellement inhérent aux disparités originelles du climat. Disparités qui réclament davantage de solidarité par-delà les frontières. Ce serait là un des

[51] Robert Kandel, in *Les eaux du ciel*, Hachette, 1998

[52] Marc Laimé : *Le dossier de l'eau*, Seuil, 2003

atouts de la mondialisation qui pourrait prendre en charge une croissance solidaire de tout un chacun. Dans le libre échange qui prévaut, la démocratie - cette vieille fille de la philosophie - est reléguée aux calendes grecques. Non explicité dans la *Déclaration universelle des Droits de l'Homme*, le droit à l'eau n'a été reconnu que récemment, comme « *élément essentiel à la survie* »[53].

Un tel droit est loin d'être observé démocratiquement. Malgré la rapidité des échanges à l'échelle planétaire, en dépit de l'abondance des biens et produits de consommation, il y a une pénurie délibérément entretenue : pénuries guerrières organisées entre régions du Globe, entre pays, entre riverains, si ce n'est déjà entre voisins… La terrible loi de l'offre et de la demande fait que l'eau devient plus chère que les médicaments. La pollution de l'eau implique autant de dépollution à monnayer et qui sera de plus en plus coûteuse au détriment même des générations à venir, à moins d'une miraculeuse adaptation darwinienne,

La valse des océans

Corrélativement à une circulation atmosphérique difficilement prévisible, les courants océaniques semblent plus lents, plus calmes, plus stratifiés, de par l'inertie des flux massiques mis en jeu. Entre ciel et mers, l'eau voyage sempiternellement, un peu moins sur les terres, quasiment pas sur le Sahara où souffle l'Harmattan. Sur la terre ferme, le réchauffement durant l'été est quasi instantané, dépassant par endroits les 50°C (Sahara, Australie, Mexique…) mais reste superficiel, les horizons pédologiques devenant de plus en plus compacts.

En revanche, à l'aplomb des océans, le réchauffement peut atteindre quelques dizaines de degrés, sans cependant dépasser les 30°C. La hausse des températures à l'aplomb des continents génère des basses pressions atmosphériques et un appel des masses d'air depuis les océans : siège des hautes pressions dues aux fraîches températures. Ces différences de pressions génèrent un changement de direction des vents qualifiés de moussons par les navigateurs arabes du Moyen Âge, littéralement : الموسمية = *al mawsimiya.*

Globalement, la circulation atmosphérique est régie par deux mouvements opposés, l'un vers l'équateur, l'autre dans le sens des latitudes nord-sud ou sud-nord. Migrant depuis l'équateur vers les latitudes inverses et se rapprochant de plus en plus de l'axe de rotation terrestre, les masses d'air impulsent une synergie est-ouest à la rotation de la Terre. Les masses d'air descendant des tropiques vers l'équateur vont induire une accélération ouest-est. Soufflant de part et d'autre de l'équateur, les alizés prennent un sens nord-

[53] 29ième Session de l'ECOSOC : Comité des Droits économique, social et culturel du Conseil économique et social des Nations unies, Nov 2002.

est dans l'hémisphère Nord et sud-est dans l'hémisphère sud, sans s'étendre aux pôles, la rotation de la Terre leur imposant une circulation globale est-ouest.

Une telle traînée, léchant des surfaces continentales rugueuses, soulevant parfois des vagues à l'aplomb des mers, aura tendance à ralentir imperceptiblement la rotation de la planète. Cependant, à l'aplomb des latitudes moyennes, les vents dominants viennent de l'ouest poussant les eaux superficielles vers l'est. Un autre retournement est induit par des gradients thermiques entre la troposphère et la tropopause, sans atteindre les pôles. Les forces de Coriolis viennent compliquer ce schéma par une déviation vers la droite au nord de l'équateur et vers la gauche au sud. Il faut ajouter à tout cela les phénomènes dépressionnaires provoquant de redoutables courants dans d'étroits chenaux : les *aéro-jets* (*jet-streams*).

Induite par des gradients de température et de salinité, mais surtout par les masses atmosphériques, la circulation océanique est conditionnée par l'inégale distribution de l'énergie solaire à la surface de la planète. Sur les grandes étendues océaniques, l'alternance des vents d'est des tropiques et des vents d'ouest aux latitudes moyennes laisse apparaître des courants circulaires, tels que les *gyres*. Sous les tropiques, le long de l'équateur, les eaux divaguent vers l'ouest de par une poussée des alizés. Écartelée par les continents, l'immensité des eaux intertropicales forme l'essentiel des océans : Atlantique, Indien et Pacifique.

Remontant les marges chaudes africaines, les eaux équatoriales viennent se disloquer contre les côtes est du continent américain en deux directions, l'une vers le nord, l'autre vers le sud. Tournant autour de Cuba, frôlant le golfe du Mexique, la montée des eaux chaudes et salées vers le nord, le long des côtes sud-est des États-Unis, forme le Gulf Stream qui va subir les vents dominants de l'ouest, le poussant à travers l'Atlantique Nord en direction de l'Europe. Il s'agit d'un courant de surface allant des basses aux hautes latitudes Nord.

Analogue au Gulf Stream, de gigantesques gyres, charriant des centaines de millions de m^3/s, font la ronde dans les grands océans, tels que l'Atlantique et le Pacifique. Ce dernier et non des moindres, couvre à lui seul un tiers de la planète, il s'étire sur plus de 12°000 km le long de l'équateur où les surfaces océaniques sont happées par les alizés venant de l'est et du sud-est, accumulant de l'eau chaude (jusqu'à 30°C) dans l'ouest du Pacifique. C'est alors *La Niña* qui se manifeste, disent les pêcheurs du Pérou. S'ensuit un appel des eaux froides sous-jacentes.

L'immense étendue du bassin du Pacifique et de l'océan indien laissent apparaître un étrange phénomène atmosphérique (appelé banalement *Oscillation australe* : *Southern Oscillation*) lequel vient compliquer ce schéma par une alternance de faible et forte pression et une inversion des courants : la masse d'eau chaude accumulée à l'ouest du Pacifique se déploie en une vague géante vers l'est atteignant les rives équatoriales du Pérou.

L'inversion de l'*Oscillation australe* prend alors le nom d'*El Niño* survenant au rythme de deux fois tous les 10 ans et qui correspond à un *jet-stream* exceptionnel.

La Niña et *El Niño* sont des extrêmes opposés, tout autant catastrophiques l'un que l'autre. Il y a 18°000 ans, l'alternance *Niña - Niño* était plus longue. Elle s'est de plus en plus accélérée en intervalles de temps plus courts et en amplitudes plus fortes, provoquant de gigantesques bouleversements entre l'atmosphère et les océans. Et l'on observe des tempêtes de plus en plus fréquentes, des tornades, des typhons, des inondations et des sécheresses, sans que l'on puisse déduire une chaîne de causalité. S'il y a un déterminisme, sa manifestation reste aléatoire. Et ce n'est pas pour autant que nous soyons dédouanés d'une telle imprévisibilité.

Analogue à l'Oscillation australe, l'océan Atlantique Nord subit une oscillation des pressions et des températures, perceptible entre le nord et le sud, du fait que l'océan est encaissé longitudinalement sur une envergure de 300 km entre l'Afrique et le Brésil. Zone de hautes pressions, l'anticyclone des Açores constitue une barrière entre les vents d'ouest et les Alizés. Au voisinage du Groenland les oscillations de pression génèrent des courants atmosphériques inverses.

Une dépression, prenant racine en Islande, renforcera les vents d'ouest, les chargeant d'humidité le long du Gulf Stream. Une haute pression sur le Groenland transmettra de l'air froid et sec vers l'Europe. Sans le Gulf Stream, l'Europe deviendrait glaciale. Les limites des glaces océaniques sont alors rythmées par la valse des saisons. De longues chroniques météorologiques révèlent des fluctuations annuelles, mais aussi décennales. De telles fluctuations semblent marquées par des corrélations entre des eaux plus chaudes et l'extension relative des glaces. La fonte des calottes glaciaires et l'augmentation des précipitations aux hautes latitudes Nord génèrent une diminution de la salinité des eaux et un ralentissement de la circulation atlantique.

Fluctuation des glaces

La dernière glaciation maximale remonte à quelque 128°000 ans, pour laquelle le niveau marin était de 100 à 120 m plus bas qu'à présent. Et l'on compte une cinquantaine de millions de kilomètres cubes de glace couvrant d'un seul tenant le nord de l'Europe et l'Amérique du Nord. Au voisinage des pôles, l'eau des bordures océaniques pouvait se geler directement en glace, passant de 4 millions de km^3 à la fin de l'été à 20 millions de km^3 à la fin de l'hiver.

Cycles de Milankovitch

Durant les deux millions d'années du Pléistocène, le climat était plutôt dominé par de fortes glaciations paroxysmiques, mais aussi d'intenses instabilités perlées de quelques périodes interglaciaires. Il apparaît que les fluctuations révélées par l'analyse isotopique des sondages dans l'épaisseur des glaces correspondent à de multiples périodicités astronomiques parfois imperceptibles mais dont les effets se sont avérés significatifs. Alors qu'il était en quête d'une compréhension de la distribution du flux de chaleur autour de la Terre à différentes latitudes, Milutin Milankovitch (1879-1958) a mis en évidence tout un emboîtement de cycles astronomiques :

- Inclinaison de l'axe de rotation de la Terre (période de 40°000 ans) ;
- Variation de l'excentricité de l'orbite terrestre (période de 50°000 et 100°000 ans) ;
- Le phénomène de précession des équinoxes (période de 23°000 et 19°000 ans).

Après de tenaces hésitations à les valider, ces périodicités ont pu être reconnues par un traitement spectral (T. J. Crowley et G. R. North., 1991, C. Langlois, B. Urgelli, 2004, D. Parrochia, 2023).

De plus, la composition des signaux (E pour Excentricité, T pour Inclinaison, P pour Précession) s'est révélée en bonne corrélation avec les époques glacières. Sous l'effet des oscillations astronomiques, paroxysmiques au cours du dernier million d'années, on observe une périodicité de 100°000 ans. Entre 3 et 1 millions d'années, les glaciations revenaient tous les 40°000 ans. Une identification des pics d'insolation aux latitudes 65°N révèle une concordance presque parfaite avec les pics de température et l'extension des glaces, selon un cycle long de 100°000 ans correspondant aux variations d'excentricité de l'orbite terrestre.

Se pose la question de savoir pourquoi de telles variations – si faibles, ne modifiant quasiment pas l'insolation – induisent si fortement des variations climatiques similaires aux deux hémisphères que tout oppose ? À l'intérieur du cycle long, on observe des périodicités de 21°000 à 40°000 ans, liées à l'obliquité de l'écliptique et à la précession, induisant des variations du volume des glaces.

La faible excentricité de l'orbite terrestre induit une variation d'à peine ± 3,4% du flux des rayonnements atteignant l'Hydrosphère. Autant dire que les paramètres astronomiques sont loin d'être les plus déterminants, d'autant que les contrastes entre saisons sont plus marqués au nord qu'au sud. Ces contrastes sont fortement liés à l'obliquité de l'écliptique qui varie sur un cycle de 40°000 ans. Stabilisée par l'attraction de la Lune, cette variation relativement faible (entre 21° et 25°) est due à des perturbations des mouvements de la Terre par l'attraction gravitationnelle des autres planètes induisant par ailleurs des fluctuations dans l'excentricité de l'orbite terrestre.

Sans cette obliquité, il n'y aura pas de variations saisonnières au nord, ni au sud.

Sur l'hémisphère boréal, la Terre passe au périhélie (point de son orbite le plus proche du Soleil, alors qu'on est en janvier. Elle passe aussi à l'aphélie (point de son orbite le plus éloigné du Soleil, alors qu'on est paradoxalement en juillet). Légèrement elliptique, l'orbite terrestre est orientée selon une précession du périhélie et de l'aphélie par rapport aux étoiles, mais aussi par rapport au décalage de la position des équinoxes et des solstices. Hormis le Soleil, ce ne sont pas non plus les étoiles lointaines qui seraient responsables du changement climatique. C'est tout juste si les continents – de moindre étendue – réagissent plus rapidement aux variations astronomiques que ne le fait l'étendue inertielle des océans.

Cataclysme du Chicxulub

Un carottage plus poussé, atteignant l'épaisseur des sédiments lacustres, aura permis de remonter bien plus loin, à 60 millions d'années, durant la fin du Crétacé-Paléogène, quasiment jusqu'au cataclysme du Chicxulub Puerto survenu il y a 66 millions d'années, dans la péninsule du Mexique. La désintégration de l'énorme astéroïde sur une plateforme gypso-calcaire a creusé instantanément un cratère de 100 km de diamètre, atteignant 30 km de profondeur, provoquant un raz de marée au voisinage du Golfe du Mexique, ressenti tel un tsunami sur l'océan planétaire.

L'onde de choc aura fait le tour de la planète, générant brutalement un gigantesque lever de panache de cristaux, de cendre, de vapeur d'eau, de suie et volatilisation de gaz toxiques atteignant la haute atmosphère. Il y a eu tout un bouleversement climatique passant *du chaud* momentané au froid persistant, passant des retombées de fragments incandescents à une longue nuit glaciale sous un ciel opaque. La Terre s'est trouvée enveloppée dans une serre et un niveau marin momentanément plus élevé que l'actuel d'une soixantaine de mètres.

En l'absence de flux solaire lui parvenant à même la surface, tant il est absorbé, sinon réfracté par une chape de millions de tonnes de poussières, la Terre a dû se geler, quelque peu en un long *hiver d'impact planétaire*. L'intense réfraction vers la haute atmosphère a dû dégénérer la couche d'ozone, laissant la voie libre aux UV. Déjà agressée par le froid glacial, la Terre va subir une extinction massive de la biosphère marquée par une *crise du Crétacé-Paléogène* : limite du *Crétacé-Tertiaire*.

Échappant au cataclysme, une grande proportion de dinosaures, plus coriaces que la végétation qui a brûlé immédiatement, n'était pas morte de chaleur, mais par la faim et le froid qui s'en étaient suivis. En l'absence de lumière, la photosynthèse est inhibée, la végétation se raréfie, les herbivores meurent de faim, les carnivores se dévorent mutuellement… au terme de quelque 10°000 ans, la Terre va retrouver une période interglaciaire.

Par-delà ce cataclysme, la glaciation avait repris son inexorable cycle selon une périodicité impulsée par l'excentricité orbitale affectant notablement le climat. La reprise a eu lieu d'abord partiellement en Antarctique, il y a 30 millions d'années, puis plus fermement sur une calotte glaciaire, il y a 5 millions d'années, sans parvenir à s'étendre sur l'Arctique. La reconstitution des cartes de l'évolution du climat durant le dernier maximum glaciaire révèle d'importantes fluctuations des marges côtières mettant à sec la Manche et le détroit de Béring. Une extension des zones froides dans les deux pôles vers les latitudes moyennes a dû affecter au passage les tropiques d'une manière notable, d'autant que l'étendue des neiges avait atteint les montagnes des tropiques 900 m plus bas où les températures étaient nettement plus basses que celles observées actuellement.

Mais il est à craindre que le comportement chaotique des orbites des planètes ne vienne compliquer ce schéma : au delà de 100 millions d'années dans le futur la recherche de position des planètes devient illusoire. Les dernières études (Martinez et al, 2015) font état de fluctuations cycliques de 9 millions d'années. L'obliquité de l'axe de rotation terrestre est très sensible à l'évolution du lien Terre-Lune, ne serait-ce qu'à cause des marées s'émoussant à mesure que la Lune s'éloigne de la Terre, celle-ci tournant de moins en moins vite.

Corrélativement, l'Univers s'éparpille de plus en plus rapidement en amas de galaxies de plus en plus éparses, jusqu'à épuisement dans des trous noirs avides de lumière et de matière : « *une perspective désolante et terriblement ennuyeuse* », reconnaît sarcastiquement Roger Penrose évoqué par Carlo Rovelli qui confirme qu'«*il n'y aura plus qu'un Univers d'ondes de lumière parcourant le néant* »[54]. Mais ne nous égarons pas dans l'immensité incommensurable d'un océan fait exclusivement de lumière froide qui ne voit plus le temps s'écouler. Gardons les pieds sur Terre tant qu'elle est ferme…

L'Holocène dans lequel nous vivons actuellement est analogue aux précédentes périodes interglaciaires, si ce n'est l'accroissement des activités anthropiques sous lesquelles cet Holocène devient *Anthropocène*. « *Faut-il l'appeler l'Anthropocène* », s'interroge Kandel ?[55] L'accroissement de telles activités pourrait-il devenir prédominant au point d'empêcher le retour des glaces dans 20°000 ans, selon un cycle prédéterminé ? La dernière glaciation avait eu lieu il y a 13°000 ans, alors que la Terre était plus proche du Soleil, son axe de rotation plus incliné : 24,2°. Dans l'hypothèse d'un cycle de carbone stabilisé, l'actuel interglaciaire devrait persister durant 50°000 ans. Mais il est à craindre que nous ne soyons plus là…

---

[54] Carlo Rovelli, *Écrits vagabonds*. Flammarion, Champ sciences, 2021, p. 258

[55] R. Kandel, *Le réchauffement climatique*, PUF, Que sais-je ? 2019, p.23

En supposant que l'EdS soit contenu par une combinaison judicieuse, entre la couverture nuageuse et l'étendue des glaces, la Terre restera vivable durant un milliard d'années tout au plus. Au delà de ce milliard, la consumation de l'hydrogène solaire s'accélèrera, transformant l'astre solaire en une étoile flamboyante, brûlant de plus en plus vite, devenant une *géante rouge*, se rapprochant de l'orbite terrestre. C'est alors que les océans entreront en ébullition, rendant l'eau à l'espace interstellaire d'où elle est venue il y a quelque trois milliards d'années. Relativement au réchauffement dégagé, l'EdS anthropique aura été tout au plus un épiphénomène éphémère.

Pour le moment les prévisions du GIEC se restreignent essentiellement au XXIe siècle. Dans l'hypothèse d'une consommation accrue du carbone atmosphérique par une érosion de la croûte terrestre sous l'effet de la chaleur et de l'humidité, le retour des glaces reste plausible. L'excentricité de l'orbite terrestre étant actuellement particulièrement faible, la distance Terre-Soleil diminuant dans les prochains milliers d'années, tandis que l'inclinaison de l'axe de rotation de la Terre est loin d'être à son minimum. Une telle configuration est peu favorable au retour des glaces. Mais celui-ci peut n'être que différé.

Une infinité de cycles emboîtés

« Chez un potier je suis passé naguère. Il pétrissait l'argile en cent manières. J'y vis ce que les autres n'y voyaient :
Entre ses mains les cendres de mon père. »
Omar Khayyâm (XIième siècle)

"J'étais neige à tes rayons je fondis ;
La terre me but, brouillard d'esprit, je remonte vers le soleil. »
Rûmi (XIIIième siècle)

En quelque temps et lieu que ce soit, le cycle de l'eau n'a jamais été identique à lui-même… Que l'on vienne à l'assimiler benoîtement au *Mythe de Sisyphe*, voilà qui est franchement réducteur. Et ce n'est pas ce que ressentent les poètes : *« L'eau parle sans cesse, Et jamais ne se répète »*, prévient Octavio Paz. Le cycle de l'eau à l'échelle de la planète colporte une infinité de cycles emboîtés les uns dans les autres comme des poupées gigognes, allant de quelques jours à quelques millions d'années. Il y a autant de cycles que d'êtres vivants, voire de bactéries et de virus…, sinon autant que de lopins de terre, de vallons, de ruisseaux, d'écosystèmes originels des plus microscopiques aux plus macroscopiques.

Sur les grandes étendues océaniques, particulièrement à l'aplomb des tropiques, l'eau s'évapore en un jour par milliers de tonnes voyageant dans l'atmosphère sur des milliers de kilomètres, durant un temps de résidence de dix à vingt jours ; une partie retombe en quelques heures. L'eau évaporée à l'aplomb des océans y retourne en grande partie en quelques jours. De même qu'une grande proportion de la pluie tombée sur les continents est réévaporée sans parvenir à son exutoire maritime : une partie happée par la végétation est refoulée par la transpiration des stomates régulant la photosynthèse, échangeant : le CO_2 durant la nuit, l'O_2, le jour. Il est à craindre qu'une déforestation réduirait à terme la pluviosité sur les continents, le recyclage de l'eau par évaporation s'amenuisant. La Méditerranée survit, non par les exhaures du Nil, mais essentiellement par l'apport depuis le détroit de Gibraltar.

Quand la pluie vient à tomber sur les cimes des grands glaciers, ou sur l'Antarctique, l'eau peut y rester durant des siècles, voire des millions d'années. Et quand elle s'infiltre à l'aplomb des grands systèmes aquifères, tels que le Complexe terminal et le Continental intercalaire, elle peut rester des millénaires, renfermant la mémoire du climat et de la croûte terrestre.

L'eau absorbée par les végétaux se différencie en plusieurs cycles : une partie va transiter rapidement par évapotranspiration, une autre partie va baigner plus longtemps les tissus jusqu'à l'échelle de la cellule, une tout autre partie s'incorporer dans la constitution de la matière via la photosynthèse, jusqu'à l'échelle moléculaire dont le temps de résidence varie de la durée de vie d'une laitue à celle d'un cactus ou d'un olivier. C'est ce qui se passe aussi dans le règne animal, d'une manière plus laborieuse, plus complexe…

Si jusqu'à présent on n'a pas pu accéder à une loi unifiée du cycle de l'eau, certains maillons sont suffisamment connus, sans être vraiment maîtrisés dans leur devenir. En milieu saturé, finement individualisé, fût-il hétérogène, l'écoulement souterrain, alors anisotrope, peut être encore décrit assez facilement par la linéarité de la loi de Darcy, ce Chevalier bourguignon, Ingénieur civil de la ville de Dijon ; une loi concise de la plus belle des éloquences, tirée originellement de l'expérience, devenue universelle. Loi qui ne cesse :

- d'être généralisée à tout écoulement fluide de filtration dans les milieux poreux (naturels ou artificiels) où elle exprime la conservation de l'énergie entre 2 points de l'espace,
- de faire le bonheur des hydrogéologues et de bien d'autres chercheurs dans la physique des transferts de masse…

Mais dès que l'on se trouve en présence d'horizons discontinus par karstification, cette loi pourtant déterministe devient difficile à appliquer. En zone non saturée où peuvent apparaître des discontinuités par fentes de retrait, le tenseur des perméabilités devient une fonction continue et dérivable des teneurs en eau ; de plus les écoulements sont polyphasiques et non miscibles. La résolution de tels problèmes se réduit à une des composantes de la diagonale du tenseur ; les composantes hors diagonales restent inassouvies de la mesure in situ. Les problèmes deviennent alors bien plus ardus que ceux rencontrés par l'exploitation des gisements de gaz et de pétrole où tout se passe dans des espaces confinés, dans des limites géométriques plus faciles à définir. La zone non saturée présente de plus en plus une extraordinaire complexité :

- elle est ouverte à l'atmosphère et à des changements de phases par d'innombrables rejets dans des complexes adsorbants non rigides, mais plutôt à géométrie variable limitée à la base par l'oscillation des franges capillaires ouvertes sur le non saturé, fermées sur le saturé ;
- elle est le siège d'intenses activités agro-industrielles et doit faire face à des désertifications par déboisements, causes notables de perturbation des écosystèmes, du climat et du cycle de l'eau…

Hormis l'infiltration dans les terrains, les autres maillons du cycle de l'eau sont approchés approximativement par des formules empiriques. Malgré la puissance des radars, les modèles de prévisions météorologiques ne vont pas plus loin que quelques jours dans l'annonce des aléas du climat. Si la pluie tombée est relativement facile à mesurer en tant que grandeur scalaire et à quantifier en intensité-durée-fréquence, son devenir en ETP[56] et ruissellement reste difficile à prévoir. Au delà de la non-linéarité de l'ETP, la répartition des ruissellements donne naissance à des écoulements :

- turbides sur couvert végétal où les ruissellements sont retardés pour une meilleure infiltration. « *Et les fleuves continuent à marcher vers leurs termes* », dira l'Ecclésiaste…
- boueux sur sols nus ; et là le cycle de l'eau devient décapant, charriant des eaux troubles…

Depuis, les fosses océaniques auraient dû être comblées, s'il n'y avait le linéament des fosses de subduction entre les bords du plancher océanique et les marges continentales concomitantes. Le plancher basaltique, ferrugineux, a tendance à plonger sous les sédiments moins denses, mais plus épais, également imprégnés d'eau, qui ne manqueront pas de faciliter la fusion d'abord des silicates… Et là se joue un tout autre cycle de l'eau, le long des marges et des rifts d'où jaillissent les sources hydrothermales inaccessibles, via un manteau pâteux, visqueux, mi-solide, mi-liquide. Par ailleurs, les exhalations volcaniques alimentent l'atmosphère par des geysers prenant racines dans les points chauds, sinon dans le manteau en effervescence…

Ce qui reste à craindre, c'est une fois la ressource évaluée, comment la mettre équitablement à la disposition de tout un chacun ? Rien que de

[56] ETP : Évapotranspiration potentielle

stocker la pluie tombée, c'est déjà un problème environnemental, et du coup législatif :

- la géomorphologie et l'espace rural ne se prêtent pas toujours à la projection de digues,
- les berges des rivières – par lesquelles on pourrait faire de la réalimentation artificielle des nappes alluviales concomitantes – sont dévastées, saccagées, colmatées, par l'exploitation anarchique des gravières au mépris du Code de l'Eau qui, au lieu de s'appliquer à pénaliser de telles pratiques, est en train de se désengager. C'est ce qui se passe en Algérie depuis quelque trente ans : *« Juin 1996, le Code de l'Eau est modifié, introduisant notamment la possibilité, pour les maîtres d'ouvrages de concéder leurs installations d'eau potable ou d'assainissement à des opérateurs privés... » Khatim Kherraz*[57]

La maîtrise du cycle de l'eau s'alourdit au détriment des populations les plus démunies. Si elle est l'affaire de tous, elle concerne en premier lieu les entreprises grosses consommatrices. Les populations affectées par le manque d'eau savent comment ne pas la gaspiller.

Des disparités climatiques irréductibles

Il tombe sur la planète Terre une moyenne d'un mètre de pluie par an, davantage sur les océans, un peu moins sur les continents : 800 mm/an. De telles moyennes cachent une extrême variabilité spatio-temporelle : un régime du « tout ou rien » caractérisé par des averses brutales en l'espace de quelques heures suivies de sécheresse durant de long mois en milieux arides, alors que les contreforts de l'Himalaya reçoivent quelque 10 m de pluie pendant les deux mois de la mousson. L'un dans l'autre on aurait 500°000 km^3 d'eau de pluie par an, ce qui permet un renouvellement de l'eau des océans en moins de 3°000 ans, alors que le stocke des 13°000 km^3 stockés dans l'atmosphère se renouvellent en 40 fois dans l'année. Un tel stock est alimenté par l'évaporation des plans d'eau de l'hydrosphère à raison d'une évaporation de 3 mm/jour.

Par-delà le cycle astronomique d'insolation et les rythmes saisonniers, le basculement du taux d'humidité entre le Nord et le Sud est essentiellement régi par les échanges entre l'océan et l'atmosphère. Quand l'air humide s'échauffe au Nord durant le printemps-été, de l'air sec est pulsé vers le Sud.

[57] Ordonnance 96-13 du 15 juin 1995, JORADP n°37 du 16 *juin 1996*. Gestion intégrée des ressources en eau en Algérie

De tels courants peuvent même affecter la rotation de la Terre, la ralentissant quand l'atmosphère se massifie à l'aplomb de l'équateur, l'accélérant lorsque l'air se densifie au pourtour de l'Antarctique durant l'hiver austral. Le contact de l'atmosphère avec la surface terrestre est aussi un lieu de *convection libre* très complexe : la montée d'air chaud emporte avec elle de la chaleur, tandis que l'air froid descend amenant de la fraîcheur. Des courants d'air latéraux viennent compliquer ce schéma. Sur une surface relativement chaude, un vent froid prélève de la *chaleur sensible*.

Dans les pays tempérés, l'eau est un don du ciel presque gratuit, car la pluie tombée est naturellement stockée dans des sols profonds et reste disponible à volonté. Avant d'atteindre la nappe phréatique, la pluie qui a pu échapper à l'évaporation instantanée et au ruissellement, s'infiltre à travers la zone non saturée qu'elle humecte jusqu'à satisfaction du déficit de la réserve facilement utilisable (RFU). C'est seulement lorsque cette RFU est assouvie que l'infiltration vers la nappe est amorcée par la simple gravité dans un espace granulaire dont les pores sont saturés en eau.

Pour que cet espace granulaire poreux soit une nappe exploitable, il faut que les poreux soient en communication continue et dérivable. En milieu poreux finement individualisé, la vitesse macroscopique est de l'ordre du mètre par jour, mais peut atteindre 1 m/s dans le karst où l'écoulement est analogue à une rivière souterraine. Le suivi de la ressource en eau est rendu instantanément par des moyens ultramodernes à travers les maillons successifs de son cheminement cyclique.

La moindre averse est instantanément enregistrée, analysée en intensité-durée-fréquence, interprétée, puis intégrée aux besoins domestiques prioritaires et aux projets de développement en cours. Mais c'est en ces pays que la pluie ainsi tombée va se charger en pollutions les plus à craindre… Là où il y a suffisamment d'eau, ce don divin devient une évidence banale et peut même tomber dans la trappe de l'indifférence, sinon devenir un commerce sans foi ni loi. Disposant de l'eau à portée de mains, à volonté, il sera difficile de reconnaître en elle « *le plus grand des désirs* »[58]. On aurait plutôt tendance à se méfier de l'excès pouvant submerger les foyers.

En climats arides, le long des tropiques, ce même don se joue autrement, se fait attendre et il faut le prier pour qu'il descende. Et quand enfin, il dégringole sans prévenir, il faut presque le saisir au vol. Car une fois à terre, il faut vraiment lui courir après, à mains nues, par des bassines, par les moyens du bord, sans outils ni bagages, pour l'empêcher de repartir en mer. Sinon il reste à l'extirper des profondeurs mal connues, mal prospectées, inaccessibles à la visualisation mathématique. Pour un module pluviométrique de 200 à 500 mm, l'évapotranspiration est de 1500 à 2000 mm/an. Les

[58] G. Bachelard, *L'Eau et les Rêves*, J. Corti, 1942, p.174

précipitations exceptionnelles, le plus souvent sous forme d'averses brutales, n'ont pas le temps de s'infiltrer. La part infiltrée à l'aplomb de l'averse est immédiatement piégée par l'avidité de la RFU en déficit quasi permanent. Une grande partie s'évapore, le reste ruisselle rapidement vers des oueds creusés par des torrents tumultueux dans des bassins endoréiques.

Dans le meilleur des cas, ces bassins donnent naissance à des *« Sebkhas »* qui sont submergées temporairement par des ruissellements épisodiques, sinon encroûtées de sel durant les longues périodes de sécheresse. Le peu d'écoulement escompté reste à stocker par des digues souterraines sur des seuils en aval des inféro-flux ; il reste à traiter, à transporter avec beaucoup de pertes… à répartir en un jour sur trois dans le meilleur des cas. L'épuisement des ressources en eau face à une demande vertigineuse implique d'aller chercher l'eau de plus en plus loin et de la transporter par-delà les continents. Inéluctablement, elle deviendra de plus en plus coûteuse : à moins d'une miraculeuse adaptation darwinienne, plus de pollution implique autant de dépollution.

Face à l'implacable disparité du climat à l'échelle de l'hydrosphère, il y a très peu de marges de manœuvre pour satisfaire une demande vitale :

- L'eau fossilisée dans des tripes abyssales, *« voilà des siècles innombrables »*, constitue :
  - Un volant d'inertie dans un équilibre très fragile, non renouvelable à l'échelle humaine, et qui, à terme sera vite épuisé. Et à supposer que l'on puisse s'en tirer à bon compte avec les forages profonds, il reste à faire face à la distribution initiale des eaux superficielles de l'hydrosphère, distribution originelle, non moins dramatique…
  - Un stock salé-sucré-aromatisé encore à l'abri des aléas…, il faut espérer que les gisements de pétrole associés à des grandes masses d'eau n'ont pas fait trop de dégâts. Les pétroliers ont en principe le devoir de protéger les ressources concomitantes aux gisements exploités. Il y a bien un Code de l'Eau, il reste à appliquer…
- Les Barrages réservoirs ne sont pas toujours efficients, leur durée de vie face à l'inexorable envasement est d'une cinquantaine d'années au plus. La géomorphologie et l'espace rural ne se prêtent pas toujours à la projection de digues. De plus l'eau ainsi stockée à grands frais va subir une eutrophisation qui va demander à son tour une épuration aux normes de potabilité.

De tels objectifs, apparemment élémentaires, ne sont pas toujours faciles à atteindre. Entre ces marges de manœuvre de plus en plus contraignantes, il reste :

- Le transport par aqueducs, paquebot ou radeaux de méduse ;
- Le recyclage à outrance par épuration d'eaux usées, et mise en bouteilles aromatisées ;

- Le dessalement d'eau de mer ; ce pourrait être par osmose inverse en espérant que d'ici là on aura trouvé un meilleur rendement de conversion de l'énergie solaire pour faire tourner de grosses turbines…

Hormis l'infime proportion d'eau fossile, la plus grande partie de la ressource est soumise à une croissance incommensurable de déchets innombrables. Son recyclage, dérisoire par rapport à l'accroissement de son usage tous azimuts, pose de gros problèmes de préservation du patrimoine, si ce n'est déjà de graves problèmes de survie : *« l'eau est la première cause de mortalité sur Terre »*[59]. Pourtant, la quantité d'eau douce sur Terre est suffisante pour faire face à un tel drame.

L'impossibilité de prévoir les déluges

L'inertie relative entre masse d'air froid et masse d'air chaud permet, à grande échelle : celle des océans, une stabilité saisonnière du climat. La répartition de la chaleur est assujettie à la distribution de l'ensoleillement, la température décroissant avec l'altitude, d'autant qu'une grande partie de l'énergie solaire est absorbée au contact de la surface des mers et de la rugosité des continents. Cependant, les forts contrastes de température et d'humidité, tant horizontaux que verticaux, mettent en jeu des instabilités atmosphériques imprévisibles. La mousson ouest-africaine fournit de l'air chaud et humide aux zones intertropicales nord-est. Aspirant de l'air humide depuis les basses couches, la condensation vient amplifier le mouvement de convection, ce qui permet de renflouer les précipitations.

Une brusque libération de la chaleur latente d'évaporation déstabilise l'inertie atmosphérique. Réduite de quelques centaines de mètres depuis au moins 1000 ans, une fonte des calottes polaires inondera l'équateur. S'ensuivra une élévation du niveau des mers, une augmentation du moment d'inertie de la Terre et un ralentissement de sa rotation, apparemment sans conséquence…

Dans l'élévation du niveau d'eau, le réchauffement n'intervient que pour quelques dizaines de centimètres, par suite de dilatation des masses fluides. Déjà démuni, le Bengladesh sera le premier à subir le désastre. Une autre conséquence du réchauffement climatique pourrait être la propagation des maladies tropicales…

Une poussée des vents sur les mers déclenche des vagues déferlantes sur les rivages. Sur les continents, le vent se manifeste tout autrement, parfois par de redoutables ouragans (Hurakan : dieu malfaisant des Caraïbes). Venant le plus souvent de la mer, leurs trajectoires restent imprévisibles. Les tornades

---

[59] Marc Laimé : *Le dossier de l'eau*, Seuil, 2003

dévastatrices se manifestent en nuages noirs, sous forme d'entonnoirs tournant à des vitesses vertigineuses, pouvant atteindre les 60 m/s, arrachant tout sur leur passage. De telles vitesses sont difficilement mesurables : la possibilité de trouver l'instrument adéquat n'est pas pour demain. La naissance d'un tout petit tourbillon dans l'épaisseur atmosphérique peut devenir un cyclone imprévisible. On arrive de mieux en mieux à entrevoir des tempêtes, sans parvenir à situer précisément le lieu et la date de leur avènement.

Dans le domaine des écoulements de surface, il n'y a pas ou presque pas de loi déterministe. S'il y a un déterminisme, son avènement reste aléatoire. De tels écoulements sont plutôt étudiés par les lois du hasard (lois de probabilité et de statistique). Il n'y a pas de théorème permettant de prédire la pluie de demain à partir de la pluie d'aujourd'hui, si ce n'est de vagues prévisions.

Nous disposons seulement de quelques lois statistiques fournissant des résultats probables, à partir de chroniques pluviométriques les plus longues possibles et à des intervalles de temps les plus courts possibles. À supposer que le problème de la mesure exacte de la pluie puisse être résolu dans un proche avenir, il reste qu'au delà des fréquences décennales, il n'est pas possible de valider la loi de distribution retenue : les fréquences rares, obtenues par le calcul, ne peuvent être observées (ne sont pas du domaine de l'observable).

En raison des changements climatiques, les fréquences des évènements extrêmes, calculées sur des périodes antérieures, ne sont pas toujours représentatives. Au delà de quelques jours à une semaine, les modèles de prévisions les plus puissants se perdent dans l'incommensurable océan d'incertitudes. *« Je peux prévoir la route des corps célestes, mais je ne peux rien dire sur le mouvement d'une goutte d'eau. »* disait Galileo Galilei. L'extrême variabilité spatio-temporelle du climat, en termes de pluies, d'ETP et de RFU, échappe aux modèles de prévision les plus en vogue. L'impossibilité de prévoir les tempêtes est du même ordre que celui de la prévision d'un séisme…

Altération de l'Hydrosphère

Les eaux continentales contiennent diverses substances générées par des réactions physico-chimiques de dissolution in situ dont nous allons brièvement faire état. De tels phénomènes peuvent être perçus en termes d'équilibre cinétique et/ou thermodynamique. Reflet de la nature des terrains et du climat, la qualité des eaux est par ailleurs fortement impactée par les activités anthropiques : urbaines, industrielles et agricoles, de plus en plus intenses, de plus en plus gourmandes en terre et en eau. L'objectif immédiat est de mettre en évidence les particularités hydro-chimiques et bactériologiques des eaux brutes susceptibles d'être mobilisées, tout au moins épurées ne serait-ce que pour l'irrigation à partir des eaux usées traitées. Il est aussi de :

- caractériser les paramètres à corriger,
- cibler les sources de pollution les plus à craindre,
- prévoir le type de correctif et le mode de traitement à envisager,
- promouvoir une stratégie de préservation de la qualité des eaux.

Prendre acte de l'état des lieux devrait déjà nous permettre :

- d'entrevoir un classement des propriétés hydro-chimiques et bactériologiques selon une grille de qualité des eaux brutes prospectées,
- de cibler autant que faire se peut l'origine et les causes de pollution,
- de prévoir un traitement adéquat de potabilité de certaines concentrations minérales, organiques et germes bactériologiques indésirables,
- de promouvoir un assainissement des eaux usées et leur éventuelle réutilisation,
- d'envisager une stratégie de protection de la qualité des ressources en eau sollicitées.

De la qualité des eaux continentales

Nous considérons ici le cas de l'Algérie à la faveur d'une expertise dans le cadre d'un audit réalisé en 2009, qui avait porté sur les eaux souterraines et de surface au niveau des cinq régions hydrographiques identifiées selon la nomenclature suivante due à l'ANRH[60] :

1 - Oranie - Chott ech Chergui (bassins 16, 04, 11 et 08),
2 - Cheliff - Zahrez (BV 01, 17 et la côte de Ténès: 02A),
3 - Algérois - Hodna - Soummam (BV 02B, 09, 05 et 15),
4 - Constantinois-Seybouse-Mellègue (03, 07, 10, 14 et 12),
5 - Sahara (BV 13 et 06).

Relativement récentes, à peine une trentaine d'années, les agences de bassins ont pu déjà produire d'intéressantes monographies et *cadastres hydrauliques* à l'échelle régionale. Il y a là - malgré tout - une base documentaire porteuse de textes de lois sur l'eau à préserver impérativement, base qui reste à promouvoir, sinon à vulgariser pour des applications immédiates. L'édition d'un cadastre à l'échelle régionale permettrait de mieux percevoir la grande variété des strates de l'hydrosphère, à savoir :

- l'hétérogénéité des terrains infiltrés et les infrastructures implantées ou à prévoir,
- la mobilisation et la régularisation des ressources en eau d'un « *régime hydrologique du tout ou rien* » sous une variabilité imprévisible du climat.

Pour chaque bassin hydrographique considéré, nous faisons état :

- de l'appréciation des paramètres appropriés pour décrire l'altération des eaux de surface,
- des 5 groupes de paramètres décrivant au mieux les limites de qualité des eaux souterraines,
- des sources de pollution les plus à craindre.

Afin d'interpréter au mieux les spécificités avérées, il nous faudra décrire, ne serait-ce que succinctement, les moyens et méthodes mis en œuvre :

- les procédures d'échantillonnage,
- les capacités analytiques des laboratoires,
- les circuits de contrôle et le système de suivi,
- le réseau de veille sur la qualité des eaux,

---

[60] ANRH : Agence Nationale des Ressources Hydrauliques.

Appréciation des eaux de surface

L'appréciation de la qualité est décrite par 5 groupes de paramètres, Tab.1 :

- Les nitrates : NO_3^-,
- Les phosphates : PO_4^{3-},
- Les matières azotées : NH_4^+, NO_2,
- Les propriétés physico-chimiques : pH et conductivité,
- Les matières organiques et oxydables : O_2 dissous, DCO, DBO5, et MO.

Quatre classes d'appréciation de la qualité :
- **Bonne** : à utiliser sans exigence particulière,
- **Moyenne** : utilisable après traitement sommaire,
- **Mauvaise** : ne peut être utilisée qu'après traitement très poussé,
- **Très mauvaise** : pollution excessive, ne peut être utilisée qu'après traitements spécifiques.

	Bonne	Moyenne	Mauvaise	Très mauvaise
pH	6.5 – 8.5	6.5 – 8.5	8.5 - 9	>9 et <6.5
O2 dissous (%)	100 - 90	90 - 50	50 - 30	<30
NH_4^+ (mg/l)	0 – 0.01	0.01 – 0.1	0.1 - 3	>3
NO_2 (mg/l)	0 – 0.01	0.01 – 0.1	0.1 - 3	>3
NO_3^- (mg/l)	0 - 10	10 - 20	20 - 40	>40
PO_4^{3-} (mg/l)	0 – 0.01	0.01 – 0.1	0.1 - 3	>3
DBO_5 (mg/l)	5	5 – 10	10 - 15	>15
DCO (mg/l)	20	20 - 40	40 – 50	>50
MO (mg/l)	5	5 – 10	10 - 15	>15
RS (mg/l)	300 - 1000	1000 - 1200	1200 - 1600	>1600

Tab. 1- Grille de qualité selon les paramètres d'altération

DBO_5 = demande biologique en oxygène définie comme la concentration d'oxygène consommée pour réaliser la destruction des composés non azotés à une température de 20 °C pendant un temps limité par convention à 5 jours.
DCO = Demande Chimique en Oxygène : c'est la consommation en oxygène par les oxydants chimiques forts pour oxyder les substances organiques et minérales de l'eau quelle que soit leur origine.
MO = mesure de l'oxydation chimique des matières organiques par le permanganate de potassium.

Les analyses se font sur des eaux brutes à l'état naturel au rythme mensuel. La classe de qualité globale retenue est celle du paramètre le plus déclassant. On détermine alors la qualité annuelle dite à « 90 % » en retenant :

- La valeur la plus élevée, lorsque l'on dispose de moins de 10 prélèvements dans l'année,
- L'avant-dernière valeur dans l'ordre croissant, lorsque l'on dispose de plus de 10 prélèvements.

Appréciation des eaux souterraines

Cinq groupes de paramètres :

- **Substances toxiques** : arsenic, pesticides,
- **Substances indésirables** : fluor, fer, nitrates,
- **Organoleptiques** : odeur, goût, turbidité, couleur,
- **Microbiologiques** : coliformes fécaux, streptocoques…
- **Physico-chimiques** : température, pH, conductivité, oxygène dissous, Titre hydro,

L'appréciation des limites de potabilité est celle préconisée par l'OMS (tab.2.) :

Paramètres	**Unités**	**Grille de qualité**	
		Valeurs guides	**Teneurs limites**
Calcium (Ca)	mg/l	75	200
Magnésium (Mg)	mg/l	30	50
Sodium (Na)	mg/l	20	200
Potassium (K)	mg/l	10	20
Chlore (Cl)	mg/l	200	250
Sulfates (SO_4^{2-})	mg/l	200	250
Nitrates (NO_3^-)	mg/l	25	50
Conductivité (CE)	µ s/cm à 25°C	400	2800
Résidus secs (RS)	mg/l	-	2000
pH	Potentiel	6.5 – 8.5	9.5

Tab.2. - Normes de potabilité selon l'OMS

En plus de ces paramètres, la charge en minéraux est appréciée par la dureté : le titre hydrotimétrique total TH. Il s'exprime en méq/l (quotient de la masse atomique ou de la masse molaire d'un élément ou d'un radical par sa valence), sinon en degré français (°F) :

• 1°F = 4 mg/l de Ca^{2+}, • 1°F = 2.4 mg/l de Mg^{2+}, • TH = (rCa^{2+} + rMg^{2+})*5 °F

TH (°F)	0 à 7	7 à 22	22 à 32	32 à 54	>54
Dureté	Douce	Modérément douce	Assez dure	Dure	Très dure

Au delà des préconisations de l'OMS, les normes européennes sont également rappelées pour mémoire, en 7 classes (Tab.3) regroupées en 4 catégories A, B, C et D :

- **A- : classe 1** : Eau de bonne qualité chimique, apte, sans traitement, à de nombreux usages, notamment alimentaire.
- **B- : classes 2 à 4** : Eau dont la qualité chimique permet l'utilisation soit sans traitement pour diverses industries, soit après un traitement simple pour satisfaire à des usages plus exigeants.
- **C- : classes 5 et 6** : Eau de mauvaise qualité due généralement à une minéralisation élevée ou à une forte teneur en fer, inapte sans traitement poussé à la plupart des usages.
- **D- : classes** 7 : Eau dont la mauvaise qualité est due aux activités humaines.

Classe	**Teneur totale**	**TH °F**	**Cl^-**	**SO_4^{2-}**	**Mg**	**NO_3^-**	**NO_2^-**	**NH_4^+**	**Fe**	**Mn**	**F**
1	100	5	20	20	5	10	0	0.01	0.05	0.03	1
2A	850	25	20	20	125	15	0	0.5	0.1	0.1	1
2B	200	30	20	250	125	44	0.1	0.5	0.2	0.1	1
3	2000	30	20	250	125	44	0.1	0.5	0.2	0.1	1
4	850	25	250	250	125	44	0.1	0.5	0.3	0.2	1
5	2000	18	250	250	125	44	0.1	0.5	1	1	1
6	2000	50	250	250	125	44	0.1	0.5	2	1	1
7	Teneurs supérieures aux limites de la classe 6 (**mg/l**)										

Tab.3- Normes européennes de potabilité

Afin d'interpréter au mieux les spécificités avérées, il nous faudra décrire, ne serait-ce que succinctement : ◆les procédures d'échantillonnage, ◆les capacités analytiques des laboratoires, ◆les circuits de contrôle et le système de suivi, ◆le réseau de veille sur la qualité des eaux.

Détermination des normes

Avant la découverte des microbes par Louis Pasteur, une eau potable ne l'était guère que par son aspect. Les avancées scientifiques tout au long des XIXe et XXe siècles en matière de contrôle ont en effet mis en évidence l'impact de la flore microbienne contenue dans l'eau. Les paramètres microbiologiques mettent en évidence la présence de bactéries et de virus pathogènes. La seule présence des deux bactéries, l'Escherichia Coli et les entérocoques, signale un risque de contamination biologique.

La présence de germes pathogènes reste difficile à établir, si ce n'est indirectement par la présence ou l'absence corrélative de Escherichia Coli. Certaines de ces normes sont quasiment impossibles à valider, telles que l'absence ou la présence de Cryptosporidium : redoutable protozoaire responsable des gastro-entérites aiguës. Concernant les paramètres chimiques (l'arsenic, le cadmium, le cyanure, le mercure, le plomb, le chrome, le nickel, l'antimoine et le sélénium, certains hydrocarbures, mais aussi les pesticides), les normes retenues sont calculées en tenant compte de la "marge d'incertitude" établie par les approches de la toxicologie, c'est-à-dire les limites sensiblement inférieures aux seuils considérés comme acceptables.

La première approche consiste à rechercher l'effet toxique par des tests biologiques, généralement, sur les pauvres rongeurs, sinon sur des cultures de cellules humaines ou animales. Les doses létales sont cependant affectées d'un coefficient de sécurité.

La deuxième approche est le constat par enquêtes épidémiologiques qui, hélas, peuvent déboucher sur des « effets stochastiques » difficiles à interpréter, sinon impossible à identifier. On cherche alors à fixer des seuils très faibles mais non nuls, par exemple : un cancer par an et pour 1000 habitants, si par ailleurs les doses les plus à craindre parviennent par d'autres voies : pollutions atmosphériques, lignes à haute tension, incinération de décharges à ciel ouvert, aliments sur-traités...

On peut aussi volontairement baisser outre mesure les teneurs admissibles et espérer ainsi ne pas les trouver dans l'eau à préserver. Il convient de retenir qu'une eau potable est avant tout déterminée par l'absence de risque sanitaire. Des normes sont alors établies pour fixer les teneurs limites à ne pas dépasser pour un certain nombre de substances nocives et susceptibles d'être présentes dans l'eau. Elles sont le reflet d'un niveau de risque acceptable pour une population donnée dans le cadre des connaissances scientifiques du moment. En outre, certaines maladies ne se déclarent qu'une dizaine d'années plus tard.

Caractéristiques des eaux brutes

Nous nous limiterons ici aux particularités des principaux paramètres caractérisant la potabilité des eaux naturelles. Les spécificités avérées nous permettront de prévoir le type de correctif à mettre en œuvre et les traitements appropriés.

- **Le pH** : les stations considérées révèlent des pH élevés dépassant fréquemment la valeur critique de 8.3 et parfois même 9 avec apparition d'ions carbonates : CO_3H^- détectés par le virage au rouge carmin du phénol phtaléine dès que le pH atteint 8.3. Le dégazage des échantillons transportés peut être une cause d'augmentation du pH et de transformation des bicarbonates en carbonates. Un pH différent de 7 aura pour conséquences :

- Des corrosions en milieu acide : injecter de la soude caustique à 8 mg/l ;
- Des dépôts et odeurs désagréables en milieu basique : injecter du HCl à 7.1 mg/l ;
- Des difficultés dans le processus de coagulation par sulfate d'alumine : la solubilité de l'aluminium est minimale pour un pH = 7 ; en dehors de cette valeur, elle augmente sensiblement autrement.
- Une désinfection efficace nécessite : un pH < 8, une turbidité médiane < 1 NTU et une teneur en chlore libre de 0.5 mg/l durant un temps de contact d'au moins 30 mn.

- **La conductivité** : caractérise la salinité due aux résidus secs dissous (TDS = total dissolved solids). Les valeurs observées dépassent fréquemment les 1000 µS/cm^2, atteignant parfois les 5000 µS/cm^2. Les corrections porteraient sur les TDS.

- **L'oxygène dissous** : présente dans la plupart des cas une teneur voisine de la saturation. Les quelques cas déficitaires sont en deçà de 50%. Ce pourrait être un indice de pollution due probablement à des rejets d'eaux usées insuffisamment traitées. La correction de ce paramètre est à rechercher dans les causes de pollution.

- **Les matières en suspension et la turbidité** : les suspensions colloïdales s'expriment par une turbidité que l'on mesure par diffraction optique de la lumière. Leur élimination se fait par des procédés de coagulation permettant la neutralisation des charges surfaciques moyennant un floculant organique ou un réactif minéral : sulfate d'alumine ou chlorure ferrique. Prévoir une pré-décantation pour des teneurs en MS dépassant les 2 à 3 g/l.

- **Le calcium et le magnésium** : éléments constitutifs de la dureté caractéristique des eaux naturelles algériennes, sans conséquence toxique, ni limitation des teneurs, si ce n'est l'entartrage des appareils ménagers et la modification du goût de quelques boissons. Pour des duretés > 500 mg/l, l'OMS préconise un traitement. Ce pourrait être par :
  - Décarbonatation de la dureté temporaire en bicarbonates ou en carbonates,
  - Nanofiltration permettant une déminéralisation partielle.

- **Le sodium et le potassium** : ions alcalins dans des proportions antinomiques :
  - fortes en Na^+, jusqu'à 200 mg/l, voire plus, pouvant altérer le goût, prévoir alors une déminéralisation partielle ne serait-ce que par une nano-filtration.
  - faibles en K^+, sans conséquence, ni inconvénient.

- **Le chlorure** : bien que très répandu dans la nature, sa présence reste souvent modérée. Il peut parfois présenter des épisodes dépassant les 500 mg/l ; la concentration limite étant de 250 mg/l. Ion indestructible, il ne peut être piégé dans une quelconque phase solide : prévoir alors une élimination partielle par une nano-filtration.

- **Le sulfate** : présente parfois des teneurs pouvant atteindre 2 400 mg/l ; la concentration limite étant de 250 mg/l. Indestructible et ne peut être piégé : prévoir une nano-filtration.
- **Le carbonate** : malgré un pH > 8.3, sa présence n'a pu être détectée. Il est parfaitement inoffensif et sans limitation en teneur.

- **Le bicarbonate** : acide faible et inoffensif sur le plan sanitaire, il est présent dans des proportions de 250 mg/l permettant ainsi un rôle tampon des eaux corrosives. L'éventuel excès est éliminé par la nano-filtration en même temps que le chlore et le sulfate.

- **Les nitrites** : en faible teneur, inférieure à 1 mg/l, oxydables en nitrates par le chlore. En principe une grande part des nitrites est oxydée en nitrates par la chloration finale.

- **Les nitrates** : teneur inférieure à la limite recommandée par l'OMS : 45 mg/l. Au delà de cette limite, il y a risque sanitaire : maladie « bleue » chez les enfants en bas âge, cancer du tube digestif chez les adultes. En raison de la solubilité des sels, l'élimination des nitrates se réduit à deux procédés :
  - Nanofiltration sur membrane, sinon par osmose inverse permettant la rétention des ions solubles, principalement les ions bivalents et bien d'autres molécules organiques.
  - Bio filtration : piégeage de l'oxygène et ingestion d'une partie de l'azote des nitrates en phase anaérobie par un métabolisme bactérien rejetant de l'azote gazeux. Le processus à mettre en place est délicat et le maintien de son équilibre très précaire : mieux vaut s'en tenir à la filtration à laquelle on a recours pour l'élimination des ions et cations ci-dessus.

- Dilution dans des eaux de plus faible teneur en deçà de la limite de 45 mg/l.

- **L'ammoniaque** : nécessite quelques traitements :
  - Afin d'éviter la formation de chloramines dans le résidu de désinfection au chlore, la présence d'ammonium doit être préalablement éliminée par une pré-chloration, sachant qu'1 mg/l d'ammoniaque consomme 7.6 mg/l de chlore. Cependant l'injection de chlore dans des eaux contenant des matières organiques provoque la formation de composés cancérigènes, tels que le chloroforme CHCl3 et d'autres composés trihalométhanes (THM). La désinfection finale au chlore doit se faire après élimination des matières organiques.
  - L'autre procédé d'élimination de l'ammoniaque est basé sur une nitrification biologique oxydant l'ammoniaque en nitrate, en l'absence de toxines au chlore pour les bactéries. Il nécessite un milieu alcalin, des ions phosphates sous un pH élevé, sur un lit de sable filtrant. Pour une vitesse de filtration modérée, le temps de contact est estimé à 10 min.

- **Les matières organiques (MO)** : en l'absence de limites exprimées directement, elles deviennent tout de suite indésirables par suite de traitement au chlore en tant que résiduel désinfectant, ce qui permet le maintien aseptisé du réseau. Vis-à-vis des MO impliquées dans la potabilité, deux grandeurs sont à considérer :
  - L'oxydabilité au permanganate de potassium ($KMnO_4$) dont la mesure permet de rendre compte de la difficulté de la désinfection mise en œuvre. L'abattement de l'oxydabilité se fait par coagulation au chlore ou par adsorption au charbon actif associé à une ozonation, ou encore par filtration sur membranes.
  - Le carbone organique total (COT) où l'oxydation est réalisée par un persulfate, sous catalyseur UV.

- **Le fer et le manganèse** : se rencontrent fréquemment dans les eaux souterraines pauvres en oxygène, sous faible pH. Le fer donne à l'eau une coloration non toxique. En revanche une teneur de 0.5 mg/l de manganèse présente un risque sanitaire, sinon des colorations noirâtres ou brunâtres affectant le linge et même la faïence sanitaire. L'élimination pourrait se faire par injection de $KMnO_4$ et rétention des précipités dans des filtres à sable, ou encore par des procédés biologiques spécifiques à mettre en œuvre séparément pour chaque type d'activité bactérienne, l'une ferrique, l'autre magnésienne.

L'eau source de vie, source d'ennuis

L'eau est source de vie, mais aussi source d'ennuis. Elle est à craindre autant par sa rareté que par son excès. Léonard de Vinci avait reconnu en elle bien des ambiguïtés : « ... *tantôt mortelle, tantôt génératrice de vie, elle se disperse dans l'air, et d'autres fois souffre que la chaleur l'attire jusqu'à la froide région où cette chaleur qui la guidait se trouve circonscrite.* »[61]

Comme nous l'avions vu précédemment, l'atmosphère est chargée d'anions et de cations portés par des aérosols, mais aussi par une pollution atmosphérique sous forme de composés plus agressifs, en particulier les sulfates, nitrates, et hydrocarbures sous forme de combustible qui, à vrai dire, n'ont rien de naturel mais sont plutôt le fait d'activités anthropiques. Miscibles ou non solubles, tous ces composés sont inexorablement piégés dans des averses et vont se retrouver d'abord dans des horizons pédologiques sous d'autres complexes, puis lixiviés vers les aquifères.

En l'absence de lessivage efficace, ils restent stockés dans la frange capillaire de la RFU où les carbonates et les sulfates seront dissous, tandis que les silicates s'altèrent modérément en argiles qui vont libérer à terme une série de cations : Ca, Mg, Na, K... Émis par l'activité biologique, le dioxyde de carbone va dissoudre par hydrolyse bon nombre de ces cations. Assujettie à un équilibre calco-carbonique, la dissolution des carbonates reste également modérée. Combinées à une grande solubilité des minéraux, (tels que le gypse, l'alite, la sylvine...), les évaporites (sulfates, chlorures, nitrates...) constituent en revanche des contaminants naturels de la ressource en eau, particulièrement en milieu aride.

L'apport de matières organiques par ruissellement et infiltration dans les nappes alluviales constitue une source de carbone organique total notable. En milieux confinés, la consommation de l'oxygène dissous et des nitrates fait baisser le potentiel rédox. La réduction qui en résulte va mettre en solution des métaux indésirables, en particulier le fer et le manganèse et parfois l'apparition d'ammonium, de sulfure et même de méthane. L'intense évaporation à l'aplomb des chotts et des sebkhas, laisse apparaître des efflorescences salées. La surexploitation des nappes côtières les rend vulnérables à l'intrusion marine...

Pollutions anthropiques

Dans les pays tropicaux, il y a de l'eau, et même beaucoup d'eau, mais elle est loin d'être potable, en partie originellement et dans une plus grande proportion à cause des activités anthropiques y déversant toute sorte de rejets

[61] Léonard de Vinci, *carnets*, t. 2, p. 11, Codex Atlanticus, édition Hoepli

non traités affectant irrémédiablement les aquifères, rendant les captages non potables. Les eaux usées sont souvent déversées en mer sans le moindre traitement.

Pire que les eaux usées : j'ai vu un automobiliste vidanger son huile moteur dans un avaloir des eaux pluviales. J'avais pris le risque de l'aborder juste pour attirer son attention sur les conséquences d'un tel acte. J'ai dû d'abord prendre la précaution de l'approcher par des salutations et diversions descriptives du lieu du drame se trouvant en contrebas d'une cité huppée de la COPMAD des Annassers, un quartier d'Alger. Issues de minerais de bauxite, des boues rouges sont déversées en Méditerranée, au large de Cassis.

Paradoxalement, une grande part de l'eau potable est utilisée pour laver des voitures, laver les voiries, tirer la chasse d'eau. En l'absence d'eau potable, cinq mille enfants meurent quotidiennement, victimes de maladies contractées dans des eaux insalubres.

Prison à ciel ouvert, Gaza souffre d'une eau insalubre à même le robinet desservant épisodiquement le foyer familial, tandis que les pays du Golfe se payent sans scrupule des stations de ski sous bulle réfrigérée artificiellement à coup de pétrodollars, en dépit de la rareté de l'eau et du réchauffement climatique dont ils n'ont plus le droit d'ignorer l'EdS largement avéré. Il y a là un manque de solidarité. Et c'est peu de le dire. C'est même une *non-assistance à personne en danger.* Par suite d'hivers inéluctablement de moins en moins froids, de plus en plus de stations de ski européennes utilisent des canons à neige pour la survie d'une poignée d'affairistes aux dépens des plus nombreux que sont les démunis.

Aux voisinages de Las Vegas, la majeure proportion des eaux du Colorado est détournée pour l'arrosage des parcs de loisir et des terrains de golf. Par suite de la baisse du débit du Jourdain exploité par Israël, la Mer Morte perd un mètre d'envergure chaque année. Assèchement de la mer d'Aral, dégazage de paquebots en haut mer, prédation massive par des filets illicites : 90% de thon et de morue décimés... Ces méfaits sont cités pêle-mêle, mais on pourrait dire tout autant de l'Inde, de Chine, de l'Amérique latine et de bien d'autres pays…

Hormis quelques localités, en particulier au Japon, l'idée d'un double réseau est loin d'être effectivement généralisée, de par la complexité et le risque de mélange suite à des fuites. C'est à peine si on arrive à mettre en place des réseaux séparatifs d'assainissement collectif, l'un pluvial, l'autre dédié aux rejets anthropiques dans lesquels il faudrait orienter les rejets vers des traitements adéquats selon les origines : domestiques, industrielles, agricoles (en particulier les lisiers), pharmaceutiques, voire nucléaires…

Il y a une soixantaine d'années, on pouvait aller nager dans les oueds maghrébins sans rien craindre. Gamin, nous attrapions le poisson à la main en faisant des petits barrages de fortune. Et maintenant ? Non seulement on ne peut plus y nager, mais ils sont devenus impropres à l'irrigation. La proportion d'eau usée recyclée reste dérisoire, encore dans bon nombre de pays. Entre une pollution effrénée et l'insuffisance de l'assainissement des rejets, l'écart ne cesse de se creuser, provoquant une vingtaine de millions de décès par an dans le monde. Une épidémie de choléra coûte bien plus cher que le traitement des rejets. Mais quand une telle épidémie touche sévèrement les plus démunis, on laisse aller de la manière la plus difficile à pardonner…

Comme nous venons de le constater, les activités humaines impactent directement la biosphère par de multiples rejets : gazeux, liquides et solides difficilement biodégradables. Au delà du suivi de la qualité des eaux, il convient de décrire les sources de pollution par un inventaire exhaustif des activités anthropiques :

- Collecte des données auprès des structures concernées, en particulier les services de l'environnement,
- Classification des activités et des unités de production ou de service recensées selon leur degré de pollution et élaboration d'un fichier des pollueurs.
- Enquête sur site pour valider et compléter les données recueillies au niveau des unités industrielles, abattoirs et huileries, décharges publiques, exutoires des rejets des eaux usées domestiques, stations-service et stations lavage-graissage, pour les huiles non récupérées et de toute activité présentant des risques de pollution des ressources en eau.

Parmi les activités anthropiques, on distingue quatre sources de pollutions :

- **Domestique :** caractérisée par de fortes teneurs en matière organique (germes fécaux), des sels minéraux (chlorures, sulfates), des complexes tensioactifs divers détergents (borate, polyphosphates). Elle est due essentiellement aux rejets des eaux usées domestiques non traitées, canalisées par un réseau séparatif en principe étanche, à l'exclusion des eaux pluviales. Pour Alger et Blida, le volume des rejets est estimé à quelques 603 180 m^3/j.

- **Urbaine** : Voiries et parkings, parfois même les toitures, encrassées par des hydrocarbures (fiouls et lubrifiants) et métaux lourds (abrasion des plaquettes et disque de freinage et d'embrayage).

- **Agricole :** en plus des rejets domestiques individuels de l'habitat rural non raccordé, ni traité, c'est la pollution par les pesticides et les surdoses des amendements organiques et minéraux qui reste à craindre. En l'absence d'assises étanches de stockage, les fuites des entrepôts d'engrais et produits phytosanitaires sont également à craindre.

- **Industrielle :** utilisant l'eau ne serait-ce que comme solvant, elle est d'une grande diversité quasiment impossible à recenser de manière exhaustive de par une réticence des entreprises à communiquer les charges réelles en aval des procédés. Elle génère des effluents redoutables et des résidus solides non dégradables, des fuites de stockage et de canalisation difficiles à détecter et même à maîtriser. Un réel état des lieux doit permettre un diagnostic de mise en conformité vis-à-vis de l'impact sur l'environnement, ne serait-ce qu'à l'aplomb du site. Les plus à craindre sont les industries pétrochimiques et métallurgiques. Et c'est l'oued El Harrach qui reçoit le plus gros des effluents de la zone industrielle de l'Oued Smar. Le total des rejets est estimé à 7 Hm^3/j. Ces rejets sont parfois raccordés illicitement aux réseaux d'assainissement urbain, malgré la législation en vigueur :

    - Décret exécutif n° 93-160 du 10 juillet 1993 qui réglemente le déversement des effluents liquides industriels et fixant les modalités de fonctionnement du compte d'affectation spéciale qui s'y rapportent,
    - Décret exécutif n° 93-163 du 10 juillet 1993 portant institution d'un inventaire du degré de pollution des eaux superficielles,
    - Décret exécutif n° 98-156 du mai 1998 définissant les modalités de tarification de l'eau à usage domestique, industriel, agricole et pour l'assainissement,
    - Loi n° 03-10 du 19 juillet 2003, notamment les dispositions des articles 48 à 51, relatives à la protection de l'environnement dans le cadre du développement durable,
    - Loi 05-12 du 4 août 2005 : loi sur l'eau préconisant, entre autres, la préservation de la salubrité publique et la protection des ressources en eau et des milieux aquatiques contre les risques de pollution à travers la collecte et l'épuration des eaux usées domestiques et industrielles ainsi que des eaux pluviales et de ruissellement dans les zones urbaines.
    - Décret exécutif n° 07-149 du 20 mai 2007 fixant les modalités de concession d'utilisation des eaux usées épurées à des fins d'irrigation ainsi que le cahier des charges-type y afférent.
    - Décret exécutif n° 07-399 du 23 décembre 2007 relatif aux périmètres de protection qualitative des ressources en eau.
    - Décret exécutif n° 08-53 du 9 février 2008 portant approbation du cahier des charges-type pour la gestion par concession du service public d'assainissement et du règlement de service y afférent.

- Décret exécutif n° 08-54 du 9 février 2008 portant approbation du cahier des charges-type pour la gestion par concession du service public d'alimentation en eau potable et du règlement de service y afférent.

Au demeurant sournoise, l'asphyxie des écosystèmes est à présent manifeste. Il y a là de graves manquements, des négligences inadmissibles. Avec le recul de la biodiversité et l'eutrophisation des plans d'eau, en particulier celle des océans, un basculement des écosystèmes vers le néant est à craindre. Si *nul n'est censé ignorer la loi*, nous n'avons plus l'excuse d'ignorer de telles négligences. Et nous savons bien que nos actes déterminent en partie ce que sera l'environnement à venir. Il y a là un défi, en termes de capacités humaines, à promouvoir ce qui est *permis d'espérer* : le possible et l'acceptable.

Paramètres à corriger

Très ponctuelles et très limitées dans le temps, les analyses d'appréciation de la qualité des eaux brutes avaient porté essentiellement sur des macro-polluants physico-chimiques : matières organiques et minérales, azotées, phosphorées. Il n'y a quasiment pas eu de suivi bactériologique, si ce n'est dans quelques aquifères, en particulier les aquifères du Sahara Septentrional : Continental intercalaire et Complexe terminal. Sur les 624 points d'eau échantillonnés à partir du réseau implanté par l'ANRH, les analyses réalisées entre 1999 et 2005 révèlent :

- une forte turbidité des eaux de surface,
- une dureté forte à très forte de la plupart des eaux souterraines,
- une minéralisation excessive, particulièrement en sulfates, parfois en magnésium,
- une forte conductivité se traduisant par de très grandes charges en résidus secs,
- de faibles teneurs en nitrates dans les aquifères, hormis quelques cas isolés,
- des intrusions marines en biseaux salés dans les nappes des Côtiers Algérois,
- une faible valeur de l'oxygène dissous, de par le rejet d'eaux usées non traitées,
- une pollution en métaux lourds, dans la zone industrielle de l'Oued Smar.

Ce constat donne à voir les sources de pollution plausibles. Hormis la salinité originelle de certains aquifères au voisinage des chotts, la pollution observée est essentiellement d'origine anthropique ; elle se manifeste dans des teneurs et dans des proportions caractéristiques d'un certain nombre d'activités illicites, sinon irrespectueuses de la protection de l'environnement, malgré les normes en vigueur promulguées. Une autre pollution, avérée depuis quelques décennies, est l'intrusion marine causée par la surexploitation des nappes côtières.

En l'absence de normes nationales tenant compte des spécificités environnementales, le Ministère de la Santé fixe la qualité des eaux par l'application des préconisations de l'OMS pour lesquelles les valeurs guides ont été réparties en trois groupes :

- Organismes intervenant sur la qualité bactériologique,
- Substances chimiques ayant une importance sanitaire,
- Substances pouvant être indésirables.

Trop éloignée des valeurs admissibles, la potabilité des eaux brutes devient tout de suite onéreuse. La remise aux normes recommandées par l'OMS passe par :

- Une acidification pour des pH > 8 et une neutralisation de la soude,
- Une filtration sur sable et une désinfection par chloration.

Recommandations

Au delà de la cartographie qui s'est avérée disponible au niveau des ABH[62], l'audit a dû porter davantage sur la caractérisation de la qualité des eaux au niveau de chaque région hydrographique en passant en revue les bassins et sous-bassins hydrologiques, les barrages, les oueds et les aquifères reconnus et suffisamment quantifiés. Il s'est avéré que de l'eau brute de bonne qualité, il n'y en a quasiment pas, sinon de moins en moins, en raison de l'accélération des activités anthropiques très souvent illicites.

Hormis quelques « parcs hydrogéologiques » ultra-protégés, il n'y a pas, même en Europe, d'eau brute de bonne qualité. Cette idée de « Parcs hydrogéologiques », émise par G. de Marsily en 1998, fait difficilement son chemin en Europe où elle est parfois contestée par les SAGE et les SDAGE[63] ; elle chemine avec bonheur en Australie, pas encore en Afrique.

Aujourd'hui, la quantité d'eau mobilisable est suffisamment connue, de même que sa qualité le long des oueds, en amont des digues, jusque dans le moindre aquifère. La quantité est une donnée originelle quasiment constante sur laquelle il y a très peu de marges de manœuvre :

- sites de barrages limités,

[62] ABH : Agence de Bassin Hydrographique

[63] SAGE : Schéma d'Aménagement et de Gestion des Eaux ; SDAGE : Schéma Directeur d'Aménagement et de Gestion des Eaux

- recharges des nappes pas toujours faciles : problèmes de colmatage pour peu que les eaux à injecter soient chargées.

En revanche, c'est dans la qualité de l'eau que tout peut se jouer. Il reste à promouvoir des choix précis sur l'environnement à préserver. Hormis la salinité originelle de certains aquifères au voisinage des chotts, la pollution est essentiellement d'origine anthropique ; elle se manifeste dans des teneurs et dans des proportions caractéristiques d'un certain nombre d'activités illicites.

- Réduire les micro-organismes pathogènes colportés par les eaux usées dans les réseaux d'assainissement et filières d'épuration déficientes.
- Réduire les matières en suspension au voisinage des prises d'eau en rivières, particulièrement durant les crues. La persistance de telles suspensions tend à réduire la photosynthèse et l'oxygénation ; elle colmate les berges et même les branchies des poissons…

Afin de maîtriser la multitude des polluants mis en jeu, et préserver ainsi les ressources en eau disponible, il convient de renforcer le réseau de veille de la qualité des eaux :

- Extension du réseau d'observation,
- Réhabiliter les stations arrêtées et reprendre le suivi,
- Optimiser le réseau de suivi par l'implantation d'autres points d'observation.
- Recensement des sources potentielles de pollution du milieu récepteur :
- Étude d'impact des sources de pollution sur les eaux superficielles et souterraines,
- Représentation thématique des différentes sources de pollution à l'échelle nationale,
- Déterminer le type de polluant à éliminer en priorité. Les traitements immédiats visent la pollution carbonée, puis l'ammoniac. L'élimination des phosphates et des nitrates permet d'éviter l'eutrophisation rapide.
- Réhabiliter les réseaux d'assainissement et les stations d'épuration. L'assainissement détermine dans une grande proportion le taux de distribution d'une eau potable.
- Établir un diagnostic sur les rejets en aval des unités industrielles en tant ICPE par application effective des textes en vigueur.
- Prévoir des périmètres de protection des points d'AEP.
- Protéger en priorité les zones de recharge des aquifères captifs dans lesquels l'eau est en principe de meilleure qualité.
- Les nappes libres peu profondes, particulièrement vulnérables, doivent être au moins protégées en amont où a lieu la réalimentation.
- Formation des cadres du service étude et normalisation dans le domaine de l'évaluation des impacts environnementaux.

- Formation des cadres pour l'étude et la normalisation des systèmes d'information géographique.
- Formation des cadres pour l'étude et la normalisation du mode d'évaluation et contrôle de la qualité des eaux superficielles et souterraines.
- Les micropolluants, issus des résidus médicaux, peuvent devenir des perturbateurs endocriniens dont l'effet est loin d'être connu. Dans cette incertitude on ne sait pas quel traitement appliquer. Dans l'impossibilité de guérir, il reste à prévenir fermement : prévoir des installations sanitaires et un traitement adéquat des rejets d'urine provenant des hôpitaux.

Traitements des eaux pour l'AEP[64]

Neutralisation

Un pH inférieur à 6,5 peut favoriser la corrosion des canalisations et des raccords de plomberie. Le niveau de corrosivité d'une eau dépend également d'autres facteurs comme l'alcalinité, la température de l'eau, les matières totales dissoutes et la dureté. Un pH inférieur à 6,5 ne pose pas en soi un risque pour la santé ; toutefois, une eau corrosive peut provoquer la dissolution de métaux comme le plomb, le cadmium, le zinc et le cuivre présents dans les tuyaux des canalisations, entraînant ainsi une augmentation des concentrations de ces métaux dans l'eau potable et donc des problèmes possibles pour la santé. Un pH supérieur à 8,5 peut favoriser l'apparition de tartre dans les canalisations :

- **L'acidification :** nécessaire en amont de la désinfection, à raison de 7.1 mg/l d'HCl pour des pH > 8 et pour les eaux soumises à une nanofiltration.
- **La neutralisation :** par de la soude à 8 mg/l pour des eaux faiblement alcalines, sous faible pH.

Bien qu'il n'existe actuellement aucun système certifié uniquement pour l'ajustement du pH d'une eau, il existe plusieurs options permettant d'obtenir un pH entre 6,5 et 8,5 :

- Échange d'ions,
- Filtres de neutralisation à base d'acide,
- Pompe doseuse contenant une solution neutralisante.

Remarque : les filtres de neutralisation à base d'acide qui contiennent des minéraux naturels comme la calcite permettent seulement d'augmenter le pH de 1 ou de 2 unités. Ces filtres ne sont pas efficaces pour augmenter le pH d'une eau contenant des concentrations très élevées de matières dissoutes. Ces filtres ont cependant des avantages puisque leur fonctionnement et leur entretien ne coûtent pas cher. Il se peut également qu'ils augmentent la dureté de l'eau. Le fonctionnement et l'entretien des systèmes de traitement chimique sont plus rigoureux. Si la solution neutralisante contient du carbonate de sodium, la concentration de sodium dans l'eau peut alors augmenter, ce qui peut représenter un problème pour les personnes qui doivent suivre un régime appauvri en sel.

---

[64] AEP : Adduction d'Eau Potable

Adoucissement

Une eau est douce si elle n'est pas chargée en minéraux : magnésium ou calcium, avec une tendance à l'acidité, ce qui va corroder les infrastructures : dissoudre le fer et même le cuivre. Elle est dure si elle est chargée en minéraux et va inexorablement entartrer les infrastructures. Le procédé d'adoucissement consiste à éliminer la dureté de l'eau par échange d'ions à travers un lit de résine cationique, préalablement chargée de sodium (Na), qui échange les ions calcium (Ca^{++}) et magnésium (Mg^{++}), responsables de la dureté de l'eau, contre des ions sodium (Na^{+}) :

$$2\ R\text{-}Na + Ca^{++} \rightarrow R_2\text{-}Ca + 2\ Na^{+}$$

Lorsque la résine est saturée d'ions calcium et magnésium (substitués aux ions sodium) la régénération de celle-ci se déclenche et se déroule automatiquement selon un processus d'échange ionique à rebours :

$$R_2\text{-}Ca + 2\ Na^{+} \rightarrow 2\ R\text{-}Na + Ca^{++}$$

La régénération de la résine saturée s'effectue avec du chlorure de sodium (NaCl) équivalent au sel de table mais présenté sous forme de pastilles de 15 sur 25 mm. Les ions sodium se fixent à nouveau sur la résine tandis que les ions calcium et magnésium sont évacués à l'égout sous forme de chlorure de calcium et de magnésium. Le cycle se reproduit périodiquement en fonction d'intervalles de durées préétablies ou du volume d'eau que l'adoucisseur peut traiter. Un mitigeur permet d'ajuster la dureté de l'eau à la valeur désirée au point d'utilisation.

Clarification

La clarification permet l'élimination des particules en suspension. Après son passage à travers des grilles qui retiennent les matières les plus grosses, l'eau est acheminée dans des bassins dits de décantation. Là, sous l'effet de leur poids, les particules gravitent vers le fond où elles se déposent. L'eau décantée est ensuite filtrée à travers une ou plusieurs couches d'un substrat granulaire, comme du sable, qui retient les particules résiduelles, les plus fines. Pour un traitement de 1000 m^3/h la surface unitaire est estimée à 200 m^2. Pour faciliter cette étape, et en particulier éliminer les particules en suspension de très petites tailles, l'ajout d'un produit chimique (un coagulant) permet à ces particules de s'agglomérer. Plus grosses et plus lourdes, les nouvelles particules sont plus facilement décantées et filtrées. On appelle ce procédé coagulation/floculation.

Élimination de l'azote

L'azote existe sous trois formes ioniques : NO_2^-, NO_3^- et NH_4^+. Appartenant au groupe des substances indésirables, elles peuvent devenir très vite dangereux, particulièrement les NO_3.

Élimination de l'ammonium

Deux moyens peuvent être envisagés : élimination par le chlore oxydant dont la réaction aboutit à la formation de chloramines ou sur lit de résine ou encore par les bactéries nitrificatrices. L'oxydation de l'azote ammoniacal en diazote génère une série de chloramine (mono : NH_2Cl, di : $NHCl_2$ et tri : NCl_3) par réaction à l'acide hypochloreux dont la réaction globale s'écrit :

$$2NH_3 + 3HClO \rightarrow N_2 + 3H_2O + 3HCl$$

Ou encore :

$$2NH_4^+ + 3Cl_2 + 8H_2O \rightarrow N_2 + 6Cl^- + 8H_3O^+$$

L'échange ionique se fait sur un lit de résine où les cations NH_4^+ sont fixés par un complexe anionique ESO_3^- :

$$ESO^-_3Na^+ + NH_4^+ \rightarrow ESO_3^-NH_4^+ + Na^+,$$

suivie d'une régénération en :

$$ESO^-_3{}^-NH_4^+ + Na^+ \rightarrow ESO_3^-Na^+ + NH_4^+.$$

Un tel procédé se révèle très onéreux pour application opérationnelle.

Le procédé biologique repose sur l'énergie d'oxydation de NH_4^+ couplé à une biosynthèse autotrophique en deux étapes sous un apport important d'oxygène :

- Nitritation : $NH_4^+ \rightarrow NO_2^-$ par *Nitrosonmonas* et *Nitrococcus,*
- Nitratation : $NO_2^- \rightarrow NO_3^-$ par *Nitrobacter*.

Élimination des nitrates

Deux procédés peuvent être distinctement utilisés, l'un chimique par rétention des nitrates sur des lits de résine en échange de chlorure, où la résine est régénérée par rinçage, l'autre bactériologique dans lequel les nitrates sont transformés en azote gazeux moyennant une alimentation carbonée et phosphorée pour la croissance bactérienne.

Procédé physico-chimique

Plusieurs procédés peuvent être envisagés : la distillation, l'électrolyse, l'osmose inverse, l'échange d'ions fréquemment utilisé. Il s'agit d'un traitement de l'eau brute à travers une résine anionique fortement basique porteuse de sites actifs de signe positif. La dénitrification se fait en deux phases :

- Fixation :
  $R\text{-}N^+(CH_3)_3Cl^- + NO_3^- \rightarrow R\text{-}N^+(CH_3)_3\ NO_3^- + Cl^-$

- Régénération :
  $R\text{-}N^+(CH_3)_3NO_3^- + NaCl \rightarrow R\text{-}N^+(CH_3)_3Cl^- + Na^+ + NO_3^-$

L'eau à dénitrifier ne doit pas contenir de matières en suspension, ni de matière organique, ni d'oxydant résiduels ou encore de micropolluants ferreux ou de manganèse.

Procédé biologique

Les bactéries, autotrophes pour le carbone minéral et hétérotrophes pour le carbone organique, peuvent transformer les nitrates en azote gazeux, où l'oxygène est alors transféré à un réducteur organique (C_2H_5OH ou CH_3CO_2H) ou minéral (S, H_2) :

- Hétérotrophe :
  $5C_2H_5OH + 12NO_3^- \rightarrow 10CO_2 + 9H_2O + 6N_2 + 12OH^-$
  $5CH_3CO_2H + 8NO_3^- \rightarrow 10CO_2 + 6H_2O + 4N_2 + 8OH^-$

- Autotrophe :
  Apport H_2 : $5H_2 + 2H^+ + 2NO_3^- \rightarrow N_2 + 6H_2O^-$

Apport S : $2NO_3^- + S \rightarrow N_2 + SO_4^{2-} + CO_2$

Élimination des pesticides

Micropolluants de synthèse, les pesticides se présentent sous plusieurs catégories : herbicides, fongicides, insecticides, algicides… Ils sont d'une toxicité redoutable : difficiles à éliminer, d'autant qu'ils sont peu solubles dans l'eau et même hydrophobes. Deux procédés peuvent être envisagés :

Oxydation

Après traitement préliminaire (coagulation, floculation, décantation, filtration sur sable), on procède à traitement plus poussé par un mélange de perozone (ozone + eau oxygénée : O3/H2O2) et filtration sur un lit à charbons actifs en grains, afin de décomposer l'eau oxygénée par voie catalytique.

Adsorption

L'adsorption se fait par charbon actif, en poudre pour des pollutions de faible durée, en grain pour des pollutions plus chroniques. De texture voisine à celle du graphite, un tel charbon présente une très grande porosité et une importante surface spécifique. L'essentiel de l'adsorption se fait dans les micropores représentant 95% de l'infrastructure, siège de rétention en plusieurs phases de transfert de l'adsorbat (le pesticide) vers l'adsorbant (le charbon). La proportion d'adsorbat fixé est décrite par Freundlich, selon une formulation empirique :

$$\frac{x}{m} = Q_e = K_f C_e \frac{1}{n}$$

Avec : x = quantité de l'adsorbat, m= masse de l'adsorbat,
Qe = quantité de soluté adsorbée par unité de masse de charbon à l'équilibre,
Kf et n = caractéristiques du charbon actif,
Ce = concentration d'adsorbat dans la phase liquide à l'équilibre.

Élimination du fer et du manganèse

Du fer et du manganèse, il n'y a rien à craindre. Il s'agit d'oligo-éléments plutôt indispensables, mais dont l'excès devient indésirable, un désagrément organoleptique : rouille de goût métallique particulièrement pour le fer, marron-noire pour le manganèse.

L'élimination du fer

Le fer se présente naturellement sous trois états : métal natif dans les mines, fer ferreux bivalent sous forme dissoute Fe^{2+}, fer ferrique trivalent à l'état de précipité $Fe(OH)_3$ sous un pH de 4,5. Il peut se combiner à des ligands pour former des complexes organiques ou minéraux rendant difficile la déferrisation. L'élimination se conçoit en deux phases :

- Oxydation de la forme dissoute en un précipité insoluble en élevant le potentiel rédox, en deux étapes :
  - Oxydation : $Fe^{2+} \rightarrow Fe^{3+}$
  - Précipitation $Fe^{3+} \rightarrow Fe(OH)_3$
  - Soit globalement : $4Fe^{2+} + O_2 + 10H_2O \rightarrow 4\ Fe(OH)_3 + 8H^+$

- Récupération du précipité dans un décanteur ou sur un lit de sable filtrant.

L'emploi de silice dissoute comme complexant nécessite une forte oxydation par l'ozone ou le permanganate. Le fer chélaté par des complexes humiques peut être éliminé par coagulation au sulfate d'ammonium.

L'élimination du manganèse

Moins abondant que le fer dans l'écorce terrestre, le manganèse peut être également dissout dans l'eau à partir de certains minerais ou du lessivage du sol sous la seule espèce ionique Mn^{2+} que l'on oxyde fortement en Mn^{4+}, puis en précipité MnO_2. Oxydation et précipitation se font par de l'ozone ou par le permanganate de potassium : $KMnO_4$, ou encore par le dioxyde de chlore : ClO_2. L'élimination du manganèse nécessite l'utilisation d'oxydants très forts : dioxyde de chlore, ozone ou permanganate de potassium. Le chlore est parfois utilisé mais le pH de l'eau doit alors être rendu basique. Si l'eau vient à contenir les deux composés, on procède alors en deux étapes : élimination du fer, puis du manganèse.

Filtration

L'objet de la filtration est l'élimination des bactéries, de la couleur et de la turbidité. Ce pourrait être par un lit de sable, de pierre ponce, de pouzzolane, de charbon actif, ou de tout autre granule libre, non adhérent, insoluble et inaltérable… L'élimination de cations et anions et même de la MO, nécessite un traitement plus poussé, le plus souvent par des techniques membranaires : microfiltration, ultrafiltration, nanofiltration, osmose inverse sur les ions monos et bivalents.

La séparation sélective des espèces chimiques moléculaires ou ioniques se fait par pression à travers des membranes constituées d'une peau filtrante de 0.1 à 0.5 µm sur un support poreux suffisamment rigide. Elles sont faites de matériaux organiques (mélange de polymère et de solvant) ou minéral (céramique, graphite, acier fritté). Elles sont classées selon leur seuil de coupure : taille de plus faible masse molaire rejetée par la membrane. Celles faites de minéraux se limitent à la microfiltration et à la nanofiltration, avec l'avantage d'une bonne résistance physico-chimique.

La microfiltration

La microfiltration porte sur les matières en suspension : colloïdes et bactéries de diamètre > 20 nm sous une pression de filtration de 0.5 à 3 bars pour un flux de 0.2 à 0.45 $m^3/h/m^2$ et une vitesse de 3 m/s. Se substituant à une phase de clarification la microfiltration est préconisée pour le traitement :

- des eaux karstiques dont l'écoulement est turbulent par suite d'averses brutales provoquant une très forte turbidité entraînant au passage une grande quantité de MO et de germes pouvant être pathogènes.
- des eaux de surface exemptes de micropolluants et comme prétraitement préparatoire à d'autres traitements plus poussés : ultrafiltration, nanofiltration, osmose inverse.

L'ultrafiltration

À travers une porosité de 0.5 à 0.002 µm, l'ultrafiltration se fait sous une pression de 0.5 à 3 bars à une vitesse tangentielle de 1 m/s. Elle retient la totalité des matières en suspension, les colloïdes, les microorganismes, ainsi que les virus, sans pouvoir éliminer les micropolluants organiques. La rétention en amont de la membrane provoque une polarisation et un colmatage inexorable. La mise en route et les fréquences de rétro-lavage sont gérées par un automate, moyennant des capteurs de débit, de pression et de température.

La nanofiltration

Utilisée principalement pour l'élimination des substances organiques, la nanofiltration atteint des seuils de coupure en masse molaire de 250 daltons. Elle peut éliminer efficacement les micropolluants, et les ions polyvalents, tels que : les pesticides des eaux souterraines, les acides humiques précurseurs d'organochlorés, le carbone organique dissout biodégradable, les minéraux lourds et même des nitrates, recyclage des eaux usées dans les laveries, adoucissement et dé-sulfatation.

L'osmose inverse

De plus en plus utilisée, l'osmose inverse est un puissant moyen d'élimination de tout composé dissout ou colporté par l'eau, sous une pression de 15 à 80 bars à travers une membrane le plus généralement en polyamide non dégradable de porosité 0.2 nm. Pour minimiser la polarisation de concentration, il convient d'appliquer une filtration tangentielle, ce qui par ailleurs va diminuer quelque peu la fraction d'eau dessalée. Par approximation de la loi de Darcy, le débit du perméat escompté s'écrit :

$$Q_p = K_p \frac{S}{e} (\Delta P - \Delta \Pi) K_t$$

K_p = perméabilité apparente de la membrane à l'eau,
S = surface de la membrane,
E = épaisseur de la membrane,
K_t = coefficient de température
$\Delta\Pi$ = différence de pression osmotique,
ΔP = différence de pression de part et d'autre de la membrane,

Une trop importante couche de polarisation induit une forte hausse de $\Delta\Pi$ et une baisse de Q_p. Indépendamment de l'épaisseur de la membrane, le taux de rétention est estimé par la concentration C_p du perméat :

$$C_p = \frac{K_s \Psi C_e}{K_p(\Delta P - \Delta \Pi) + K_s}$$

K_p = perméabilité apparente de la membrane au soluté,
$\Psi = C_m/C_e$ = coefficient de polarisation.

Désinfection

Étape finale de la potabilité, la désinfection consiste à éradiquer les virus et germes pathogènes par chloration, mais aussi par dioxyde de chlore, ou par ozone, ou encore par UV. L'intérêt de la chloration est sa capacité de temps de résidence plus long d'où le désagréable goût résiduel, alors que l'ozone et les UV n'ont pas d'effet de rémanence.

Principe

Les risques d'infection sont d'abord authentifiés par une recherche de germes témoins de contamination fécale non pathogènes existant en milieu hydrique sans s'y reproduire. Le choix d'un germe indicateur de désinfection est basé sur l'utilisation de bactériophages plus résistants : les pathogènes. Le nombre de micro-organismes survivant au temps t en présence d'une concentration C d'un désinfectant est évalué approximativement par application de la loi de Chick :

$$\frac{dN}{dt} = -kN \Rightarrow \mathrm{Ln}\frac{N_t}{N_0} = -\wedge C^n t$$

N_0 = nombre de micro-organismes au temps t,

$k = \wedge C^n$ = constante de réaction,

$\wedge$ = coefficient spécifique de létalité : caractérise la sensibilité d'un micro-organisme à un désinfectant,

$C^n t$= efficacité du désinfectant au cours du temps,

n = coefficient de dilution : constante caractéristique du désinfectant.

Chloration

Le pH influence l'efficacité du chlore, d'autant que les MO consomment l'oxygène avant que celui-ci n'ait agi sur les micro-organismes ciblés.

Chlore et dérivés

L'ajout du chlore dans l'eau se dismute en acide hypochloreux HClO, tel que :

$$Cl_2 + 2H_2O \rightleftarrows HClO + Cl^- + H_3O^+$$

Faiblement acide, l'hypochloreux se dissout en donnant l'hypochlorite :

$$HClO + H_2O \rightleftarrows ClO^- + H_3O^+$$

Rencontrées dans les substances humiques, les fonctions méthyl-cétones réagissent fortement au chlore et conduisent de suite à des dérivés tri-halogénés de type R-CO-CCl3 se prolongeant par des réactions de coupure de type haloforme (chloroforme, bromoforme).

Dioxyde de Chlore

Le dioxyde de chlore a une réactivité limitée aux seuls composés organiques : phénols, les amines secondaires : R-NH-R' et tertiaires : R_2-NH-R' et les organo-soufrés de type amino-acide. Sa mise en solution dans l'eau donne un radical stable :

$$2ClO_2 + H_2O \rightleftarrows HClO_2^- + HClO_3$$

En milieu basique, il se dismute en chlorite et en chlorate :

$$2ClO_2 + 2OH^- \rightleftarrows ClO^-{}_2{}^- + ClO^-{}_3 + H_2O$$

Outre le fait que ClO2 soit un produit explosif dès que sa concentration dépasse les 10% dans l'air, de tels composés ne sont pas sans risque cancérigène. Sa mise en œuvre nécessite quelques précautions opératoires :

- Filière HCl-$NaClO_2$:

$$5NaClO_2 + 4HCl \rightarrow 4ClO_2 + 2H_2O + 5NaCl,$$

- Filière Cl_2-$NaClO_2$:

$$2NaClO_2 + Cl_2 \rightarrow 2ClO_2 + 2NaCl,$$

Les fonctions Aldéhydes CHO et cétones : CO, n'ont rien à craindre du ClO_2, de même que les groupements méthyl-cétones des acides humiques ne réagissent pas en haloforme.

Ozonation

La synthèse de l'ozone se fait par enthalpie à partir de l'air soumis à une décharge électrique à haute tension, selon une réaction : $3O_2 \rightleftarrows 2O_3$ dont la production nécessite un traitement assez laborieux de l'air : déshumidification, compression, refroidissement suivi d'un processus générateur d'O_3 : sous un champ électrique entre deux électrodes. L'ozone ainsi obtenu est diffusé dans l'eau à traiter dans des tours compartimentées de post-ozonation, moyennant, durant un temps de contact de 2 minutes. Il est le désinfectant le plus puissant. Sa molécule est un hybride de résonance entre deux formes limites.

Découvert en 1840, seul l'ozone possède une forte activité virucide par oxydation cyclo-additionnelle des liaisons Π en formant un ozonide et des intermédiaires hydrolysés, très instables sans rémanence. De tels intermédiaires conduisent à des groupements fonctionnels C=O aldéhydiques ou cétoniques et accessoirement à la formation d'eau oxygénée. Les bromures sont directement oxydés en bromates : BrO^-_3 et en hypo-bromites : BrO^-. Ces derniers prennent équilibre avec l'acide conjugué : BrOH qui, par réaction avec les matières organiques, laissent apparaître des dérivés organo-bromés cancérigènes.

UV

Les UV A, B, et C, se situent dans trois fourchettes : A entre 400-315 nm (responsable de la pigmentation de la peau), B entre 315-280 nm (pour la fixation de la vitamine D) et C entre 280-200 nm, pour un effet biocide. Un tel effet se déroule sans adjonction de produit chimique, sans altération des propriétés physico-chimique de l'eau, ni rémanence, ce qui implique une post-oxydation au CL_2 ou au ClO_2, à envisager également pour l'ozonation, du fait qu'elle est aussi sans rémanence.

La production d'UV est obtenue à partir de lampes recouvertes d'une gaine protectrice de quartz enfermant un gaz inerte et des vapeurs de mercure excitées par le passage de courant électrique. Portés à incandescence, les atomes de Hg vont émettre un rayonnement de longueur d'onde comprise entre 240 et 270 nm.

Protection des captages d'AEP

La sécurisation des captages pour l'adduction d'eau potable (AEP) met en œuvre des périmètres de protection qui sont alors assujettis à des servitudes contre d'éventuelles pollutions. Sous les multiples impacts des activités anthropiques, l'appréciation d'une vulnérabilité aquifère nécessite des investigations complexes dont les résultats sont parfois difficilement interprétables, particulièrement en milieu karstique.

Pour définir l'extension de ces périmètres, il faudrait une connaissance précise de l'extension de l'aquifère sollicité, de ses caractéristiques hydrodynamiques, de ses variations piézométriques, de son mode d'alimentation et aussi de celui du captage. Après avoir fixé les objectifs spécifiques aux périmètres de protection des captages d'AEP, nous donnons un aperçu sur les critères d'identification des périmètres de protection rapprochée (PPR).

Objectifs des périmètres de protection

Les périmètres de protection constituent un filtre sanitaire entre l'eau captée pour l'AEP et les activités anthropiques à risque. Trois objectifs leur sont assignés : protéger l'ouvrage de captage, maîtriser les causes d'altération de la qualité originelle de la ressource, contrôler le risque de pollution accidentelle. Ils portent sur le secteur proche de la ressource rendue sensible par le prélèvement. On définit alors quatre types de périmètre couvrant trois zones emboîtées dans lesquelles on impose des servitudes décroissantes en fonction du temps de transit et de l'éloignement du captage :

Périmètre de protection immédiate (PPI)

Les servitudes assignées à ce périmètre sont clairement fixées par bon nombre de textes législatifs. Son entretien doit être réalisé manuellement ou mécaniquement mais en aucun cas avec des produits phytosanitaires. Il doit être maintenu en herbe et entretenu régulièrement par fauches et débroussaillages, à retirer le jour-même. Toutes activités non liées à l'exploitation, à la maintenance des ouvrages, à la protection de la ressource et à la recherche d'eau, ainsi qu'à la construction de nouveaux ouvrages à usage de la collectivité, sont strictement interdites.

Sauf dérogation exceptionnelle prévue en zone inondable, la parcelle doit être clôturée, clôture anti-intrusion avec débord extérieur sur une hauteur de 2 m au minimum. Aucun matériau, même inerte, ne peut y être entreposé. Les résidus de traitement d'eau (filtrats membranaires) ne doivent pas être stockés dans ce périmètre mais faire l'objet d'une gestion spécifique. Acquis en pleine propriété par la collectivité publique, ses limites sont établies sur un rayon minimal de 10 m, afin de protéger le captage de la malveillance, des déversements directs sur l'ouvrage et des contaminants microbiologiques. Dans le cas des eaux souterraines karstiques, des périmètres satellites peuvent être créés autour des zones d'engouffrement. L'aménagement de ces zones afin de ralentir l'infiltration doit aussi être envisagé.

Périmètre de protection rapprochée (PPR)

Son but est de préserver l'environnement du captage contre les risques de pollutions accidentelles et ponctuelles. Il constitue une zone tampon assortie de servitudes entre le captage et les activités à risque. En principe, au sein d'un PPR, toutes les activités anthropiques sont assujetties à des prescriptions restrictives, quand elles ne sont pas interdites tels que : l'extraction de matériaux (carrières), l'implantation d'installation classées, les nouvelles habitations avec assainissement individuelles, les stabulations libres d'élevage, les puisards d'eaux pluviales, les canalisations d'eau usée ou d'hydrocarbures, le stockage de réactifs, des combustibles, de matières de vidange, de boues de station d'épuration, dépôts de fumiers, d'ensilage, l'agriculture intensive. Cependant l'apport d'engrais organiques reste possible dans la mesure d'un épandage raisonné, à des doses et périodes définies selon la nature des sols.

L'extension du PPR doit permettre un délai de réaction vis-à-vis de la migration des substances polluantes, sinon laisser le temps à l'autoépuration de se poursuivre dans l'épaisseur des horizons pédologiques infiltrés. Le délai d'abattement de la contamination bactériologique est estimé à une cinquantaine de jours. Il doit englober les zones à partir desquelles une source de pollution pourrait rendre l'eau impropre à la consommation par dépassement d'au moins une des limites de qualité réglementaires.

Périmètre de protection éloignée (PPE)

Son seul intérêt est de permettre d'identifier une zone de vigilance où une attention particulière sera portée sur les activités pouvant constituer une source de contamination du captage. Il permet néanmoins de définir des actions prioritaires par des prescriptions de la réglementation en vigueur, tout au moins à l'échelle du bassin d'alimentation du captage (BAC). Couvrant la portion aquifère où se reforment environ 90% des eaux souterraines parvenant au captage, la détermination du BAC vise à préserver l'AEP contre les substances mobiles et difficilement dégradables.

Périmètres de protection satellites (PPIs, PPRs)

Ces périmètres concernent plus particulièrement des aquifères karstiques dont certains endroits vulnérables, se trouvant à l'aplomb des bétoires, sont plus proches du captage en termes de temps de transit que d'autres endroits plus proches en distance, mais moins vulnérables de par une couverture pédogénétique protectrice. On procède alors à l'instauration d'un PPIs autour de la bétoire et un PPRs autour du sous BV relatif.

Critères de délimitation des PPR

La délimitation des PPR est à rechercher au cas par cas, selon les critères les plus déterminants : type et nature de l'aquifère, vulnérabilité intrinsèque, mode d'alimentation, morphologie des écoulements, débit escompté, cône d'appel, rabattement admissible sous la zone d'influence du pompage, couverture végétale, pouvoir épurateur des horizons pédologiques, densité de drainage, réponse aux averses brutales, temps de transfert des solutés, panache de dispersion, drainance entre aquifères. La propagation d'une pollution met en jeu des contacts surfaciques très complexes : entre adsorption et dispersion, entre phase mobile et phase immobile.

L'envergure du panache de la fuite d'une cuve se propage selon la nature des aquifères sollicités par un pompage. La plupart de ces grandeurs ne sont pas accessibles à la mesure directe. Elles nécessitent des investigations laborieuses dont l'incertitude ne peut être appréciée directement, si ce n'est par une variance de l'erreur.

Captages en milieu poreux continu

• **Sur des nappes homogènes en écoulement isotrope**, le PPR pourrait être établi approximativement selon le cône d'appel. Dans les milieux très perméables, la zone d'appel peut être très étendue (plusieurs kilomètres) et ne peut être alors incluse dans la totalité du PPR. La définition d'une isochrone de transfert permet de réduire ce périmètre en conservant un délai de réaction suffisant. Parmi les nombreuses méthodes analytiques de détermination des isochrones de transfert, la plus fréquemment utilisée est celle de Wyssling, par application de la loi de Darcy en nappe libre homogène, équations ci-après :

Largeur du front d'appel : $$B = \frac{Q}{E*K*I}$$

Rayon d'appel : $X_0 = \frac{Q}{2\pi * E * K * I}$

Distance du temps de séjour : $S_0 = \pm L + \frac{\sqrt{L(L-8X_0)}}{2}$

Distance du temps de transfert : $L = U * t$

Vitesse effective : $U = \frac{K * I}{\omega}$

Q = débit pompé (m^3/s),
K = perméabilité (m/s),
E = épaisseur de l'aquifère,
I = gradient de la nappe,
ω = porosité efficace,
t = temps (10, 50, 100 jours).

Pour des aquifères finement poreux, la pratique allemande, inspirée sans doute des travaux de L. Wyssling (1979), propose un temps de transfert de 50 jours ; ce serait le temps nécessaire pour l'élimination d'une contamination bactériologique. Elle offrirait un délai d'intervention en cas de pollution chimique. Le temps de transfert doit cependant pouvoir être adapté aux types d'activités pouvant exister dans le secteur proche de l'ouvrage.

• **Dans le cas des grands systèmes aquifères hétérogènes – multicouches pour la plupart – en écoulement anisotrope**, la détermination du PPR est à rechercher dans les approches macroscopiques de la dispersion des masses plus ou moins miscibles, sinon polyphasiques. Dans l'hypothèse d'un aquifère continu et indéformable, les modèles macroscopiques d'écoulements hydro-dispersifs (de MARSILY, 1981, VERNOUX, 2005) se réduisent à la dispersion dans un écoulement :

L'écoulement : $$div\left(T_{ij}\, gradH\right) = S_i \frac{\partial H}{\partial t} \pm Q_i \qquad (1)$$

Avec :
$T_{ij} = K_{ij}(\theta) * H$ en nappe libre,
$T_{ij} = K_{ij} * e$ en nappe captive,
H = charge hydraulique,
$\Theta(\omega)$ = teneur en eau de la zone non saturée,

K_{ij}= tenseur des perméabilités de DARCY,
$S = \omega$ = porosité efficace en nappe libre
S = coefficient d'emmagasinement en nappe captive :

$$S = \int_{mur}^{toit} S_s dz = S_s * e = \rho \omega g \left(\beta_l - \beta_s + \frac{\alpha}{\omega} \right) e$$

S_S = coefficient d'emmagasinement spécifique,
ρ = masse volumique de la phase liquide,
ω = porosité efficace de la formation aquifère,
β_l= compressibilité de la phase liquide,
β_S= compressibilité de la phase solide,
α = compressibilité de la matrice poreuse,
e = puissance de l'aquifère, épaisseur entre épontes,
Q = débits échangés entre le système aquifère et l'extérieur.

La dispersion :

$$div(\overline{\overline{D}} \nabla C - \vec{U}.C) = \varepsilon_c \frac{\partial C}{\partial t} + (1 - \varepsilon_c) \rho_s \frac{\partial C_{im}}{\partial t} \qquad (2)$$

$\overline{\overline{D}}$= tenseur de dispersion,
$\vec{U}$= vitesse de DARCY, originellement macroscopique,
C = concentration massique dans la fraction mobile,
C_{im} = concentration massique dans la fraction immobile,
ε_c = porosité cinématique de la matrice poreuse,
ρ_s = masse volumique de la fraction immobile.

La résolution de ces équations est approchée par des discrétisations numériques en différences finies, éléments finis ou encore en volumes finis. Moyennant suffisamment de données et des conditions aux limites triviales, on obtient une distribution satisfaisante de la charge hydraulique et une dispersion des solutés en tout point du système aquifère. L'intérêt de ces modèles est le pouvoir prévisionnel et la visualisation des rabattements admissibles. Ils permettent aussi de simuler des scénarios d'exploitations escomptées.

Les mécanismes de dispersion et d'adsorption restent mal maîtrisés, particulièrement à travers la zone non saturée. La quantification prévisionnelle des ressources exploitables nécessite l'acquisition de données hydrométéorologiques sur quelques cycles hydrologiques. En l'absence de données permettant des simulations de transferts de masse, il reste les approches géochimiques (lithium) ou colorimétriques (fluorescéine), ou encore dosages isotopiques (^{3}H)...

• **Limites de validité du modèle macroscopique :** Les hypothèses simplificatrices, ayant servi à la synthèse de l'équation générale de diffusivité (1), sont éminemment discutables. La validité de celle-ci se limite à :

- une eau pratiquement incompressible et de salinité négligeable,
- une matrice poreuse, finement fissurée, mais pratiquement inerte et indéformable;
- un écoulement macroscopique laminaire, dans un aquifère continu et suffisamment horizontal,
- l'existence d'un Volume Elémentaire Représentatif (VER) dont la taille est assujettie à un effet d'échelle sur les variations locales des propriétés hydrodynamiques se déployant dans l'aquifère.

Se pose alors le problème de l'unicité de la solution H(x,y,t). Ce problème est un cas d'espèce que l'on contourne par un calage du modèle sur des charges observées contredisant parfois certaines valeurs de T(x,y) et S(x,y). Si les charges observées ne présentent aucun doute, car il suffit d'un ruban gradué pour en avoir la certitude, les valeurs de T(x,y) et S(x,y) sont alors à considérer avec prudence. Elles sont le résultat d'un laborieux essai ponctuel basé sur une équation de diffusivité brutalement linéarisée et dont les conditions aux limites rejetées à l'infini posent un problème d'effet d'échelle sur le Volume élémentaire représentatif.

Captages en milieux karstiques

• **Position des problèmes :** De par sa macroporosité, parfois même caverneuse, le milieu karstique se caractérise par des écoulements pouvant devenir instantanément turbulents. Sa matrice finement poreuse est très vulnérable aux contaminants de toutes sortes. En revanche, les pollutions accidentelles sont rapidement évacuées sous de faibles rétentions, quasiment sans rémanence. La décalcification affecte de nombreux massifs carbonatés particulièrement développés sur les hautes plaines et dans les plateaux d'altitude ; elle reste marginale dans les bassins sédimentaires.

Au delà de la détermination d'un PPI autour du captage et de périmètres satellites autour des points d'engouffrement des eaux de ruissellement, la protection des captages en milieu karstique s'appuie sur l'analyse des risques en vue d'une évaluation de la vulnérabilité de la ressource à l'échelle du BAC. L'extension des PPR n'a quasiment aucune incidence sur la turbidité ou les contaminations bactériologiques. Quelle que soit la distance d'éloignement des sources de pollution, le risque de contamination est omniprésent.

En raison de la difficulté de pouvoir définir un Volume Elémentaire Représentatif (VER) entre l'anfractuosité karstique et la matrice finement poreuse, les modèles macroscopiques de dispersion des masses sont quasiment inapplicables. Ce VER doit concilier en effet deux extrêmes : permettre d'écrire des accroissements finis, continus et dérivables du modèle macroscopique, mais aussi - en même temps et lieu - pouvoir définir une moyenne équivalente des oscillations de chacune des grandeurs mises en jeu : H, K, U, D, C, Q (équations 1 et 2). Du fait de l'irréductible distorsion de l'effet d'échelle entre pores et fissures de la craie matricielle, les tenseurs de perméabilité et de dispersion deviennent extrêmement difficiles à déterminer.

Dans l'état actuel des connaissances, rien ne permet d'affirmer l'existence d'un VER permettant un déplacement eulérien continu et suffisamment dérivable. Si l'on a pu démontrer, depuis longue date (G. SCHNEEBELI, 1966), l'existence d'un tenseur de perméabilités symétrique, à valeurs positives et du second ordre, en milieu strictement poreux, rien ne permet d'étendre cette définition à des milieux karstifiés, d'autant plus que les pondérateurs restent arbitraires.

Les travaux de C. LOUIS (1976), concernant les milieux fissurés, ont pu cependant aboutir à la définition d'un tenseur de "conductivités directionnelles" dont la mesure sur le terrain est loin d'être aisée. Les perméabilités K_f et K'_f font appel à tout un arsenal expérimental difficile à mettre en œuvre. Les derniers travaux de J.C.S. LONG (1983) tendent plutôt à remettre en cause l'éventuelle existence de tels tenseurs en milieux fissurés.

• **Méthodes d'approche :** Les méthodes actuelles envisagent des approches multicritères prenant en compte les caractéristiques les plus déterminantes. La connaissance du temps de transfert ne suffit donc pas pour délimiter les PPR. Son extension est à rechercher dans l'estimation de la somme pondérée des critères de vulnérabilité significatifs, sinon les plus déterminants :

- **D**epth to water table (profondeur de la nappe d'eau) ; **R**echarge ou infiltration efficace ; **A**quifer media (milieu aquifère) ; **S**oil media (type de sol 1er m de sol); **T**opography (pente du terrain); **I**mpact of vadose zone (impact de la zone vadose (sol/nappe); **C**onductivity (conductivité hydraulique) pour **la méthode DRASTIC**, (ALLER et al. 1987) ;

- structure de l'**E**pikarst, couverture, **P**rotectrice (sol compris), conditions d'**I**nfiltration et développement du réseau **K**arstique, pour la **méthode EPIK** (DÖRFLINGER, 1996) ;

➢ **R**oche aquifère, conditions d'**I**nfiltration, **S**ol et la couverture protectrice, degré de développement de la **K**arstification, pour la **méthode RISK** (DÖRFLIGER, 2005), plus fréquemment utilisée, inspirée des méthodes **EPIK** et **RISKE** (PETELET, 2000).

Ces critères sont alors déclinés en 5 classes de sensibilité par un ensemble de cartes thématiques selon un maillage 25m*25m à 50*50m^2, calé sur un MNT (Fig.1).

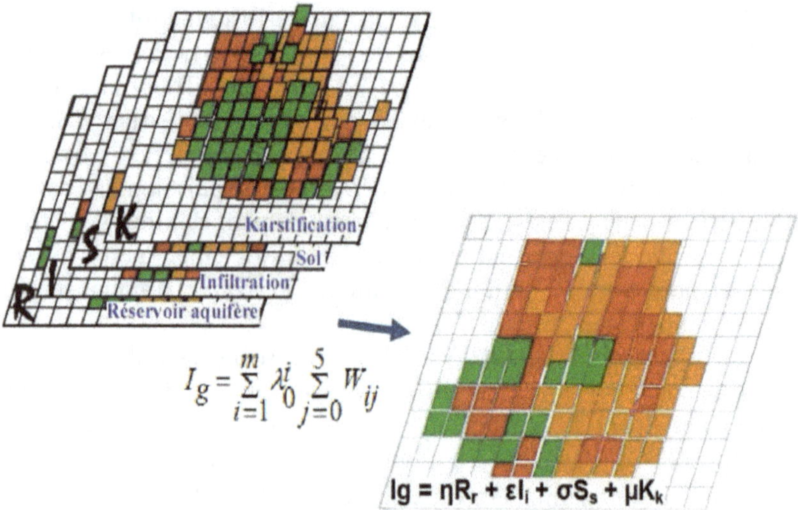

Figure 1 – cartes de vulnérabilité d'un aquifère karstique (Dörfliger, 2005)

L'appréciation de la vulnérabilité est réduite à 4 critères, apparemment élémentaires, néanmoins déterminants. Cependant la description en sensibilité quantitative de chaque critère nécessite tout un arsenal d'investigations pluridisciplinaires et une armada d'algorithmes numériques de pondération optimale des indices attribués aux critères retenus. L'indice global de vulnérabilité s'écrit alors :

$$Ig = \eta R_r + \varepsilon I_i + \sigma S_s + \mu K_k \; ; \qquad (3)$$

où :

η, **ε**, **σ**, **μ** sont les pondérateurs de l'estimation optimale,

r, i, s, k, les classes de sensibilité à la pollution : 0 à 5 représentées par des palettes de couleurs.

Pour cibler les zones d'actions prioritaires dans la protection des captages, la cartographie de la vulnérabilité doit établir une hiérarchisation des zones très fortement à faiblement sensibles à la contamination. Si on veut prendre en compte davantage de critères, on peut encore écrire :

$$I_g = \sum_{i=1}^{m} \lambda_0^i \sum_{j=0}^{5} W_{ij} \qquad (3'),$$

où λ_0^i sont les pondérateurs optimaux des critères pris en compte, tels que :

$$\sum_{i=1}^{m} \lambda_0^i = 1$$

et W_{ij} les critères à prendre en compte,

i = 1 à m nombre de critères,
j = classes de sensibilité.

KAVOURI et al (2008) sont allés plus loin dans un autre acronyme : **PaPRIKa**, autre approche inspirée de la méthode **RISKE**. Nécessitant quasiment autant de données, elle met particulièrement l'accent sur 2 critères R et I :

- **Critère R : Réservoir :** basé sur deux paramètres : la lithologie et l'état de la karstification,
- **Critère I : Infiltration** mettant en jeu : la distance tampon aux cours d'eaux principaux, l'occupation des sols, l'état de surface et sa réponse hydrologique, la conductivité hydraulique des formations de sols en subsurface, la présence de végétation…

Conclusion

L'évaluation de la vulnérabilité de la ressource autour des captages doit nous conduire à observer quelques principes de précaution. La protection d'un captage n'est alors entreprise que lorsque la qualité de l'eau brute respecte les valeurs guides de qualité des eaux potables. Un captage n'est promulgué en Déclaration d'Utilité Publique que lorsque les servitudes requises se révèlent nécessaires et suffisantes. Au delà des approches actuelles, il est aussi nécessaire de prévoir des programmes d'actions préventives, tout au moins à l'échelle du BAC[65].

Au delà des zones de vigilance autour des captages, les récentes directives vont plus loin dans la protection de l'environnement : préserver

[65] BAC : Bassin d'Alimentation du Captage

l'état des écosystèmes aquatiques, prévenir toute dégradation des milieux, afin de réduire le traitement en amont de l'AEP, établir des programmes d'action visant l'amélioration, sinon la restauration de la ressource… Elles sont manifestement volontaristes, quand elles ne sont pas contractuelles et peuvent devenir obligatoires, d'autant que la prévention est quasiment le seul moyen efficace de lutte contre le risque de pollution.

Plaidoyer pour l'Hydrosphère

"Mais l'avenir si tendu que soit notre désir, est une perspective sans profondeur. Il n'a vraiment nulle attache solide avec le réel.
C'est pourquoi nous disons qu'il est dans le sein de Dieu."
G. Bachelard[66]

Pour bien instruire notre requête nous nous étions consacré longuement à un aperçu sur l'*Origine* et l'*Altérité de l'Hydrosphère*. C'est alors imposé à nous un *plaidoyer* ressenti comme un *drame de la méthode* face à l'incertitude du climat. Exprimons d'abord en quelques mots le nœud gordien face auquel nous sommes.

La révolution industrielle a généré – à elle seule – une hausse de 50% de CO_2 dans l'atmosphère, encore que le CO_2 ne soit pas la cause prédominante, ce serait plutôt le taux de vapeur d'eau pour au moins 50%, voire 60%[67], de la totalité des facteurs à effet de serre (EdS). La proportion de vapeur d'eau atmosphérique est fournie essentiellement par les océans, celle provenant des activités anthropiques est négligeable : l'éventuel surplus est instantanément avalé par les océans. Le CO_2 ne vient que pour moitié : 25% à 26% et dans une moindre proportion le CH_4.

Constituant 99% de l'atmosphère, l'azote et l'oxygène ne sont pas à proprement parler des gaz à effet de serre (GES), alors que l'ozone l'est de par sa structure triatomique vibratoire au rayonnement, de même que le protoxyde d'azote (N_2O) issu des pratiques agricoles générant une augmentation de plus de 20% des GES. Et c'est déjà beaucoup, d'autant plus que le temps de résidence dans l'atmosphère de l'actuel taux de CO_2 est estimé à un millier d'années, pour autant que rien ne vienne s'y ajouter. Autant dire qu'il y a très peu de marge de manœuvre.

« Que faire ? », titre énigmatique que Lénine avait emprunté à l'intitulé d'un roman écrit par Tchernychevski. C'est ce même titre qui nous est venu plus immédiatement à l'esprit. Dans l'esprit de Lénine, il s'agissait d'une tout autre interrogation, une tout autre attitude partisane qui a valu à sa naïve effigie d'être bêtement déboulonnée, au mépris d'un art figuratif, quelque peu naïf certes, mais érigé à la gloire de révolutionnaires déchus depuis, signe des temps et des engagements révolus. Lénine avait beaucoup apprécié Diderot chez qui il découvrait une *propension matérialiste*, lisant plus particulièrement *Le neveu de Rameau* dont il recommandait la lecture à

---

[66] G. Bachelard, *L'intuition de l'instant*, Gonthier 1932, p. 53

[67] Édouard Bard, *Les sciences de la Terre en 18 mots clés*, La Recherche, hors-série n° 3, Dunod, 2009, p. 48

son entourage. Mais laissons là Monsieur Vladimir Ilitch Lénine à son marxisme invétéré…

Revenons tout autrement à notre propre « *Que faire ?* ». Réprimant notre prétention à louer des personnages aussi illustres, nous avouons notre côté quelque peu *matérialiste*, pour nous résoudre plus modestement à un énoncé plus trivial, plus engagé, voire partisan : *Plaidoyer pour la sauvegarde de l'Hydrosphère*. C'est bien cela que nous voudrions préserver contre toute forme d'agression. C'est cela que nous voudrions promouvoir collectivement auprès de qui veut bien l'entendre en tant que responsabilité qui lui incombe individuellement, dans la proportion du pouvoir qui lui est conféré, sinon dans la propension de son civisme citoyen.

Un intitulé plus trivial aurait été plus simplement un *Plaidoyer pour le climat*. Mais nous avons préféré un énoncé plus technique, plus général, et en même temps plus précis : plus englobant, ce qui nous permettrait, chemin faisant, d'élargir la réflexion tout au moins à la biosphère par quelques digressions insolites.

Prédominant originellement à 50%, le taux de vapeur d'eau dans l'atmosphère – facteur déterminant dans l'EdS – échappe à toute tentative de réduction, tant il est constamment renfloué par l'inépuisable océan. L'augmentation de l'EdS favorise l'évaporation et la coalescence des nuages, et, à terme, vient perturber les autres maillons du cycle de l'eau : condensation, précipitation, ruissellement, infiltration, tel que le réchauffement résultant est exacerbé par l'effet de la vapeur d'eau. C'est là où les phénomènes se compliquent, échappant à toute maîtrise de par la non-linéarité des températures et des pressions.

Du côté du CO_2 intervenant dans une moindre proportion, mais portant sévèrement à conséquence, il y a certainement quelque chose à *faire* : promouvoir un projet de société possible et acceptable, tant individuel que collectif, visant fermement la réduction d'émission de CO_2. Restreindre de telles émissions devient un impératif absolu, sans quoi, d'ici 2100, une grande partie du Moyen-Orient et du Maghreb sera inhabitable.

Contrairement au cataclysme brutal du Chicxulub, le réchauffement climatique nous tue à petit feu. Il est à craindre que l'agonie serait affreusement lente. Eu égard à la protection des écosystèmes, on pourrait percevoir en creux le devenir de la biosphère. Vaste programme dans lequel nous allons nous restreindre à une *éthique vis-à-vis du climat*, ne serait-ce que par une liberté de parole parfois à nos dépens.

Notre approche voudrait emprunter les voies réciproques d'un *matérialisme dialectique* prenant racine dans une épistémologie bachelardienne à laquelle nous avions consacré un essai mettent l'accent sur les sciences expérimentales[68]. Il y a chez Bachelard un *matérialisme*

---

[68] *Bachelard et la mathématique des sciences expérimentales*. L'Harmattan, 2022

dialectique perçu dans un *nouvel esprit scientifique,* qui n'est pas loin de celui de Marx perçu dans *une nouvelle économie politique* : « *Il ne manque qu'un peu de vie sociale, qu'un peu de sympathie humaine, pour que le nouvel esprit scientifique - le n.e.s. - prenne la même valeur formative qu'une nouvelle économie politique - la n.e.p.* », affirme Bachelard[69].

Auparavant, nous donnons un bref aperçu du réchauffement climatique et plus particulièrement *l'EdS*. C'est alors que nous ferons état de quelques tentatives de lutte contre le réchauffement climatique :

- *Muraille verte africaine*
- *Barrage vert contre la progression du désert,*
- *Mer intérieure au chott Melrhir*
- *Ingénierie climatique.*

[69] Gaston Bachelard, *Le nouvel esprit scientifique*. PUF, 1934, p. 174 de l'édition 1968. « *Oui mais Bachelard se trompe*, prévient D. Parrochia : *La NEP n'est pas une nouvelle économie politique mais une nouvelle politique économique, ce qui n'est pas la même chose... Et le mot vient de Lénine, pas de Marx.* »

Du réchauffement climatique

Par suite d'une période chaude depuis au moins 10°000 ans, nous nous attendions à une période glaciaire dont il a été longuement question durant les années 1980. Apparemment le retour des glaces n'est pas pour demain. C'est plutôt le réchauffement qui prédomine, en dépit des cycles astronomiques dont les effets auraient été estompés par les effets anthropiques devenant de plus en plus prégnants, de plus en plus accélérés. « *Alors que le changement naturel a mis quelques millénaires à se faire*, écrit Robert Kandel, *il s'agit maintenant d'un réchauffement du même ordre en un seul siècle : un véritable choc climatique* »[70].Nous voilà contre toute attente face à un réchauffement climatique largement avéré.

Un tel réchauffement serait dû à un *effet de serre*, au demeurant nécessaire – sans quoi la Terre ne serait qu'une boule de glace à -20°C – mais qui est devenu effroyablement excessif. Pour le percevoir davantage, écoutons Jean Jouzel :

« *Le vrai test du réchauffement climatique, ce n'est pas dans l'atmosphère. Certes, c'est important de le voir dans l'atmosphère car c'est là où on vit, mais c'est dans l'océan qu'il faut aller le chercher, parce que c'est là que l'essentiel de cette chaleur supplémentaire est stocké. L'atmosphère n'en utilise qu'un peu plus de 1%. 93% vont dans l'océan, 3% dans les glaces et 3% dans les surfaces continentales [...] L'essentiel de ce réchauffement sans équivoque, est, lié, en tout cas pour les cinquante dernières années, aux activités humaines* »[71].

L'effet de serre (EdS)

Par-delà l'écran d'ozone, l'insolation atteint la Terre à travers l'atmosphère où elle est transformée en chaleur dans une proportion qui permet d'avoir une température moyenne de 15°C environ à l'échelle de la planète réfléchissant à son tour 30% du rayonnement reçu sous forme d'*albedo*. À cette température tout objet devient alors rayonnant. Devenant elle-même rayonnante, la surface de la Terre va émettre 390 W/m^2 vers le haut dans des longueurs d'onde allant de 4 à 50 µm, tandis que le Soleil en fournit 342 W/m^2, pendant que l'atmosphère va émettre à son tour, dans les longueurs d'onde de l'infrarouge, un flux de quelque 340 W/m^2. Se réchauffant suffisamment, les basses couches de l'hydrosphère vont émettre vers l'espace un flux de chaleur estimé à 240 W/m^2, (Fig.1).

---

[70] R. Kandel, *Le réchauffement climatique*, PUF, Que sais-je ? 2019, p.5

[71] J. Jouzel, *Climats passés, climats futurs*, CNRS Editions, de vive voix, 2019, p. 38

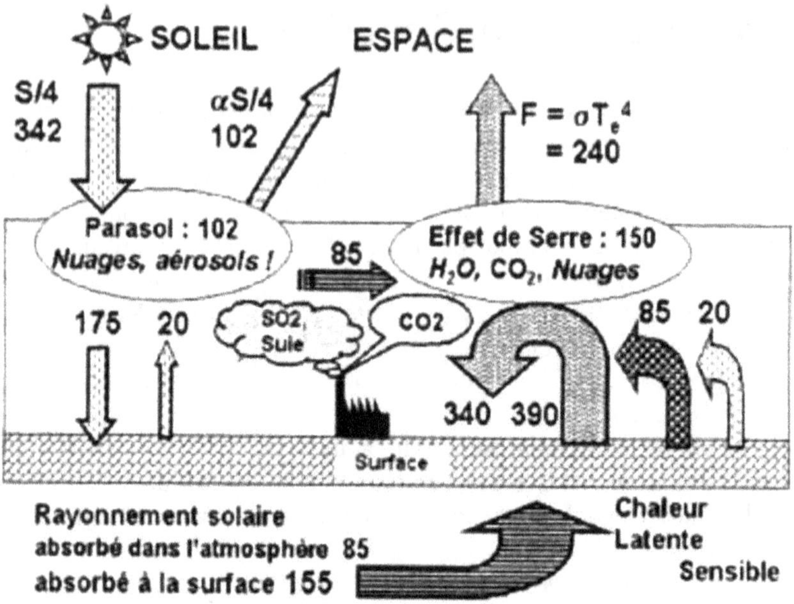

Fig.1-Transformation de l'énergie solaire, flux en W/m^2,
R. Kandel, 2019

L'*effet de serre* résultant est dû à la chaleur du rayonnement solaire piégée essentiellement par la vapeur atmosphérique, par le CO_2 dans une moindre proportion et accessoirement par : le méthane, l'ozone, ainsi que protoxyde d'azote N_2O. De tels gaz sont transparents à la lumière visible, mais opaques à la majeure partie des rayonnements infrarouges de par leur structure triatomique permettant des rotations et des vibrations ondulatoires, plus particulièrement pour le méthane : plus prompt à la vibration de par sa molécule tétraédrique CH_4, absorbant 43[72] fois plus de rayonnement que celle du CO_2.

Pour mieux percevoir ce phénomène, nous voudrions donner un bref aperçu des différents aspects des rayonnements mis en jeu. Au demeurant naturel, un tel phénomène, découvert dès le XVIIIe siècle par Horace-Benédict de Saussure, devient de plus en plus inquiétant. L'EdS est apparu dès l'accrétion secondaire de l'atmosphère autour de la Terre, il y a quelque quatre milliards d'années. Il a été particulièrement intense durant l'Archéen (-4,5 à -2,5 MA), en dépit du flux solaire plus faible que celui qui prévaut actuellement.

[72] Édouard Bard, *op. cit.,* p. 48

Aperçu des différents rayonnements

« *Au Soleil, j'ai tout donné, tout, sauf mon ombre.* » Guillaume Apollinaire

Le Soleil baigne instantanément la moitié de notre planète, pendant que l'autre moitié est dans la nuit. Le flux solaire reçu est estimé à partir du rapport de la constante solaire : $\varphi_0 = 1368$ W/m^2 que l'on divise par le rapport de la surface de la Terre $4\pi R^2$ à sa section πR^2, soit finalement un flux moyen d'énergie de : 1368/4=342 W/m^2, pris par rapport à une distance moyenne Soleil-Terre, tout au moins au sommet de l'atmosphère. Partant des conditions d'équilibre du flux incident du rayonnement solaire : $\varphi_0(1- \alpha)/4$ et celui du rayonnement diffus émis par la Terre à travers l'atmosphère : σT^4_S, on aurait : $F = \sigma T^4_e = \varphi_0(1- \alpha)/4$.

Sans effet de serre, la température à la surface de la Terre serait de :

$$T_e = \frac{1}{\sigma}\sqrt[4]{\emptyset_0(1-\alpha)/_4} \approx -18°C$$

Avec :

- T_e = température effective,
- $\sigma = 5{,}670367*10^{-8}$ W*m^{-2}*K^{-4} = Constante de Stefan-Boltzmann ;

- $\varphi_0 = 1368$ W*m^{-2} = Constante solaire. Elle mesure le rayonnement électromagnétique solaire à une distance moyenne Soleil-Terre, intégrant toutes les longueurs d'onde, rayonnements visibles allant de λ = 0,4 à 0,7 µm et de rayonnements infrarouges proches : (0,7 – 4,5 µm), l'ultraviolet (λ<0,4) µm jouant un rôle central dans la moyenne et haute atmosphère où il est absorbé par l'O_3 stratosphérique aux longueurs d'onde 0,24 et 0,3 µm.

- α = 0,3 = Albedo : fraction du flux solaire réfléchi vers l'espace, estimée à : $\varphi_0(1- \alpha)/4$ = 102 W*m^{-2}, la moitié venant de la diffusion par coalition des gouttelettes des nuages pluvieux ou neigeux, variable avec la couverture, l'épaisseur et la nature du nuage, mais aussi avec la couverture végétale, les saisons. Au-dessus des océans, les aérosols peuvent modifier fortement l'albédo, du fait de leur faible réflexivité, mais peu à l'aplomb des neiges et des déserts.

En présence de l'effet de serre, la condition d'équilibre avec l'atmosphère est donnée approximativement par : $\sigma\epsilon T_S^4 = 2\,\sigma\epsilon T_A^4$, où ϵ est l'émissivité/absorptivité de l'atmosphère, appelé aussi « effet de serre normalisé », T_S = température de la surface terrestre, T_A = température atmosphérique. Les termes $\sigma\epsilon T_S^4$ et $\sigma\epsilon T_A^4$ représentent l'EdS global. En tenant compte du retour d'une partie du rayonnement vers la Terre (Fig.1), ne serait-ce qu'à cause de la couverture nuageuse, la condition d'équilibre de la surface terrestre avec l'atmosphère s'écrit :

$$\frac{\phi_0}{4}(1-\alpha) + \sigma\epsilon T_A^4 = \sigma\epsilon T_S^4$$

En vertu de $$T_A = \frac{T_S}{\sqrt[4]{2}},$$

il vient : $$\frac{\phi_0}{4}(1-\alpha) + \sigma\frac{\epsilon}{2}T_S^4 = \sigma T_S^4$$

et finalement : $T_S = \sqrt[4]{\frac{1}{\sigma}\frac{\phi_{0(1-\alpha)}}{4}\frac{1}{1-\frac{1}{\epsilon}}} \approx +15°C$, au lieu de – 18°C.

La perte d'énergie par rayonnement vers l'espace est heureusement compensée par un important flux d'énergie colporté par le cycle de l'eau, ne serait-ce qu'en induisant une régulation des écarts de température par d'énormes courants marins. Le cycle de l'eau est alors impulsé à son tour par un important flux d'énergie solaire selon un EdS cyclique de par l'opacité de l'atmosphère dans des longueurs d'onde de l'infrarouge. C'est ce qui permet d'avoir une température clémente.

L'atmosphère constitue un lieu de transit rapide, où une goutte d'eau ne reste qu'une dizaine de jours. La même goutte tombée dans les abysses océaniques y restera durant des millénaires. Alors que le cycle de l'eau semble se dérouler en vase clos, les flux d'énergie restent ouverts vers l'espace.

Fluctuation du flux solaire

Le flux instantané varie entre zéro durant la nuit (enveloppant constamment la moitié de la Terre) et une constante solaire pondérée par la distance Soleil-Terre, avec un maximum quand la Terre passe au périhélie. Au sommet de l'atmosphère, le flux moyen annuel varie de 150 W/m^2 au pôle Sud à 140 W/m^2 au pôle Nord, bien plus sur l'équateur : 400 W/m^2. Le flux de chaleur interne propre à la Terre reste insuffisant, sinon dérisoire. Allant sur des longueurs d'onde de 0,3 à 0,8 µm dans le visible et 0,8 à 4 µm dans le proche infrarouge, les rayonnements réfractés sont piégés, plus particulièrement dans des passées nuageuses.

Une partie du rayonnement infrarouge réfléchi est absorbée par l'atmosphère qui renvoie une partie vers le bas induisant réchauffement et évaporation. C'est cette évaporation qui alimente à son tour l'atmosphère en vapeur d'eau constituant un équivalent moyen de 26 mm d'eau. Il est de :

- 20 mm en hiver et 35 mm en été dans l'hémisphère boréal,
- 21 mm en hiver et 28 mm en été dans l'hémisphère austral.

En l'absence de nuages, l'atmosphère laisse filer une grande partie du rayonnement vers l'espace, mise à part le proche ultraviolet absorbé par l'ozone sur 0,3 µm. En compensation du flux d'énergie solaire absorbé par l'hydrosphère, la perte du flux d'énergie par rayonnement infrarouge est estimée à 240 W/m^2. Couvrant 60% du globe, les nuages se renouvellent à un rythme plus accéléré, se formant une nuit quand la température de l'air descend plus bas que le point de rosée, se dissipant le jour, sans générer de pluie.

Sur certaines marges continentales arides, africaines et australiennes, la vapeur d'eau peut bien se condenser à la base des couches nuageuses durant la nuit, tandis que d'autres gouttelettes se dissipent par le sommet durant la journée. Par suite de stress hydrique prolongé, la diminution de la couverture nuageuse laisse apparaître une hausse de la température et une augmentation de l'EdS.

La première période de réchauffement radical est apparue avec l'avènement de l'Holocène, il y a 10°000 ans. Quatre mille ans après, la Terre a eu une période assez chaude et un niveau marin qui aurait été plus élevé que l'actuel, et cela en l'absence de toute activité anthropique. Depuis, les activités humaines se sont accélérées. Sur les 1400 millions de km^3 d'eau liquide, il y a encore quelque 30 millions de km^3 de glaces en Antarctique, au Groenland et dans les banquises.

Outre l'augmentation du CO_2 dans l'atmosphère depuis la révolution industrielle, la principale cause de l'effet de serre est plutôt le taux de vapeur d'eau atmosphérique omniprésent, taux alimenté essentiellement par les océans. Mais il s'avère que 10 à 12 % du réchauffement sont dus à l'activité solaire.

Il apparaît que les changements de position de la Terre par rapport au Soleil sont régis – comme déjà vu – par des cycles astronomiques, tels que :

- L'obliquité de l'axe des pôles (cycle actuel d'environ 41°500 ans) ;
- La précession des équinoxes selon des périodes de 19 000 à 23°000 ans ;
- La variation de l'excentricité de l'orbite terrestre tous les 100°000 ans ;
- L'activité solaire, qui fluctue selon un cycle de 11 ans, caractérisé par le nombre de taches solaires.

Trop rapide pour être dû aux phénomènes astronomiques, anormalement élevé pour être dû à l'activité solaire, le réchauffement observé durant ces dernières décennies serait plutôt dû aux activités anthropiques se manifestant par un écart notable de 1% du bilan radiatif estimé à 342 W/m^2, soit 3,42 W/m^2, alors que l'écart causé par les fluctuations solaires n'est que de 0,5 W/m^2. Interférant sur de plus longues périodes, les autres facteurs astronomiques n'entrent pas en jeu dans le réchauffement observé depuis l'avènement de l'ère industrielle. La légère excentricité orbitale terrestre n'a pu induire un changement climatique significatif. Aux latitudes 65°N, les cycles sont quasiment indétectables. La prédominance des cycles longs (100°000 ans) ne sont apparents que depuis 1 million d'années environ.

L'inquiétante rémanence des gaz à effet de serre

Affectant graduellement l'épaisseur des strates de l'atmosphère dans une proportion de 0,25%, la quantité de vapeur d'eau est estimée à 0,001% de celle de la planète où l'inertie des masses d'eau joue un rôle majeur dans la tempérance des climats. Sans négliger l'effet du CO_2 dans une proportion de 0,04% de la masse atmosphérique, la vapeur d'eau est bien le facteur déterminant dans l'EdS. La hausse de CO_2 reste aussi à craindre plus que jamais, d'autant que la séquestration du CO_2 dans le cycle du carbone est très lente et s'avère partielle.

D'autres gaz dont la molécule est polyatomique peuvent être des GES, tels que le CH_4, le N_2O, et dans une moindre mesure le SO_2 et l'O_3, avec effet de forçage radiatif négatif tout au moins pour le SO_2. Le CH_4, le N_2O, et l'O_3, constituent, à eux seuls, 14% de l'élévation de température[73]. Le forçage radiatif induit par la totalité des gaz à effet de serre (GES) émanant des activités anthropiques est estimé[74] à quelque 3 W/m^2.

Le CO2

Il y a 18°000 ans, lors du *dernier maximum glaciaire*, le taux de CO_2 était de 210 ppm, puis 260 ppm il y a 8 000 ans, atteignant 270 ppm[75] en 1750, puis 290 ppm en 1900, de par une consommation frénétique de charbon et de pétrole. La concentration moyenne de CO_2 s'est accrue de 50% depuis le début de l'ère industrielle et a connu une accélération vertigineuse depuis les années cinquante : 315 ppm en 1958, dépassant 330 ppm en 1974, 370 ppm en 2001, 380 ppm en 2007, 405 ppm en 2018, (Fig.2).

Un forçage radiatif de 1,4 W/m^2, dû au CO_2 est amorcé depuis 1850[76]. Kandel observe « *une oscillation diminuant de plusieurs ppm en été,*

---

[73] Édouard Bard, *op. cit.* p. 48
[74] Édouard Bard, *op. cit.,* p. 49
[75] Parties par million
[76] Édouard Bard, *op. cit.,* p. 51

augmentant en hivers dans l'hémisphère Nord », oscillation qui serait due « *à la distribution dissymétrique de la surface continentale... mais aussi à la photosynthèse* »[77].

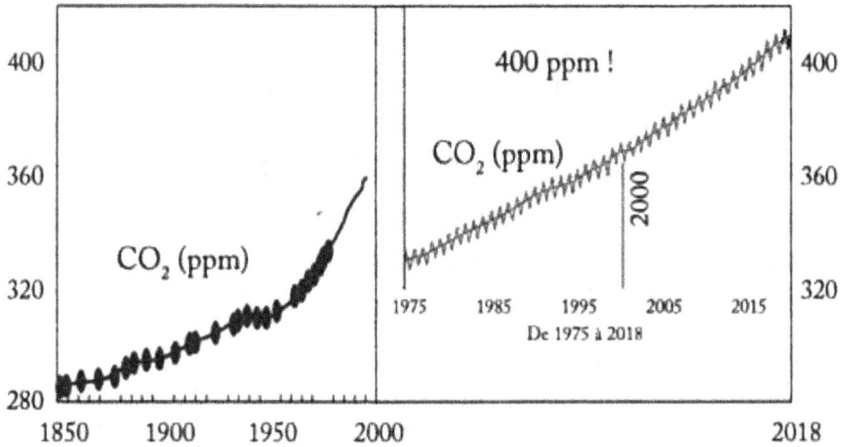

Fig.2- PPM de CO2 émis depuis 1850 à gauche,
Plus récemment à droite, observées à Hawaï, Kandel, 2019

Les actuels rejets sont estimés à *« 40 milliards de tonnes de CO_2 chaque année. Ces valeurs*, écrit encore Jouzel, *n'ont jamais été atteintes depuis au moins 800°000 ans (même si elles l'ont été dans un lointain passé). »*[78]. Le temps de résidence d'une molécule de CO_2 dans la haute atmosphère est de 5 à 200 ans. On estime que 17 à 33 % du carbone issu des combustibles fossiles restera dans l'atmosphère durant un millier d'années, diminuant de 15% en 10°000 ans et de 7% en 100°000 ans[79].

L'action du CO_2 conjugué à celle de la vapeur d'eau renforce l'EdS et pourrait avoir une incidence catastrophique sur le cycle de l'eau par une altérité des processus d'évaporation et de condensation. S'ensuit une hausse des précipitations dans les zones de convergence intertropicales : là où il pleut déjà beaucoup, et une diminution drastique autour des tropiques du Cancer et du Capricorne, déjà particulièrement arides.

Une telle aridité pourrait atteindre le sud de l'Europe, très probablement l'Andalousie. Paradoxalement, cette redistribution peut provoquer un refroidissement exacerbé en Europe si le Gulf Stream est perturbé. Le devenir du climat à plus longue échéance reste imprévisible, malgré la puissance de calcul mise en œuvre. Le piégeage du CO_2 et de

---

[77] R. Kandel, *op. cit.*, p. 10-11
[78] J. Jouzel, *op. cit.*, p. 36, 39
[79] D. Archer, *Fate of Fossil Fuel CO_2 in Geologic time*, Journal of Geophysical Research 110, 2005.

quantité d'aérosols en hausse induisent une augmentation de la vapeur d'eau atmosphérique et davantage d'EdS.

Les autres gaz polyatomiques

Tous les gaz dont la molécule est polyatomique peuvent être considérés comme GES, tels que Le CH_4, le N_2O, et dans une moindre mesure le SO_2, l'O_3.... Comparant les taux des dernières années à celles des glaces antérieures, Kandel constate une augmentation de la concentration de CH_4 : 800 ppb[80] en 1850 à presque 1900 ppb actuellement (Fig.2, bis), de même que celle du N_2O passant de 280 ppb en 1850 à 330 ppb en 2018. Corrélativement au CO_2, les concentrations en CH_4 dans l'atmosphère ont sensiblement augmenté depuis l'ère industrielle. Il y a 5000 ans, la teneur en CH_4 était 500 ppb.

Avec l'intensification des activités anthropiques, les teneurs en CH_4 ont considérablement augmenté de plus de 150%[81]. Ayant plus que doublée depuis 1850, les rizières, à elles seules, génèrent quelque 50 à 100 millions de tonnes de CH_4 par an, plus du double attribué à l'extraction du charbon, cinq fois plus que les pertes des champs pétroliers…

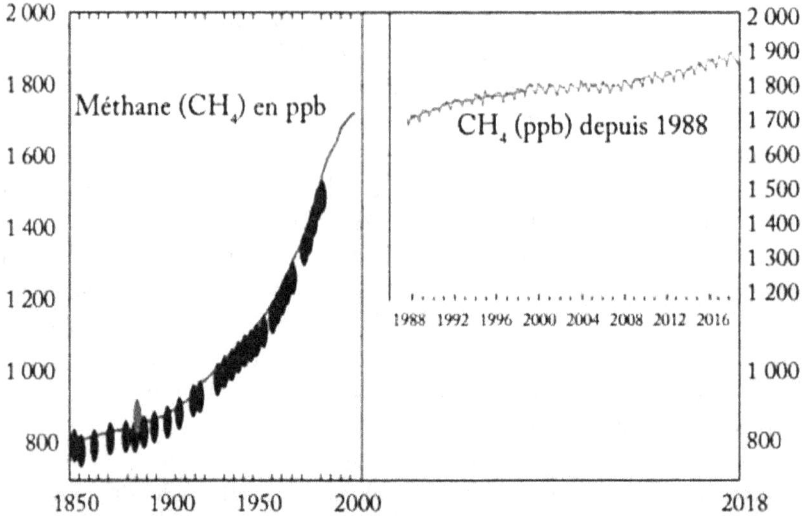

Fig.2, bis- PPB de CH_4 émis depuis 1850 à gauche,
Plus récemment à droite, observées à Hawaï, Kandel, 2019

La totalité des émissions des combustibles fossiles est estimée à 100 millions de tonnes de CH_4 par an. Celles liées à l'élevage sont tout autant

[80] Parties par milliard
[81] Édouard Bard, *op. cit.,* p. 51

spectaculaires[82]. Se transformant en CO_2, par oxydation, le temps de résidence du CH_4 est estimé à 5 ans. Bien que de faible teneur : moins de 2 ppm[83], son EdS n'est pas négligeable. Totalisant 400 millions de tonnes par an, et interagissant par oxydation avec la vapeur d'eau, le méthane serait responsable d'un forçage radiatif de 0,7 Watt par mètre carré[84].

Plus redoutable est le taux de N_2O, s'il venait à augmenter. En hausse de 20% depuis le début de l'ère industrielle, il n'est pas ingéré par la biomasse, ni avalé par l'océan, il est lentement assimilé vers la haute atmosphère y absorbant 253[85] fois plus de rayonnement que le CO_2. L'avènement relativement récent des chlorofluorocarbures (CFC) impactant la couche d'ozone stratosphérique est bien plus redoutable. Il s'agit de molécules de structure analogue à celle du CH_4 où l'hydrogène est replacé par le chlore et le fluor. Émis depuis 1938, il a fallu attendre 1987 pour les interdire.

L'arrêt des CFC garde une rémanence durant quelques décennies, sans disparaitre totalement, tant qu'il y a encore des équipements de climatisation. D'origine exclusivement anthropique, les CFC absorbent 10°000 fois plus le rayonnement infrarouge que le CO_2. Censé nous protéger contre les rayonnements ultraviolets, l'O_3 est un puissant oxydant pouvant être nocif par ailleurs dont l'augmentation est aussi un GES d'autant que sa concentration stratosphérique est en hausse de 36% depuis le début de l'ère industrielle[86].

Emanant de divers combustibles et épisodiquement d'éruptions volcaniques, le SO_2 s'acidifie fortement en SO_4 dans l'humidité atmosphérique. Les gouttelettes ainsi formées finissent par percoler en pluies acides, après avoir voyagées dans l'atmosphère, faisant parfois un effet parasol qui tend à réduire le flux solaire et un refroidissement : effet inverse d'un GES à proprement parler. De faible taux, il y a trois siècles, les aérosols sulfatés sont en hausse depuis l'industrialisation, les multipliant par six entre 1860 et 1900, dépassant les flux naturels[87]. Formés à partir de N_2 atmosphérique, les oxydes NO et N_2O sont plutôt nocifs pour la santé et dans une moindre mesure un GES.

Alternances des effets de serre (EdS)

Corrélativement à une baisse de température durant les glaciations, on observe une diminution des GES, tandis que lors des périodes interglaciaires,

[82] R. Kandel, *op. cit.*, p. 26
[83] R. Kandel, *op. cit.*, p. 26
[84] Édouard Bard, *op. cit.*, p. 51
[85] Édouard Bard, *op. cit.*, p. 49
[86] Édouard Bard, *op. cit.*, p. 52
[87] R. Kandel, *op. cit.*, p. 28

les taux enregistrés avant 1800 n'avaient pas dépassé 290 ppm pour le CO_2 et 750 ppb pour le CH_4, (Fig.3). C'est seulement à partir de l'ère industrielle que ces teneurs ont vertigineusement augmentée, atteignant 405 ppm en CO_2 et 330 ppb en CH_4.

Il apparaît que le maximum glaciaire, remontant à 18°000 ans, s'est achevé par une transition relativement rapide ; seulement en quelques millénaires, s'acheminant vers une période interglaciaire analogue à celle qui règne depuis une dizaine de millénaires. Entre ce dernier maximum glaciaire et le début de l'*Holocène* (il y a 11°000 ans), le taux de CO_2 est passé de 180 à 260 ppm, celui du CH_4 est passé de 300 à 700 ppb.

Il y a 10°000 ans, l'avènement de l'agriculture a quelque peu perturbé la tranquillité des paysages forestiers par une tout autre couvert végétale propice à la hausse de l'albédo. Mais c'est surtout la Révolution industrielle qui a accéléré le changement climatique vers un réchauffement irréversible, générant quelque 500 millions de tonnes de carbone dès la fin du XIXe siècle, avec une augmentation du taux de CO_2 de 36%[88].

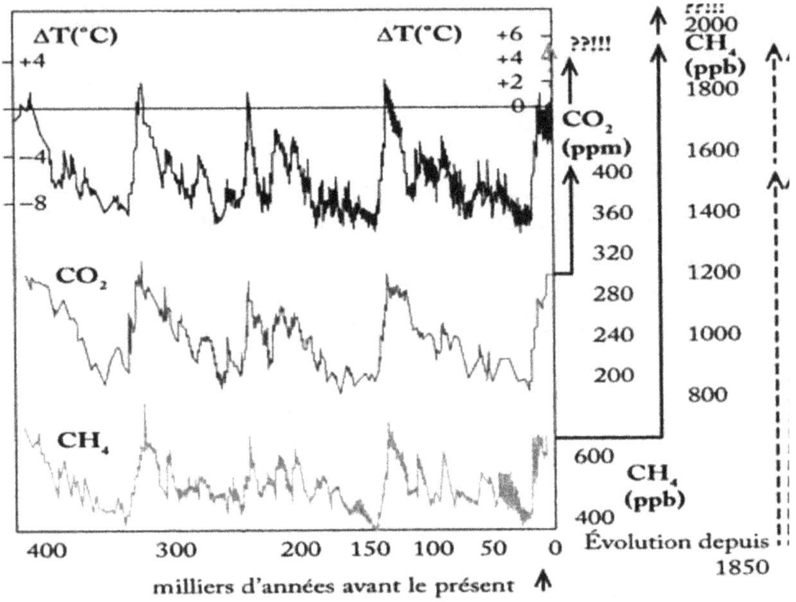

Fig.3- Cycles climatiques enregistrés dans des glaces de Vostok (D'après J. - R. Petit, 1999, cité par R. Kandel, 2019)

L'EdS se joue dans l'épaisseur des strates de l'atmosphère laissant passer jusqu'à 50% du flux solaire vers la surface de la Terre où le rayonnement infrarouge thermique tend à s'échapper vers l'espace, en compensation du rayonnement solaire converti en chaleur. Relativement à

[88] Édouard Bard, *op. cit.*, p. 50

l'EdS global $\sigma\epsilon T_A^4$, la vapeur d'eau y est pour 90 W/m², le CO_2 pour 32 W/m², les nuages en fournissent 30 W/m². Naturel au demeurant, l'EdS semble exacerbé par l'intensification frénétique des activités anthropiques. Avec l'éruption volcanique épisodique à l'échelle millionnaire, l'EdS diminue momentanément de par un *effet parasol* dû à certaines effluves, tels que le H_2S. Les périodes glaciaires sont aussi propices à une diminution de l'EdS. Plus prédominante est l'altération chimique omniprésente des continents par le CO_2 piégé sous forme de matière organique dans les sédiments.

Un réchauffement notable est observé depuis la fin du XXe siècle. La hausse des émissions de CO_2, estimée à 1300 milliards[89], est en partie dissoute dans l'océan qui n'en peut plus, une portion est absorbée par la photosynthèse, laissant encore à penser qu'il serait même favorable à la productivité agricole, comme si on ne voulait pas voir les méfaits encourus : sécheresses et inondations plus accentuées. Mais une bonne moitié du CO_2 s'accumule durablement dans l'atmosphère pendant des siècles. Sur l'EdS dû aux activités anthropiques un consensus s'est dégagé à l'échelle internationale dès 1983 et a pu être consigné dans les rapports de l'Académie nationale des sciences[90]. Les estimations du GIEC ne laissent à présent aucun doute sur l'inexorable réchauffement climatique.

Dans l'hypothèse d'une nette réduction des GES, les dernières évaluations du GIEC (*Assessment Reports* : AR1 à AR6, and *Special Reports* : SR1 à SR16) prévoient d'ici 2100 une élévation de température de 0,6 et une hausse du niveau de mer d'une trentaine de centimètres. En l'absence de mesures de réduction, on aurait une augmentation de 60 à 100 cm, voire 2 m, d'autant que le phénomène est en accélération. Par ailleurs, l'élévation de température se manifeste par une fonte des glaces, mais aussi par une dilatation des océans, de plus amples marées, des tempêtes plus fréquentes, érosion du littoral, recul des côtes... Avec une telle élévation, les petits États insulaires du Pacifique Sud seront entièrement noyés Depuis, la température moyenne de la planète aura battu des records alarmants.

Apparemment minime, l'élévation de 2 à 4 °C de température pourrait être fatale pour la biodiversité, mais aussi pour l'agriculture qui verra une diminution des surfaces arables, et paradoxalement une baisse de disponibilité d'eau potable. Dans l'impossibilité de revenir en arrière, espérant que le pire n'est jamais sûr, tant que le taux de CO_2 reste inférieur à 600 ppm, tant que les océans sont là. "*What seems to be emerging as the dominant view among economists is that chlorofluorocarbons (CFCs) should be eliminated, but*

---

[89] R. Kandel, *op. cit.,* p. 24

[90] National Academy of Sciences/National Research Council, *Changing Climate*, Washington DC, National Academy Press, 1983

emissions of carbon dioxide or other trace gases should be reduced only slightly if at all", écrit Dale Jamieson[91], faisant référence à W. Nordhaus[92] ».

« *Un monde à 2°C de plus,* prévient J. Jouzel, *est à éviter à tout prix. Il serait beaucoup mieux de limiter le réchauffement climatique à 1,5°C, mais actuellement, ce n'est pas la trajectoire sur laquelle nous sommes* »[93]. Dans cette évolution des teneurs nauséabondes, l'homme se verrait contraint de se masquer plus que le bout du nez, mais aussi les yeux…

Que de fois la Méditerranée s'est asséchée, jusqu'à devenir un désert de sel ! Et c'est un miracle qu'elle soit de nouveau là, encore merveilleusement bleue sous des étés écrasants de lumière dont rêvent quelques poètes impénitents, particulièrement à l'aplomb de sa rive sud. Mais, à contrario, il est à craindre que sans CO_2, il n'y ait plus de photosynthèse. La Terre ne serait plus alors qu'une boule de glace. Sans effet de serre, la Terre serait sans nuage, sans eau, sans vie…

Un réchauffement notable

On observe de plus en plus une espèce de télescopage entre les saisons, si bien que l'hiver glacial de jadis et naguère s'apparente par moment à une douceur automnale, des étés plus chauds, lourds et orageux, générant parfois des inondations catastrophiques. Entre 1970 et 2000, on peut constater une hausse globale de 0,4°C, nettement supérieure aux moyennes qui prévalaient entre l'an 1000 et les années 1800 (Fig.4).

Se pose la question de savoir si une telle hausse est exclusivement anthropique ? Ce pourrait bien être le cas si on considère l'augmentation manifeste des GES durant la même période, (Fig.2 ci-dessus, § *L'inquiétante rémanence des GES*), pour autant qu'il y ait une corrélation significative entre la température et les GES.

Le diagramme du milieu, (Fig.4), montre une élévation de température de – 0,5 en 1910 à 0,0 en 1940. Serait-elle déjà dû à l'avènement de l'ère industrielle ? Il se pourrait aussi que cela soit dû à un *forçage naturel*, corrélativement à un affaiblissement de *l'effet parasol* lié à une accalmie de

[91] Dale Jamieson, "Ethics, Public Policy, and Global Warming", *Science Technology & Human Values* 17, 2, 1992, p. 139-153, p. 141 *« Le point de vue qui semble de plus en plus dominer chez les économistes,* écrit Dale Jamieson, *semble être celui selon lequel les CFC devraient être éliminés, tandis que les émissions de CO_2 ou des autres GES à l'état de traces ne devraient être que légèrement réduites, voire pas du tout. »*
[92] W. Nordhaus, "To Slow or Notto Slaw: The economics of the Greenhouse Effect", Association for the Advancement of Science, New Orleans LA, 1990.
[93] J. Jouzel, *op. cit.*, p. 43-44

l'activité volcanique, ou encore à une petite augmentation de la constante solaire estimée à 0,1 W/m^2?[94]

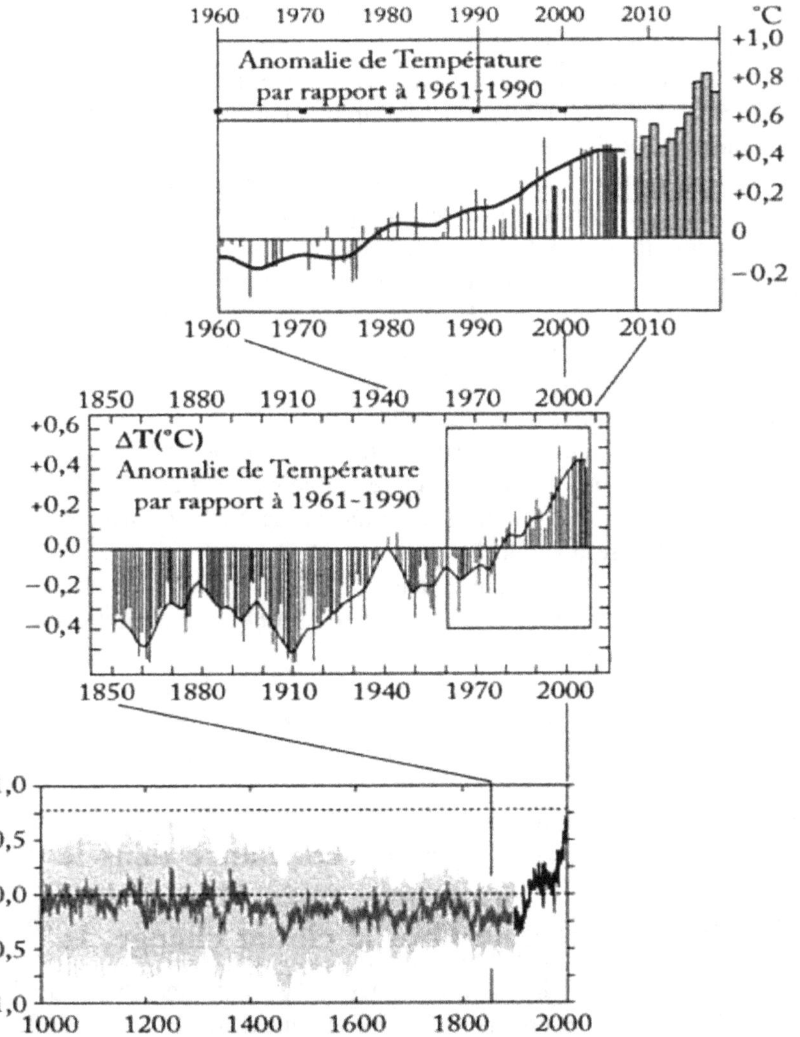

Fig.4- Le réchauffement global (Hadley Centre – UK Met Office, NOAA) Kandel, 2019

Simple grandeur scalaire indépendante de toute direction, la température s'avère difficile à moyenner à l'échelle du globe. Elle varie d'une localité à l'autre, mais aussi avec la nature du milieu, le couvert végétal, la profondeur des masses d'eau, les courants marins et les mouvements des

[94] R. Kandel, *op. cit.*, p. 65

masses d'air... Si la couverture nuageuse peut être suffisamment connue, la stratification de son épaisseur en termes de pluie, de glace ou de vapeur échappe quasiment la restitution de la température.

Menée par un couple de satellites Franco-Américain : *Calipso* et *Cloudstat*, la première tentative d'une telle restitution remonte à peine à 2006. Pour obtenir une valeur moyenne représentative, ne serait-ce qu'à l'échelle d'un continent, il faut effectuer beaucoup de mesures qui restent à extrapoler par beaucoup de calculs statistiques.

Dans certains cas, tels que dans les nuages, on ne peut avoir qu'une mesure indirecte par analyse des longueurs d'onde, tout au moins du rayonnement infrarouge. Les observations satellitaires portent sur les couches supérieures des nuages sans atteindre les couches profondes. Que dire d'une moyenne globale mensuelle ? L'annuelle nous semble dérisoire. À propos de la signification de la moyenne, il me vient à l'esprit une boutade de Jacques Brel (je crois ?) : « *un homme qui a un pied sur un bloc de glace et l'autre sur un brasier, devrait se sentir moyennement à l'aise.* »

Les mesures dans les océans et les glaciers sont tout autant difficiles. Elles n'ont commencé qu'en 1850 et de manière superficielle. Influencée par l'alternance des courants marins El Niño et La Niña, la distribution de la température s'avère difficile à moyenner. Devenant froides, les eaux salées superficielles plongent vers par *convection thermohaline*, ce qui complique la mesure. Un réseau de bouées dérivantes et de sondes plongeantes est installé depuis 1980 dans quelques océans.

On constate depuis 1950 une diminution de 40% de l'épaisseur des glaces de l'Arctique et de plus de 15% de leur extension libérant le passage nord-ouest pour le bonheur des marins insouciants. La situation en Antarctique semble encore plus dramatique où les mesures radar n'ont commencé que depuis une décennie.

Avec le réchauffement climatique avéré depuis au moins 1900, on observe de plus en plus un recul des glaces et un emballement du cycle hydrologique, de par une évaporation exacerbée à l'aplomb des océans et des forêts. L'eau intensément évaporée retombe en pluies diluviennes provoquant ici et là des inondations dramatiques et des sècheresses exacerbées par ailleurs. Les modèles de simulation du climat révèlent une tendance au réchauffant due essentiellement aux activités anthropiques.

Phénomène non linéaire, la température s'avère difficile à percevoir. Se pose la question de savoir : qu'est ce qui fait que des réactions biochimiques endogènes se passent à 37°C, alors que si elles sont exogènes réclameraient des températures bien plus élevées ?

Des risques catastrophiques

Le réchauffement climatique est là. Et il ne fait plus aucun doute, sauf à nier la réalité des faits. Relativement rapide, un réchauffement de 1°C est observé en l'espace d'un siècle. Il est apparu d'abord épisodiquement, puis de manière plus persistante, plus prégnante, depuis au moins 1980. Il est dû essentiellement à nos activités anthropiques, de plus en plus frénétiques, des plus intenses. Des conséquences sont déjà perceptibles dans l'altération de la biodiversité et des écosystèmes : acidification des océans, modification de la faune et de la flore marine, perte d'espèces, désertification...

Faute de réduction significative des émissions de GES, l'actuel réchauffement ne fera que s'aggraver, d'autant que les GES déjà accumulés mettront beaucoup de temps à se dissiper. Le réchauffement, prévu à ce rythme, est estimé à 4°C de plus d'ici 2100, alors que des évènements dramatiques peuvent surgir à une augmentation de 1,5°C seulement, augmentation pour laquelle le GIEC prévoit un risque d'extinction de 20 à 30 % des espèces actuelles[95]. L'élévation de 2 à 4 °C de température serait fatale pour la biodiversité, mais aussi pour l'agriculture qui verra une diminution des surfaces arables, et paradoxalement une baisse de disponibilité d'eau potable.

Un tel réchauffement produirait une vapeur d'eau excessive, un taux de condensation et de pluviosité, et par conséquent un EdS accru, un cycle hydrologique marqué par des extrêmes climatiques plus intenses : inondations dans les hautes latitudes et dans les tropiques, sècheresses exacerbées autour du bassin méditerranéen.

Par suite de réchauffement, le dégèle laissera apparaître la prolifération des épidémies : choléra, malaria et d'autres moustiques redoutables dont on parle déjà. Sans parler de ce qu'il induit, le réchauffement – en soi – est incommodant au bien-être de tout un chacun, mais aussi pour beaucoup d'espèces, tant végétales qu'animales. Un réchauffement caniculaire devient mortel, tant pour les bébés que pour les personnes âgées. Plus on a chaud et plus on aura recours à la climatisation qui va générer de la chaleur par ailleurs, chaleur étouffante pour les plus démunis : un petit nombre d'individus (dont je fais partie), disposant de climatisation, génèrent des nuisances à de plus grand nombre d'individus sans climatisation. Sans trop forcer la note, on peut estimer que le réchauffement creusera les inégalités…

L'actuelle disparité des ressources hydriques ne fera que s'aggraver par des averses violemment érosives. Les latitudes moyennes continentales connaîtront des sècheresses prolongées et davantage d'incendies. Le recul des glaciers modifiera le rythme des cours d'eau en crues printanières. Ayant

---

[95] IPCC Climate Change 2007 Synthesis Report: Summary for Policymakers, p. 122, www.ipcc.ch/publications_and_data/publications_ipcc_fourth_assessment_report_synthesis_report.htm.

monté de 130 m depuis le dernier maximum glaciaire, le niveau des océans va être rehaussé par les glaces de l'Antarctique et du Groenland. Sans parler de la fonte des neiges qui pour le moment n'est pas trop à craindre, la dilatation des océans – à elle seule – est déjà à craindre. Les États insulaires seront les premiers affectés, mais aussi l'intrusion marine dans les aquifères côtiers.

Impactant manifestement le climat, les activités humaines sont à leur tour effroyablement impactées par des sècheresses et inondations à répétition, des tempêtes violentes et des cyclones dévastateurs. Les observations faites depuis 1900 laissent apparaître une hausse des aléas redoutables en termes de fréquence, d'intensité et d'extension. En l'absence d'enregistrement d'évènements dramatiques, c'est seulement depuis quelques décennies qu'on a commencé à interdire des constructions dans des zones inondables, sans parvenir à interdire les reconstructions en des lieux maintes fois dévastés par des séismes. C'est dire que l'attachement de l'homme aux lieux est miraculeusement indéfectible. C'est tout juste si on a daigné renforcer les contraintes de fondations.

Lutte contre le réchauffement climatique

Nous faisons ici état de quelques tentatives qui nous semblent utopiques, dont l'une d'entre elles avait fait l'objet d'un ouvrage la considérant comme telle… Comme forme de lutte nous alertant sur les risques potentiels quasi certains, nous voudrions préalablement faire une recension des principales institutions internationales de suivi de climat.

Les institutions de suivi du climat

Impulsée par des échanges entre météorologues, l'internationalisation des mesures météorologiques remonte 1870, qui a donné naissance à une *Organisation internationale météorologique* basée à Vienne, devenue par la suite *Organisation météorologique mondiale* (OMM) sous l'égide des Nations Unies, lui fixant un siège à Genève depuis 1951. Quelque 20 ans après, l'OMM a pu organiser une conférence qui s'est tenue en 1979 pour aborder l'effet de serre anthropique. Dans l'intervalle, une célébration de la *Journée de la Terre* s'était tenue le 22 avril 1970 dans quelques campus des universités américaines. C'était l'époque où l'on s'inquiétait déjà de la protection de la nature face à des déchets toxiques. Des ministères consacrés à la protection de l'environnement ont alors vu le jour. Tenue à Stockholm en 1972, *La première conférence mondiale sur l'environnement* avait mis l'accent sur les activités anthropiques vis-à-vis du climat.

La découverte de la destruction de la couche d'ozone stratosphérique à l'aplomb de l'Antarctique dans les années 1970 aura révélé la nuisance des

CFC. Une convention sur la protection de la couche d'ozone est alors signée en 1985 à Vienne. La reconnaissance des méfaits avait conduit au *Protocole de Montréal* interdisant les CFC. Interpelés par la croissance rapide de la concentration de CO_2 mise en évidence par Keeling, les premiers programmes de recherche sur le changement climatique remontent à 1975. S'en est suivie une coopération internationale visant en premier lieu les prévisions météorologiques et le devenir du climat.

Par suite des alertes données par des scientifiques et quelques ONG, telles que Greenpeace, un *groupe intergouvernemental d'experts du climat* : le GIEC est créé en 1988 sous l'égide de l'OMM et la CCNUCC[96]. Un premier rapport est remis dès 1990 par le GIEC mettant l'accent sur l'impact des activités anthropiques vis-à-vis du changement climatique et du devenir de la biosphère. Pour Greenpeace, le GIEC n'est pas assez ferme sur l'ampleur catastrophique des émissions de GES, d'autres réactions le trouvent trop alarmiste.

Par-delà les contrastes, la première approche du GIEC est adoptée par *La Conférence des Nations unies sur l'Environnement et le Développement* lors du *Sommet de la Terre* tenu à Rio en 1992. L'objectif était de stabiliser les teneurs des GES à un niveau non dangereux. Dans cette perspective, les émissions de GES sont examinées par un deuxième rapport du GIEC en 1995, un troisième en 2001 et un quatrième en 2007. N'en déplaise aux climatosceptiques à la solde des lobbies des énergies fossiles, l'origine anthropique des GES est confirmée dès le deuxième rapport.

Parallèlement à la périodicité des résultats du GIEC, commencent alors des négociations périodiques organisées sous forme de *Conférences des Parties* : les COP dont l'objectif est de promouvoir un transfert de technologie nécessaire au développement envers les pays pauvres. Très vite, les pressions laissent apparaître des désaccords irréductibles entre pays riches et pays pauvres, ne serait-ce que sur les quotas d'émission de GES que l'on tente de définir en termes de quantités absolues et non en termes d'émission par habitant, niant l'aspect essentiellement industriel.

Craignant la noyade, les États insulaires réclamaient légitiment une réduction de 20% de GES avant 2005, tandis que l'Australie se donne le droit d'augmenter de 18% ses émissions. L'EU s'est engagée pour une réduction de 8%, les USA à peine 7%, alors qu'ils sont responsables d'émission de GES dans une proportion de 25%. Bien que premier émetteur de GES dans le monde, pour la Chine, l'émission par habitant reste faible comparativement à l'Europe et aux USA retirant son accord du Protocole de Kyoto dès 2000, au motif effronté que les comptes rendus du GIEC n'ont pas de base scientifique fiable, jusqu'à censurer les rapports scientifiques de ses propres concitoyens de la NASA et de EPA (*Agence pour la protection de l'Environnement*). Pour l'ensemble des pays, le protocole de Kyoto est arrivé à un consensus d'à peine

[96] Convention-cadre des Nations unies sur les changements climatiques

5,2% de réduction des émissions de GES, mettant l'accent sur l'utilisation des énergies renouvelables.

Mettant en échec le *Protocol de Kyoto*, les USA ont daigné participer en 2005 aux discussions de Montréal qui auront permis davantage d'adhésion sous l'égide de la CCNUCC, y compris celle de certains États des USA face à une réelle menace. Convaincues par la pertinence du quatrième rapport du GIEC, les délégations, réunies à Bali en 2007, avaient validé la nécessité d'une réduction drastique des émissions de GES dès les prochaines décennies. Après cette lueur d'espoir, le *Sommet de Copenhague*, tenu en 2009, s'est échoué dans la confusion d'une multitude de conjectures.

La velléité de l'EU de réduire les émissions de 20% a été contrecarrée par les réticences de très grandes puissances : USA et BRICS. Malgré ces oppositions tenaces, l'EU avait réitéré ses efforts lors des COP suivantes, dès le *Sommet de Durban* en 2011, puis lors de *l'Accord de Paris* de 2015 incluant les USA et les BRICS, et même les pays en voie de développement. Cet Accord avait réussi à fédérer 195 pays par une stratégie commune à 79 pays d'Afrique, des Caraïbes et du Pacifique : les ACP. Difficilement arraché, l'engagement de limiter l'augmentation de température à 2°C est loin d'être suffisant, alors que le GIEC le fixait tout au plus à +1,5°C.

L'augmentation des émissions, ou même une stabilité à 550 ppm de CO_2, provoquera une accélération du changement climatique. Pour éviter un désastre quasi certain de l'accumulation des GES, James Hansen préconise de revenir rapidement aux 350 ppm des années 1980[97]. Il faut déjà que les USA et le Canada réduisent leurs émissions estimées à quelque 600kg de CO2 pour un millier de dollars du PIB, ne serait-ce que pour les ramener à celles de l'Europe atteignant les 400 kg. Les USA ne sont pas disposés à l'entendre et l'ont fait savoir en se retirant des Accords de Paris, entraînant d'autres États à faire de même lors du G20 de Buenos-Aires et de la COP24 tenue en 2018 à Katowice, faisant fi des recommandations du GIEC. C'est alors que la Chine semble reprendre aux USA le leadership à promouvoir les énergies renouvelables.

La grande muraille verte africaine

Initié par l'Union africaine, un mégaprojet de lutte contre la désertification était envisagé depuis 2002, lors du *Sommet de N'Djamena*, à la faveur de la *Journée mondiale contre la désertification et la sécheresse*. Venant à l'esprit du Président nigérian Olusegun Obasanjo, l'idée de *Grande muraille verte* est approuvée lors de la septième session de la *Conférence des chefs de gouvernement africains de la Communauté des États sahélo-sahariens*, tenue en juin 2005 à Ouagadougou. L'approbation du projet est

[97] James Hansen : www.350.org

réitérée lors de la 8e session des chefs de gouvernement africains tenue en janvier 2007 à Addis-Abeba.

L'idée s'apparente à celle de la *Grande muraille verte chinoise* (4°500*100 km^2) et à celle du *Barrage vert algérien* dans une moindre envergure. Par-delà les critiques, l'initiative est soutenue par de nombreuses institutions internationales, principalement africaines, mais aussi onusiennes et européennes.

Une telle initiative figure parmi les dix premiers programmes phares en tant que *Décennie 2021-2030 des Nations unies pour la restauration des écosystèmes*. L'objectif est de créer un linéament E-W d'écosystèmes forestiers sur une longueur de 7°800 km et une envergure de 15 km, soient 117°000 km^2, (Fig.5).

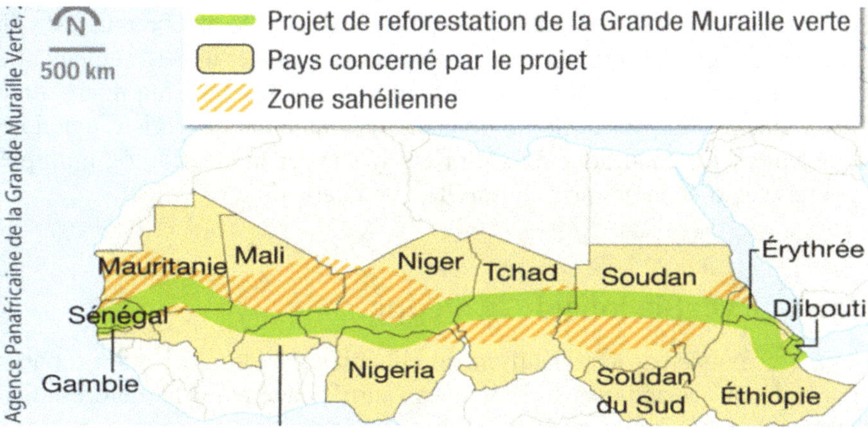

Fig.5- Tracé de la Grande muraille verte africaine
(Marie Bâ AIDARA, 2021)

Allant de Dakar à Djibouti, l'extension forestière portera sur 11 États du Sahel et du Sahara : Burkina Faso, Djibouti, Érythrée, Éthiopie, Mali, Mauritanie, Niger, Nigeria, Sénégal, Soudan et Tchad, créant une *Agence panafricaine de la grande muraille verte* : l'APGMV. En marge de la Muraille, mais tout autant concernés par la désertification, neuf autres pays s'y sont associés : Algérie, Bénin, Cap-Vert, Égypte, Gambie, Lybie, Somalie, Soudan et Tunisie. L'ampleur du projet aura permis d'impulser une solidarité entre Nations concrétisée par de multiples partenariats dans des programmes de développement durable.

Une stratégie régionale de mise en œuvre du projet est adoptée en septembre 2012 par la *Conférence ministérielle africaine sur l'environnement* (CMAE) ainsi que par la *Conférence des Nations unies sur le développement durable*, tenue à Rio. Des COP[98] lui sont consacrées tous les deux ans. Sur 11 millions d'ha escomptés, le rapport de septembre 2020 fait état de 4 millions d'ha restaurés, principalement au Sénégal et en Éthiopie.

Afin de renforcer la croissance, l'amorce d'une forestation viable se fera par une régénération sélective d'arbustes robustes, en éliminant les moins tenaces, les moins persistantes. Parmi les espèces retenues, on trouve surtout plusieurs espèces d'acacia, des dattiers, des jujubiers. Si une envergure de 15 km ne suffirait pas à tempérer globalement le climat à l'échelle planétaire, on peut espérer l'instauration d'un microclimat plus clément face à l'intense réchauffement zénithal en aplomb des contrées extrêmement arides.

Encore que, après les sécheresses des années 1980 dans la région sahélienne, le climat semble aller, selon les prévisions du GIEC, dans le sens d'une hausse de la pluviosité et d'une re-végétalisation naturelle, pour autant qu'il n'y ait pas de surpâturage. Une amélioration de la biodiversité est déjà observée par un retour d'une faune sauvage, en quelques années seulement.

Prenant racine sur la lente restauration des sols sous un microclimat plus clément, l'impact de la biodiversité naissante aura permis d'améliorer notablement les conditions de vie et de dynamiser la création de multiples activités socio-économiques, culturelles, voire artistiques.

Barrage vert le long de la steppe

Accentuée par le réchauffement climatique, la désertification est aussi aggravée par des activités anthropiques : surpâturage nomade, déforestation, défrichage des buissons où les parcours de transhumance en ce qui concerne l'Algérie sont estimés à quelque 30 millions d'hectares...

Ainsi amorcée, elle se manifeste par un affaiblissement de la biodiversité : dégradation du couvert végétal, suivie inéluctablement de celle du sol, érosion éolienne de la couche arable, assèchement des lacs qui se transforment en désert, formation de dunes : sables et poussières très peu fertiles, quasiment inertes. S'ensuit une réduction de la résilience des sols et une perturbation du climat : longues périodes de sécheresse ou d'inondations épisodiques. De telles dégradations se traduisent par une baisse de productivité et un préjudice à la sédentarisation en milieu rural qui peine déjà à survivre et n'a pour alternative que l'exode.

En marge de la zone subsaharienne, la déforestation tropicale s'accentue inexorablement. Et l'on y observe un recul de la steppe face à la montée du désert. Déjà fragiles, la dégradation des régions arides aura des conséquences dramatiques sur les populations. Plus propice en milieu aride,

---

[98] Conférences des Parties de la Convention des Nations unies pour la lutte contre la désertification

la désertification peut se manifester en zone semi-aride, voire subhumide, par suite d'inadéquates pratiques culturales.

Me viennent à l'esprit les beaux vergers d'agrumes de la plaine de Mohammadia à l'est d'Oran, laissant place à un désert sous le vent. Et cela à cause de pratiques agraires inappropriées et du mauvais dosage d'irrigation sans lessivage des sels qui se sont inexorablement accumulés.

Face à la montée du désert qui représente 84% du territoire algérien, l'ère Boumédiène avait impulsé dès 1970 un projet de *Barrage vert*, mettant utilement à contribution l'ANP[99], plus particulièrement les jeunes *appelés du service national*. Belle initiative qui aurait porté sur un reboisement de trois millions d'hectares le long des zones steppiques sur une longueur de 1200 km et une envergure de 20 km (Fig.6), malheureusement abandonnée et qui semble reprendre.

Réamorcée en 2010-2012, la reprise s'est concrétisée en 2016 par un plan d'action, des ateliers en 2018, institution d'un organe de coordination en 2019, prévoyant une campagne de reboisement à hauteur de 40 millions de plants à partir de la végétation autochtone. Suite à une relance en 2021 un financement est accordé sur « Fonds vert pour climat ».

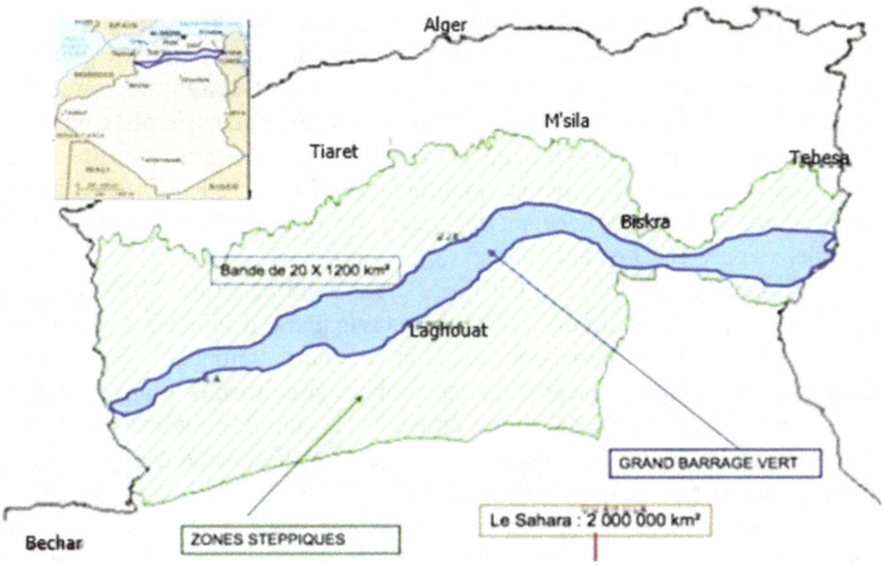

Fig.6- Extension du barrage vert algérien, Ali Dakiche[100]

---

[99] ANP : Armée Nationale Populaire

[100] Ali Dakiche, *Stratégie de lutte contre la désertification, Cas du barrage vert en Algérie,* https://unece.org/fileadmin/DAM/env/water/meetings/forest_water_drylands_workshop/BarrageVert.pdf

Les choses avancent lentement et – espérons-le – sûrement : en termes d'*impératif absolu*, comme on avait bien voulu le proclamer à cor et à cri, au temps jadis, dès 1965 : je me souviens avoir eu une dictée au titre fatidique : *Le reboisement comme impératif absolu.* Il nous faut avouer que nous en sommes loin, si ce n'est un eucalyptus par-là, un eucalyptus par-ci, décimant le couvert végétal originel. Et c'est un miracle qu'on pense encore à reprendre le projet de barrage, bien amorcé au demeurant sous la houlette d'un visionnaire militant pour un *nouvel ordre économique*. Espérant que cette fois-ci, c'est la bonne !

Dérisoire pour tempérer le réchauffement à l'échelle de la planète, la réalisation du barrage vert, même si elle paraît comme une utopie de plus, est vraiment à promouvoir. L'objectif est d'endiguer l'ensablement des pâturages par l'inexorable avancée du désert, à défaut d'une mer intérieure qui aurait tempéré l'aridité et dont nous allons donner, pour mémoire, un bref aperçu.

Mer intérieure au chott Melrhir

Une tout autre utopie est le *projet d'une mer intérieure* qui baignerait le désert via quelques excavations, ne serait-ce que l'inondation de quelques chotts algéro-tunisiens, en particulier le Melrhir. S'étirant le long d'un linéament au pied de l'Atlas, la plupart de ces vastes chotts, très plats, couverts de sel par endroit, sont plus bas que la mer. Les grandes dépressions observées en aval du golfe de Gabès, par le topographe François Élie Roudaire (militaire à ses heures de loisir), y décelant des traces d'évaporites d'une ancienne mer, semblent se prêter à une telle prouesse.

Il aurait suffi, lui semblait-il, de creuser un canal de 240 km depuis Gabès vers le Melrhir, sur une profondeur navigable et d'inonder la succession des chotts jusqu'à débordement sur leur voisinage immédiat. Remontant à Hérodote décrivant les traces d'une ancienne mer confirmée plus récemment par Pomel, si ce n'est pas déjà à Ptolémée, l'idée était de contrecarrer l'aridité par l'air marin, et par là, tempérer le climat, fertiliser les terres, reverdir le désert, comme aux temps immémoriaux.

Pour justifier davantage sa *mission civilisatrice*, Roudaire affirmait que *« le Sahara est le cancer qui ronge l'Afrique. Nous ne pouvons pas le guérir, par conséquent, nous devons le noyer »*[101]. Il ira même jusqu'à convaincre Ferdinand de Lesseps : instigateur de canal de Suez, le mettant à contribution pour promouvoir au mieux le projet auprès des instances décisionnelles. Fin géologue, exilé en Algérie, Auguste Pomel constatait déjà que les évaporites étaient essentiellement du gypse et non du sel à proprement

---

[101] Pierre Magnan, *Tunisie, Algérie : la folle histoire d'une mer dans le Sahara.* France Télévisions, 11/02/2018.

parler, attirant l'attention sur l'impossibilité d'inonder de telles dépressions qui sont tout au plus des lacs saumâtres.

Poussant les investigations du relief et de la géomorphologie, un peu plus précisément, le projet miroité par Roudaire s'était révélé irréaliste aux yeux du pouvoir colonial de l'époque, mettant en doute le changement climatique escompté et la perte certaine des oasis irrémédiablement noyées.

Il y eut aussi une levée de boucliers de quelques écologistes en herbe, attirant l'attention sur les risques : eutrophisation des marécages dormants (stagnation sans circulation ni brassage), effluves putrides soulevés par le vent, dépôts corrosifs sous une intense évaporation, accumulation des sels en une chape de marais salants condamnés à l'assèchement…

En dépit de ces réticences, une commission de scientifiques, en particulier des géologues (Edmond Fuchs, Henri Duveyrier, Auguste Pomel, Léon Dru, Georges Rolland…) s'est davantage penchée sur la question, aboutissant au rejet d'un tel projet par quelques objections irrévocables, révélant un isthme calcaire trop dur, entre Gabès et le golfe de Fedjej sur une hauteur de 40 m et une autre barre de calcaire entre Rharsa et Djerid sur une centaine de mètres de hauteur.

L'utopie était telle qu'elle a fait l'objet :

- d'un roman : Jules Verne, *La Mer saharienne*, que l'on peut trouver aussi sous le titre : *L'invasion de la Mer*,
- d'une étude critique sur un ton sarcastique : René Létolle et Hocine Bendjoudi, *Histoires d'une mer au Sahara - Utopies et politique*. L'Harmattan, 1998.

Que serait devenue l'importante ressource d'eau fossile sous-jacente ? Cette question est loin d'être abordée. Il aurait suffi de la poser dès le début pour éviter toute investigation inutile.

Asservissement du rayonnement

En prévision des pires effets du réchauffement climatique, il resterait à entrevoir quelques audacieuses utopies, par-delà tout *réalisme*. Il est, en effet, question de plus en plus d'*ingénierie climatique* et de *gestion du rayonnement solaire* par différents artifices allant de la *low-tech* à la *light-tech*.

Ombrelles orbitales à une distance de Lagrange

Dans un pertinent exposé sur *Le réchauffement climatique*, D. Parrochia[102] nous fait état de quelques prouesses techniques dont nous voudrions donner un bref aperçu, en quelques alinéas :

1- Sans craindre un désaveu, quelques téméraires ont déjà proposé une protection artificielle atténuant l'intensité du rayonnement en minimisant l'ampleur surfacique des rayons solaires par l'entremise d'*écrans spatiaux géants*, une espèce d'*essaim de satellites*. Ce serait une espèce d'ombrelle ajourée mise en orbite à une *distance L1 de Lagrange* : position de l'espace où les champs de gravité de deux corps en mouvement orbital l'un autour de l'autre, fournissent la force centripète accompagnant simultanément le mouvement orbital des deux corps et constituant des endroits où un troisième corps, de masse négligeable, resterait immobile par rapport aux deux autres, au sens où il accompagnerait à la même vitesse angulaire leur rotation autour de leur centre de gravité commun, sans que sa position par rapport à eux n'évolue. Il faudrait déjà pouvoir surmonter la difficulté de transporter de tels écrans et de les maintenir durablement en orbite. Le poids de ces *essaims de petits satellites* à soulever est estimé à un million de tonnes…

2- Une autre variante envisagée par une équipe de l'Université de l'Utah [Bromley][103] est la mise sur une orbite spécifique d'un *bouclier thermique* constitué de *grains de poussières micrométriques* de moindre masse, entre la Terre et le Soleil en orbite L1. Il s'agirait d'une espèce de *nuage noir* interceptant une partie de la lumière [Hoyle][104]. Pour différents types de poussière et d'orbites peu fluctuantes aux perturbations astronomiques, l'atténuation est estimée à une réduction de l'irradiance de 1,8% durant 6 jours par an (Fig.7). Il faudrait pouvoir disposer d'une poussière qui reste à calibrer à raison d'une dizaine de millions de poussières par an, avec le risque de déviation des trajectoires par les vents solaires… Qu'en serait-il de la masse inertielle de la Terre, si l'on devait répéter la prouesse durant quelques siècles ?

---

[102] Daniel Parrochia. *Le réchauffement climatique en chiffres et la question de son traitement*. 24 May2023. hal-04104726

[103] Bromley B. C. Khan, S. H. Kenyon S. J. "Dust as a solar shield", PLOS Clim, 2 (2), 8 février 2023, https ://doi.org/10.1371/journal.pclm.0000133.

[104] Hoyle, F. *Le nuage noir*, tr. fr, Dunod, Paris, 1962

3 Le lancement des poussières (de préférence duveteuses, fortement poreuses) pourrait se faire à partir d'une plateforme en orbite autour de L1 où un objet de masse négligeable reste immobile. Ce pourrait être à partir d'un astéroïde ou par voie balistique depuis la Lune où la pesanteur est plus faible (plus facile à vaincre) et où la poussière est plus abondante et quasiment prête à l'emploi vers la position L1. La persistance d'un tel voile, d'à peine une semaine ne peut induire un refroidissement excessif de la douce planète.

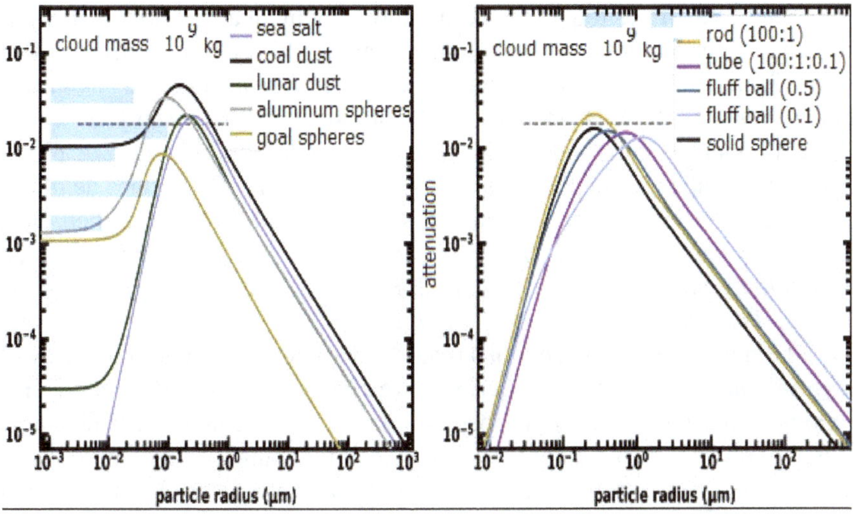

Fig.7 – Atténuation de l'insolation par un nuage de particules d'une masse totale de 10^9 kg au point L1, en fonction du rayon. A gauche : atténuation pour des particules sphériques de différents types de matériaux. A droite : atténuation pour poussières de verre de différentes formes. (According to [Bromley], Parrochia, 2023)

Atténuer le rayonnement

Parmi les stratégies envisagées, la *Solar Radiation Mangement (SRM)* se présente comme un ensemble d'artifices visant la réduction de la quantité de lumière sur la surface de la planète et par-là contrecarrer la hausse de température. La différence entre le rayonnement reçu et le rayonnement réfléchi se manifeste par un *forçage radiatif* qu'il s'agit de contrôler en renvoyant une partie du rayonnement incident avant qu'il ne soit absorbé par l'EdS. Plusieurs techniques sont audacieusement envisagées[105], par-delà toute crainte morale :

[105] J. Latham & al. "Global Temperature Stabilization via Controlled Albedo Enhancement of low-level Maritime Clouds", *Philosophical Transaction of the Royal*

- mise en orbite d'une myriade de miroirs,
- peindre en blanc les grands espaces urbains,
- végétaliser le toiture des immeubles, voire même la façade,
- injecter des gaz sulfurés dans la haute atmosphère au niveau de la stratosphère,
- blanchir les nuages en augmentant le nombre de noyaux de condensation par pulvérisation d'une brume d'eau de mer au sein de la couche nuageuse…

De tels artifices toucheraient intentionnellement aux fondamentaux des processus climatiques originels. Artificialiser le climat équivaut à un « *paradigme majeur, vraisemblablement de l'ordre de la révolution copernicienne* », écrit D. Donner[106]. Il y aurait là quelque chose de contre-nature. Et à terme, nous aurions un *climat artificiel*. Mais il est déjà de plus en plus artificialisé : pollué par d'innombrables activités anthropiques de plus en plus prégnantes. Nous faisant part de son inquiétude, B. McKibben écrit : *« chaque mètre cube d'air, chaque mètre carré de sol est marqué de façon indélébile de notre emprunte grossière, notre X … la signification profonde du vent, du soleil, de la pluie a déjà changé »*[107].

Le danger est bien là et nous regardons ailleurs, vers une fuite en avant, à l'infini dans lequel nous ne saurions être chez nous, disait Bachelard. Il est à craindre que les artefacts proposés par la SRM nous mettraient face à des effets imprévisibles tout autant que la météo et tout autant catastrophiques que celle-ci, c'est tout juste si ce n'est pas rajouter l'imprévisible à l'imprévisible. De tels artefact constituent des *catégories métaphysiques* inquiétants et sur lesquelles Vogel tente de nous mettre en garde, écoutons-le :

"*To build an object* – any object – *is to build something that always exceeds one's intentions, that always possesses something of the unpredictable and unknown about it. As soon as it's built (and indeed even before), it starts to crumble, as forces operate upon it – of air and gravity, of heat and light, of decay and oxidation and time – whose total effects can never be grasped at once: which means that from the very beginning the object has already escaped the builders' control, and so is something other than what they had in mind when they started to build*"[108].

Society A, 2008, p.3969-3987; B. Launder & J. Thompson, *Geoengineering Climate Change: Environment Necessity or Pandora's Box?* Cambridge University Presse, 2010

[106] S. D. Donner, "Domain of the Gods: An Editorial Essay", Climatic Change 85,2007, p. 231-236, p. 232

[107] B. McKibben, *The End of Nature*, NY, Radom House, 1989, p. 48.

[108] S. Vogel, "The Nature of Artifacts", *Environmental Ethics* 25, 2, 2003 p; 149-168, « *Construire un objet* – n'importe quel objet –, *c'est construire quelque chose qui dépasse toujours nos intentions, qui possède toujours quelque chose d'imprévisible et*

« *L'idée d'injecter de grosses quantités d'aérosols dans la haute atmosphère pour faire écran au flux solaire...,* écrit Édouard Bard, *n'en apparaît pas moins aberrante au vu des incertitudes et de la faible durée de vie des aérosols dans l'atmosphère : quelques semaines* »[109]. Au delà de ces louables fictions, génialement simulées, pour notre plus grand bien, il apparaît que le problème n'est pas exclusivement scientifique, mais relèverait plutôt de choix : politique, sociétal, éthique, voire philosophique. Il n'en demeure pas moins que « *nous avons besoin de scientifiques dans le monde, et non pas d'un monde de scientifiques* », prévenait W. Churchill.

Il faut déjà lever le trouble semé par quelques climatosceptiques effrontés, caracolant sans scrupule avec des affairistes sans foi ni loi, au mépris de l'intérêt commun. Certes, nous n'avons aucune certitude sur l'évolution du climat. Mais banaliser le danger tout à fait plausible, cela nous paraît une attitude irresponsable vis-à-vis des générations à venir.

---

d'inconnu. Dès qu'il est terminé (et même avant), il commence à s'altérer, alors que des forces opèrent sur lui – de l'air et de la gravité, de la chaleur et de la lumière, de la décomposition, de l'oxydation et du temps – dont les effets totaux ne peuvent jamais être saisis instantanément : ce qui signifie que dès le début, l'objet a déjà échappé au contrôle des constructeurs, et qu'il devient donc quelque chose d'autre chose que ce qu'ils avaient à l'esprit lorsqu'ils ont commencé à construire ». p. 163

[109] Édouard Bard, *Les sciences de la Terre en 18 mots clés*, La Recherche, hors-série n° 3, Dunod, 2009, p. 52

Éthique envers l'Hydrosphère

Après la fastidieuse description de l'Hydrosphère que nous venons de faire à gros traits, l'incidence avérée des activités anthropiques sur la perturbation du climat et des écosystèmes nous amène à *penser* notre rapport à la nature en termes d'éthique, tout au moins en termes de valeurs morales. Les premières réflexions substantielles remontent au début des années 1990, juste après la création du GIEC[110] par la CCNUCC[111], impulsant des débats entre scientifiques et politiques. Nous nous devions de faire cette réflexion, ne serait-ce que parce que nous sommes un élément naturel parmi tant d'autres créatures, incommensurables, allant de l'inerte au vivant, à des échelles innombrables, avec une infinité de comportements les uns par rapport aux autres.

Partant d'éléments originellement inertes, nous avons fabriqué de toutes pièces des structures artificielles d'une extraordinaire complexité, allant de l'administratif au logistique. De telles structures ont acquis la prétention de penser à notre place, à propos de tout et de rien, jusqu'à nous infantiliser. Partant d'éléments inertes, nous avons synthétisé des composés très agressifs, très polluants. Là est notre inquiétude.

Une vision du climat en termes d'éthique, et même de justice, s'est imposée, depuis au moins les années 2000, à bon nombre de philosophes s'intéressant aux responsabilités civiques, tant individuelles que collectives. Afin d'attirer l'attention des instances de décision, le GIEC fait état systématiquement des questions d'éthique, ne serait-ce que dans ses résumés périodiques. Tenu en 2015, *L'Accord de Paris sur le climat*, « *réaffirmé à Katowice en 2018* »[112], est marqué par l'adhésion de quelques décideurs à promouvoir une *justice climatique* à l'endroit des plus démunis.

L'objectif est de maintenir l'augmentation de la température moyenne de la planète bien en dessous de 2°C, de préférence à 1,5°C et réduire à zéro les émissions dans la seconde moitié du XXIe siècle. « *Si L'Accord de Paris*, affirme Jouzel, *est respecté, et si les mesures pour aller vers une société sobre en carbone se poursuivent au-delà de 2030, nous pourrions espérer rester autour de 3 à 3,5°C d'ici la fin du siècle, ce qui est bien au-delà des 2°C fixés comme objectif maximal... ce que nous vivons aujourd'hui, c'est ce que les rapports du GIEC envisageaient il y a une trentaine d'années.* »[113]

L'adhésion est loin d'être totale. Paradoxalement, les états les plus pollueurs : les plus puissants, se sont opposés sans scrupule, comble de

---

[110] Groupe d'experts intergouvernemental sur l'évolution du climat.
[111] Convention-cadre des Nations unies sur les changements climatiques.
[112] R. Kandel, R. Kandel, *op. cit.*, p.4
[113] J. Jouzel, *op. cit.*, p. 44-45

l'injustice au mépris du *principe pollueur payeur*, au mépris de la démocratie dont ils se targuent. Deuxième plus grand émetteur de gaz à effet de serre (GES), les USA se sont retirés de l'accord en 2020, pour finalement le réintégrer en 2021.

Devenant objet philosophique à part entière – n'en déplaise à quelques heideggériens – le climatique est alors perçu à partir de cadres normatifs susceptibles de penser les degrés de responsabilité de tout un chacun, par-delà les frontières. Il y a là un problème moral par lequel notre éthique individuelle est mise à mal, ne serait-ce que vis-à-vis de la réduction des émissions personnelles de (GES).

Degré de responsabilité

Il y a bien un *degré zéro de l'écriture*, ressenti par Barthes face à la création littéraire primitive, mais pas de *degré zéro* de responsabilité vis-à-vis du climat ! Face à l'*altérité* du climat, nous sommes tous responsables, certes à des degrés différents. Nous perdons notre innocence quasiment dès la naissance. Il paraît même que nous avons très tôt le choix de sortir ou pas du ventre maternel. Et cependant, bébés curieux de tout, émerveillés de tout *et du presque rien*, touchant à tout, nous reconnaissons les objets brûlants à nos dépens. « *L'enfant*, écrit Bachelard, *est un matérialiste né* »[114].

C'est par la suite, à la faveur des tourments de son adolescence, qu'il devient irrationnellement idéaliste. Se remettant quelque peu en cause, il tentera de reconquérir son *matérialisme rationnel*, sa responsabilité, son *engagement rationaliste*, dirait Bachelard nous gratifiant de tout un Recueil des plus épistémologiques, où il rendait un vibrant hommage à Jean Cavaillès. Et c'est là où il répliquera avec ferveur à ULLMO : « *Je veux vous montrer que le rationalisme est engagé* »[115].

Notre responsabilité est engagée vis-à-vis :

- De la modification du climat à cause de l'amplitude croissante des activités anthropiques foisonnantes de pollutions irrémédiables. De par notre statut ontologique, il est de notre devoir d'entrevoir quelles conséquences nos activités feront de nous. Lourde responsabilité qui réclame de notre part une grande sagesse, davantage de vertu, de nouveaux défis, tout au moins une *sobriété heureuse* dirait Pierre Rabhi[116], sans quoi, il y aura vraiment péril en la demeure.

---

[114] Gaston Bachelard, *L'Eau et les Rêves*, J. Corti, 1942, p. 13

[115] Gaston Bachelard, *L'engagement rationaliste.* PUF, 1972, p. 65

[116] Pierre Rabhi, *Vers la sobriété heureuse*, Acte Sud, 2010

- De la maîtrise du progrès technique pour lequel nous avons du mal à se tenir à une distance optimale, faute de pouvoir évaluer son incidence sur notre survie. Le vertigineux progrès technique génère, certes, un bien-être appréciable, spectaculaire. Et en même temps, il génère beaucoup de pollutions parfois imperceptibles, pernicieuses. « *La modernité*, écrit Cynthia Fleury, *ne peut plus se construire en se satisfaisant de produire de façon systématique le coût, inhumain et indigne, de la dignité, qu'elle universalise par ailleurs : indignité de vies autres qui permettent l'élaboration des vies dignes de certains, indignité d'un rapport à la Terre et au vivant qui pose l'exceptionnalité de l'homme du côté des manquements et avilissement moraux, alors même que le concept de dignité ne résiste pas à l'absence d'une définition relationnelle.* »[117]

- De notre émancipation au progrès moral à surmonter notre *humaine condition* trop souvent assujettie à notre égocentrisme. Qu'en est-il du progrès moral ? C'est doucement le matin, pas trop vite le soir… Trêve de sarcasme laconique, on pourrait évaluer le progrès moral par l'ampleur de la scandaleuse pollution des écosystèmes.

- De nos méfaits sur les générations futures, mais aussi sur la survie de la biosphère. Nous avons cru avec Descartes que nous pouvions êtres *maîtres et possesseurs de la nature*. C'est alors que l'avènement de l'anthropocène se manifesta cruellement à nos dépens par des méfaits catastrophiques. Mesurant avec amertume notre vulnérabilité, il nous faut repenser notre rapport à la nature.

- Entre progrès technique et progrès moral, les plus démunis ne sont pas en mesure de percevoir le danger qui les attend en embuscade au coin du sentier. Et cependant, ils sont tout autant responsables, ne serait-ce que de n'avoir pas suffisamment protesté. Encore faudrait-il qu'ils aient les moyens d'être entendus ? En l'absence de démocratie prenant en compte leurs légitimes revendications, alors il leur arrive de manifester violemment de temps en temps leurs mécontentements. Et il est à craindre qu'ils aient à protester plus violemment, de plus en plus fréquemment. Face à la précarité, ils ne dorment que d'un œil.

La Déclaration de Rio, juin 1992, reconnaît dans son principe 7 une *responsabilité commune différenciée* :

---

[117] Cynthia Fleury, La clinique de la dignité, Seuil, 2023, p. 12

« *Etant donné la diversité des rôles joués dans la dégradation de l'environnement mondial, les Etats ont des responsabilités communes mais différenciées. Les pays développés admettent la responsabilité qui leur incombe dans l'effort international en faveur du développement durable, compte tenu des pressions que leurs sociétés exercent sur l'environnement mondial et des techniques et des ressources financières dont ils disposent* »[118].

Déjà affirmée dans l'article 3 de la CCNUCC, une telle responsabilité est de nouveau soutenue par le protocole de Kyoto, explicitement dans l'article 10[119].

Notre responsabilité sur le devenir du climat étant clairement reconnue, il nous reste à l'avouer sans nous mentir à nous-mêmes, à l'assumer sans tergiversation, tant individuellement que collectivement. Là est la grosse difficulté, d'autant que le problème n'est pas exclusivement scientifique, ni technique, mais plutôt éminemment moral, tout au moins éthique. Il concerne davantage nos valeurs, ne serait-ce que celles du « vivre ensemble » sur lesquelles quelques philosophes et même des religieux ont quelques hésitations à s'engager, au motif que les valeurs morales émergent de la collectivité et ne peuvent être émises par des individus isolés.

De tels penseurs se trouvent plutôt sous l'hégémonie des prescriptions économiques. Par manque de distanciation, ils se contentent d'être dans l'air du temps.

Engagement moral

Face à l'extrême complexité du climat, de par la convergence de nombreux facteurs, notre capacité à opérer des choix judicieux est loin d'être triviale et l'on se trouve moralement vulnérable à la corruption. Écoutant Gardiner à propos d'une « *tempête morale parfaite* » dont le qualificatif lui était venu de l'intitulé d'un livre de Sebastian Junger[120] : « *Junger's tale is based on the true story of the Andrea Gail, a fishing vessel caught at sea during a convergence of three particularly bad storms.* »[121]. Par analogie le changement climatique est alors perçu comme la convergence de multiples facteurs qui menacent notre capacité à nous comporter de façon éthique.

---

[118] Déclaration de Rio, juin 1992, principe 7,

[119] Protocole de Kyoto, article 10, 1997,

[120] S. Junger, *A perfect Storm: A True Story of Men Against the Sea*, London, Harper, 1999, tr. J. Bourdier, *En pleine tempête*, Le Livre de Poche, 2001.

[121] S. M. Gardiner, *A Perfect Moral Storm : Climate Change, Intergenerational Ethics and the Problem of Moral Corruption*, Environmental Values, 15, 3, 2006, p. 397-413, p. 398 « *c'est l'histoire de l'Andrea Gail, un bateau de pêche pris en mer lors de la convergence de trois tempêtes particulièrement violentes.* »

Apparemment, il suffit seulement de trois tempêtes convergentes pour que naisse une *tempête parfaite*. Et quand une telle tempête menace notre intégrité et par là notre éthique, elle finit par nous affecter moralement. C'est en cela qu'elle devient une *tempête morale parfaite*. C'est ce à quoi s'est appliqué Gardiner en considérant trois tempêtes particulièrement importantes : une *tempête globale* relative au climat, une *tempête intergénérationnelle*, et une *tempête théorique* relative à notre inaptitude. Aussi, nous voudrions donner un bref aperçu de ce que nous avons cru en comprendre, sans trop coller au texte, mais en nous en inspirant pour exprimer notre propre réflexion.

Tempête globale

Elle correspond à l'appréhension du changement climatique, en tant que phénomène global face auquel les préoccupations de nos institutions sont inadéquates en raison de l'impossibilité d'unifier globalement nos actions par une quelconque institution à l'échelle planétaire. Il y a bien le GIEC issu de la CCNUCC, mais il n'a aucun pouvoir décisionnel, tout au plus consultatif, quand il n'est pas réprimé par des climatosceptiques. De plus, nos actions, tant individuelles que collectives, sont fragmentaires en raison de la dispersion des causes et des effets, aussi bien dans l'espace que dans le temps.

L'émission ponctuelle de GES se disperse imprévisiblement, affectant globalement le climat. Là est la *tragédie des biens communs*[122]. Par analogie au *dilemme du prisonnier* (DP)[123], Gardiner entrevoit chez un certain nombre d'individus se demandant s'ils doivent exercer une action polluante ou pas. Leur intention est alors exprimée par deux affirmations[124] :

- (DP1) It is *collectively rational* to cooperate and restrict overall pollution: each agent prefers the outcome produced by everyone

[122] G. Hardin, *Tragedy of the commons*, Science, 162, 1968, p. 1243-1248, tr. fr. L. Bury, *La tragédie des communs. Suivi de Extension de la tragédie des communs*, PUF, 2018

[123] Le dilemme du prisonnier caractérise une situation où deux joueurs auraient intérêt à coopérer, mais où, en l'absence de communication entre les deux joueurs, chacun choisira de trahir l'autre si le jeu n'est joué qu'une fois. La raison est que si l'un coopère et que l'autre trahit, le coopérateur est fortement pénalisé. Pourtant, si les deux joueurs trahissent, le résultat leur est moins favorable que si les deux avaient choisi de coopérer.

[124] S. M. Gardiner. *Ibid.,* p. 400

restricting their individual pollution over the outcome produced by no one doing so.[125]

- (DP2) It is *individually rational* not to restrict one's own pollution: when each agent has the power to decide whether or not he will restrict her pollution, each (rationally) prefers not to do so, whatever the others do.[126]

L'intérêt de limiter collectivement la pollution est paradoxalement réprimé par l'intérêt individuel. L'analogie est élargie de l'individu au pays et de la collectivité particulière à une région à la collectivité planétaire. Là est la *tragédie des biens communs*, tant à l'échelle régionale que planétaire. D'autres aspects du changement climatique viennent exacerber ce drame, au nombre desquels l'incertitude irréductible des modèles de prévision du climat.

Plus déterminant, plus profond est le style de vie sociale ancrée dans un mode de consommation à outrance où l'énergie fossile soutient à bras-le-corps les économies en vogue : essentiellement capitalistes. La moindre tentative de réduction des émissions de CO_2 aura de graves répercussions économiques à l'échelle mondiale.

Là est la *tempête globale* qui va affecter plus durement les plus démunis. « *That those with vested interests in the continuation of the current system - e.g., many of those with substantial political and economic power-will resist such action* », écrit Gardiner [127]. Une telle tempête est d'autant aggravée que « *the responsibility for historical and current emissions lies predominantly with the richer, more powerful nations, and the poor nations are badly situated to hold them accountable* »[128], écrit encore courageusement Gardiner, en toute conscience morale. Écoutons-le davantage, il va plus loin que je ne le pourrais :

---

[125] DP1 Il est *collectivement rationnel* de coopérer et de limiter la pollution où chaque individu préfère le résultat produit lorsque chacun limite sa pollution au résultat produit, lorsque personne ne le fait.

[126] DP2 Il est *individuellement rationnel* de ne pas limiter sa propre pollution, lorsque chaque individu a le pouvoir de décider de limiter ou non sa pollution, chacun préfère (rationnellement) ne pas le faire, indépendamment de ce qu'ont fait les autres.

[127] S. M. Gardiner. *Ibid.* p. 401 : « *Ceux qui ont des intérêts directs dans le maintien du système actuel*, écrit Gardiner, *résisteront à une telle action*, [de par leur] *pouvoir politique et économique important* »

[128] S. M. Gardiner. *Ibid.* p. 402 : « *la responsabilité des émissions historiques et actuelles incombe principalement aux pays les plus riches et les plus puissants, et* [que] *les pays pauvres sont assez mal placés pour les contraindre à rendre des comptes* »,

Current international relations occur against a backdrop of distraction, mistrust and severe inequalities of power. The dominant global actor and lone superpower, the United States, refuses to address climate change, and is in any case distracted by the threat of global terrorism. Moreover, the international community, including many of America's historical allies, distrust its motives, its actions and especially its uses of moral rhetoric; so there is global discord. This unfortunate state of affairs is especially problematic in relation to the developing nations, whose cooperation must be secured if the climate change problem is to be addressed[129].

Il apparaît que le risque moral est nettement du côté des pays les plus pollueurs, les plus développés, techniquement, certes, moralement, ça reste à prouver.

Tempête intergénérationnelle

Replaçant la *tempête globale* dans une perspective temporelle, Gardiner fera état d'un *autre problème encore plus préoccupant*, celui de la *tempête intergénérationnelle* assujettie de nouveau à la *dispersion des causes et des effets*, à la *fragmentation de l'action* et à *l'inadéquation institutionnelle.*

Nous ne reprendrons pas ici la *dispersion des causes et des effets*, l'ayant déjà décrite précédemment dans notre approche de l'effet de serre dans le § *L'inquiétante rémanence des GES*. Réitérons cependant avec Gardiner que *le changement climatique est un phénomène persistant*, d'autant que la tendance à la hausse est loin d'être freinée, alors que les conséquences observées actuellement sont dues en grande partie aux évènements ayant eu lieu dans un passé proche et lointain remontant à l'avènement industriel. Il y a là un *effet retard considérablement différé* et qui rend difficile toute tentative d'anticipation – d'où notre incapacité à réagir adéquatement.

Plus complexe que la fragmentation des actions spatiales, la fragmentation temporelle des actions est quasiment insaisissable individuellement, très peu collectivement. Le lien intergénérationnel suppose une vision porteuse d'un projet de société possible et acceptable pour les

---

129 S. M. Gardiner, *Ibid.* p. 410 : « *Les relations internationales actuelles se déroulent dans un contexte de diversion, de méfiance et de graves déséquilibres de pouvoir. Les États-Unis, acteur mondial dominant et seule superpuissance, refusent de s'attaquer au changement climatique et laissent la menace du terrorisme faire diversion. De plus, la communauté internationale, y compris de nombreux alliés historiques des États-Unis, se méfie des motivations, des actions des Américains et surtout de leur utilisation de la rhétorique morale... Cette situation malheureuse est particulièrement problématique en ce qui concerne les pays en développement, dont la coopération doit être assurée si l'on veut remédier au changement climatique* »

générations futures. Un tel projet a déjà de plus en plus de mal avec la génération actuelle. Pour démêler l'intrication du problème intergénérationnel, Gardiner a de nouveau recours à une comparaison avec le *dilemme du prisonnier traditionnel*, en considérant approximativement le cas d'un *problème intergénérationnel pur* (PIP) où les générations ne se chevauchent pas[130] :

- (PIP1) It is *collectively rational* for most generations to cooperate: (almost) every generation prefers the outcome produced by everyone restricting pollution over the outcome produced by everyone overpolluting.[131]

- (PIP2) It is individually rational for all generations not to cooperate: when each generation has the power to decide whether or not it will overpollute, each generation (rationally) prefers to overpollute, whatever the others do.[132]

Les faibles liens intergénérationnels se manifestent par des PIP plus exacerbés que ne l'est le simple dilemme du prisonnier, pour au moins deux raisons :

- Si une génération n'est pas prise en compte, l'autre génération se trouvera non motivée à accepter ce qui est *collectivement rationnel*. Le problème risque de se répéter dans le futur, tel un effet domino compromettant irrémédiablement le projet collectif. PIP1 devient pire que DP1 relatif à la *tempête globale* décrite précédemment. De même que PIP2 est pire que DP2, bien plus fortement, du fait que les parties mises en jeu ne coexistent pas et sont apparemment inaptes à influencer mutuellement leur comportement, ne serait-ce que par des institutions coercitives.

- Dans l'impossibilité de faire appel à un contexte d'interaction mutuellement bénéfique, ou à la notion de réciprocité, le PIP devient quasiment insoluble, même s'il est pris isolément, d'autant que les solutions classiques du dilemme du prisonnier ne sont plus

[130] S. M. Gardiner, *Ibid.* p. 404

[131] PIP1 Il est *collectivement rationnel* pour la plupart des générations de coopérer : chaque génération (ou presque) préfère le résultat produit lorsque chacune limite sa pollution au résultat produit, lorsque tout le monde pollue.

[132] PIP2 Il est *individuellement rationnel* pour toutes les générations de ne pas coopérer, lorsque chaque génération a le pouvoir de décider si elle polluera ou non, chacune préfère (rationnellement) polluer, indépendamment de ce que font les autres.

applicables. L'application du PIP au changement climatique s'avère complexe, de par la démultiplication des effets non statiques, ni linéaires (Fig.1). En l'absence de mesures prises à temps, les méfaits s'accumulent, s'alourdissent, s'accentuent, jusqu'à devenir irrémédiables, moralement impardonnables…

Avec un taux annuel de 2% par an, les émissions de CO_2 ont plus que quadruplé à partir de 1950. Une telle croissance cumulée entraînerait une augmentation de 22% en 10 ans et 35% en 15 ans[133].

Il est clair que plus on attend, plus le temps se gâte, plus les choses de la vie se gâtent. Il ne faut pas s'arrêter devant le temps qui passe, il faut le chevaucher au fur et à mesure qu'il advient. C'est le seul moyen de rester jeune et dynamique, vivre le présent déjà bâti sur le passé, en scrutant l'avenir.

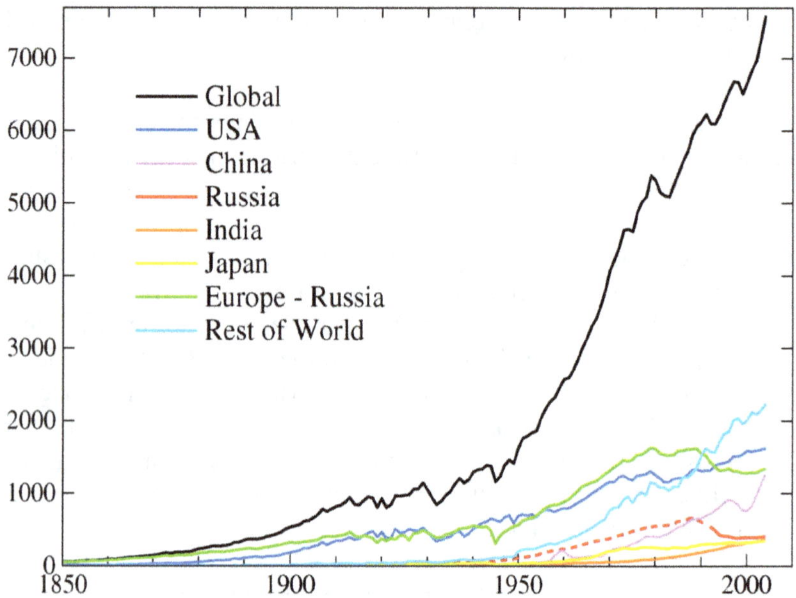

Fig.1- Emission de CO_2 à partir des carburants fossiles
J. Hansen, 2006

Tempête théorique et corruption morale

Il s'agit de notre inaptitude à prévoir les multiples aspects de l'avenir à long terme. Plus on cherche à connaître finement et plus l'incertitude grossit considérablement. Se pose la question de savoir si les activités anthropiques

[133] J. Hansen, "*Can We Still Avoid Dangerous Human-made Climate Change*?", 2006

ont une influence significative sur l'évolution du climat. C'est alors que les climatosceptiques se sont saisis de cette incertitude, d'autant que le lien de causalité est loin d'être trivial. Notre limite face à la connaissance ne serait-ce que des phénomènes physiques n'est qu'un des aspects de la *tempête théorique*. Dans la convergence avec les deux autres *tempêtes* (*globale* et *intergénérationnelle*), Gardiner entrevoit une *corruption morale*. Lui viennent à l'esprit quelques comportements humains pouvant se manifester de plusieurs manières, ce pourrait être, par exemple :

- la distraction (Distraction)
- La complaisance (Complacency)
- Le doute exagéré (Unreasonable Doubt)
- L'attention sélective (Selective Attention)
- Les faux témoignages (False Witness)
- L'autosatisfaction (Pandering)
- L'hypocrisie (Hypocrisy)
- L'aveuglement (Delusion)

Parmi ces comportements redoutables, Gardiner insistera plus particulièrement sur l'*attention sélective* par laquelle on aurait tendance à ne mettre l'accent que sur des considérations aboutissant à des *inactions excusables*, au mépris d'une vision possible et acceptable, plus réaliste, plus responsable. Il apparaît que la tendance sélective peut encore se manifester plus généralement par le « après moi, le déluge ». Une des postures consiste, par exemple, à se focaliser outrancièrement sur la *tempête globale* au mépris de la *tempête intergénérationnelle*, ou encore en négociant des accords internationaux peu contraignants et en grande partie sans substance, tout en les acclamant comme de grandes avancées[134]. Il y a là une attitude de *procrastination* laissant pour compte l'éthique vis-à-vis du devenir du climat dans lequel vont baigner les générations futures.

Obligation individuelle et/ou collective

Observons les tas de déchets largués sans vergogne au large des océans, le long des fleuves et des oueds... Sans aller aussi loin, il y aurait beaucoup à faire tant individuellement que collectivement, déjà devant nos portes. Mais il est à craindre que de telles attitudes volontaristes se diluent dans

[134] Gardiner, Stephen M. 2004a. 'The Global Warming Tragedy and the Dangerous Illusion of the Kyoto Protocol'. *Ethics and International Affairs* 18: 23-39. "*by negotiating weak and largely substanceless global accords, for example, and then heralding them as great achievements*".

d'innombrables conjectures philosophiques, du genre *L'enfer, c'est les autres*[135]. Et au bout du compte, personne n'est responsable, alors que le feu est dans la demeure. Il est vrai que l'incidence d'une pollution individuelle sur le réchauffement climatique est aussi insignifiante qu'une quelconque action individuelle contre le réchauffement.

Partant de ce triste constat, d'autres individualistes invétérés prennent des postures redoutables, balayant d'un revers de main tout engagement moral contre le réchauffement, estimant tout calcul fait, qu'ils n'ont rien à perdre, et de continuer là où il y aurait à gagner davantage, comme si de rien n'était.

Dans cette mouvance, Sinnott-Armstrong considère que l'engagement individuel n'a aucun effet contre le réchauffement[136], au motif que le changement climatique relève d'une *tragédie des biens communs* dont la préservation nécessite plutôt des actions collectives selon des choix politiques adéquats. L'objection de Sinnott-Armstrong s'appuie sur le fait que l'action individuelle n'a aucun effet, si elle n'est pas soutenue par une action collective pour laquelle il serait tout autant partant. Néanmoins, sa posture se réduit à une espèce d'entêtement que l'on pourrait percevoir, sans trop le dénigrer, comme un laisser-aller, en cela : « *puisque la collectivité ne fait rien, alors moi aussi, je ne fais rien* ».

En l'absence d'engagement collectif, l'action individuelle est en effet insignifiante. Il n'en demeure pas moins que nos comportements individuels ne sauraient être exempts d'évaluation morale, d'autant que la somme des pollutions individuelles est loin d'être négligeable, loin d'être maîtrisée. Ce fait est encore contesté par Sinnott-Armstrong affirmant que l'émission individuelle de GES ne peut en soi perturber la température de la planète.

Une telle affirmation n'est pas *fondée en raison*. Elle est irrecevable de par les effets de seuil entraînant le climat vers un point de « *basculement* ». C'est à peine s'il « *admet que certains préjudices peuvent être imperceptibles parce qu'ils sont trop minimes* »[137]. Et il va plus loin sans craindre l'ineptie, affirmant qu'« *aucune tempête ou inondation, ou vague de chaleur ne peut être attribuée à mes actes individuels de conduite automobile* »[138]. Il semble ignorer « *que le battement des ailes d'un papillon au Brésil, ou qu'une petite fille qui souffle ses bougies d'anniversaire dans un jardin à Pointe-à-Pitre, mette*[nt] *en marche une petite bouffée d'air atmosphérique qui, de tourbillon*

---

[135] Jean-Paul Sartre, *Huit Clos*, Gallimard, 1947

[136] Walter Sinnott-Armstrong, "It's not my Fault: Global Warming and Individual Moral Obligations". *Perspectives on Climate Change: Science, Economics, Politics, Ethics*, Amsterdam, Elsevier, 2005, p. 285-307

[137] Walter Sinnott-Armstrong, *op. cit.*, "*I admit that some harms can be imperceptible because they are too small or for other reasons.*", p. 299

[138] Walter Sinnott-Armstrong, *op. cit.*, "*No storms or floods or droughts or heat waves can be traced to my individual act of driving.*", p. 299

en tourbillon, d'évaporation en condensation en nuage, déclenche[nt] *en fin de compte une tempête qui ravage le Cotentin* », écrit Kandel[139].

Mais il est juste aussi d'affirmer que la somme des actions individuelles contre le réchauffement est loin d'être perceptible, loin d'être suffisante, il en faut plus. La solution est bien du côté des pollueurs qui ne sont pas toujours les bons payeurs, en dépit des principes en vigueur.

Plus redoutables que les arguments de Sinnott-Armstrong sont les objections de Baylor Johnson, par lesquelles il stipule qu'il n'y a pas à se restreindre individuellement quand il s'agit de l'utilisation des biens communs, si au demeurant il n'y a pas de convention collective en vue de les restreindre. En l'absence d'action collective, non seulement l'engagement individuel est inefficace, mais porte préjudice au bien-être personnel, ce qui est contraire à l'éthique épicurienne.

D'emblée, il fait état d'une approche kantienne : « *tout utilisateur des biens communs devrait, du point de vue moral, limiter son utilisation à un niveau qui serait durable, si tous les autres utilisateurs réduisaient de la même manière leur utilisation, et devrait le faire indépendamment de ce que font les autres* »[140].

Une telle justification vis-à-vis des biens communs lui apparaît par la suite erronée, au motif qu'elle néglige la distinction entre l'action individuelle en l'absence de convention collective et la responsabilité personnelle dans le cadre d'un accord collectif. Au regard de l'action collective relative à une situation de *tragédie des biens communs*, Johnson considère que la réduction de ses émissions personnelles serait inutile, voire contre-productive ; à savoir que[141] :

---

139 R. Kandel, *Les eaux du ciel*. Hachette, 1998, p. 294. Une boutade contrecarrée par Lévy-Leblond cité par Parrochia : « *Si on admet cela, alors, comme le remarque Lévy-Leblond (in Aux contraires), il faut aussi admettre que le premier battement d'ailes (d'ailleurs inassignable) peut aussi bien être annulé par un autre. Il faut se méfier de la théorie. Combien de petites filles (ou petits garçons), de par le monde, soufflent leurs bougies d'anniversaire le même jour, certains souffles en compensant d'autres ? Du coup, qui va être responsable de la tempête du Cotentin, alors que remonter la chaîne des causes ne semblent pas possible même si le système chaotique de l'atmosphère est dit "un système chaotique déterministe" effectivement sensible aux conditions initiales ?* »

140 B. Johnson, *Ethical Obligation in a Tragedy of the Commons*, Environmental Values 12,2003, p. 271-287: "*The answer widely believed is a Kantian one, that every commons user ought, morally, to restrict his or her use to a level that would be sustainable, if all other users reduced their use in a similar way, and to do this regardless of what others do.*" p. 272

141 B. Johnson, *op. cit.*, "(a) *The only incentive players have is to maximise benefits from use of the commons. (All benefits and losses).* (b) *The only way players can*

- (a) La seule motivation dont disposent les individus est de maximiser les bénéfices issus de l'utilisation des biens communs. (y compris les pertes).

- (b) La seule façon de communiquer est d'augmenter ou de réduire son utilisation des biens communs.

- (c) L'usage des biens communs est partagé, alors que les coûts et les bénéfices ne le sont pas toujours.

C'est ainsi que Johnson se résout à limiter son engagement à une convention collective qui pourrait éviter l'abus des biens communs. Il reconnaît cependant que l'action individuelle pourrait être nécessaire, ne serait-ce que pour convaincre autrui de sa sincérité et de la validité des propositions politiques[142].

Approche confucéenne

Considérant l'*intégrité* comme une *vertu* réduisant nos émissions individuelles de GES, Hourdequin[143] prend une posture opposée à celle de Sinnott-Armstrong et même à celle de Johnson. Faisant référence à une vertu aristotélicienne, une telle posture est conforme à une éthique selon laquelle l'inattention à l'égard de ses émissions personnelles affecterait moralement le bien-être et pourrait être perçu comme méprisante vis-à-vis d'autrui. Au delà de la conception aristotélicienne de la vertu relative aux fondements de l'obligation morale, Hourdeqin *aborde ces questions dans une perspective confucéenne*, en faveur d'une obligation individuelle de réduire ses émissions de GES.

Il convient d'abord de donner en quelques mots notre perception de la philosophie confucéenne par contraste au rationalisme occidental quelque peu étriqué, rationalisme par lequel B. Russell aurait voulu ramener toutes les mathématiques à la seule *logique aristotélicienne*, tout au plus *euclidienne*. Il s'est avéré qu'une grande part des mathématiques riemanniennes échappe à

---

communicate is by increasing or reducing use of the commons. (c) *Use of the commons is shared, but individual herds are not.*", p. 275

[142] B. Johnson, *op. cit.*, "*Making individual reductions, therefore, may be necessary to convince others of one's sincerity and of the viability of what one proposes.*", p. 285

[143] Marion Hourdequin, "Climate, Collective Action, and Individual Ethical Obligations," *Environmental Values* 19 no. 4 (2010): 443-464.

une telle logique simpliste. S'opposant à la posture confucéenne, la modération individuelle en tant qu'action personnelle unilatérale, comme nous venons de le voir avec Johnson, ou encore avec G. Hardin, laisse entendre qu'elle ne fera rien pour préserver les biens communs de la surexploitation.

Une telle modération serait plutôt irrationnelle et insignifiante moralement. Elle est de suite remise en cause par une tout autre perception confucéenne bâtie sur un *moi relationnel*[144] vivant moralement en communauté avec autrui, où les individus mettent en commun leurs points de vue sur le comportement vertueux. Et l'on se comprend en tant que partie élémentaire intégrée à l'ensemble de la société. Suggérée par Hardin comme solution aux problèmes d'action collective, « *la coercition mutuelle* »[145] est rejetée par la perception confucéenne, estimant qu'elle ne peut être une voie vers une réforme sociale *fondée en raison*, ne serait-ce que moralement, d'autant que l'action attendue est une injonction sous la contrainte plus ou moins arbitraire.

Certes, la coercition tient les individus à l'écart des problèmes, plutôt d'une manière superficielle, sans parvenir à un profond changement social possible et acceptable, sans parvenir à un profond changement social. Écoutons à ce propos Confucius :

« *Si le prince conduit le peuple au moyen des lois et le retient dans l'unité au moyen des châtiments, le peuple s'abstient de mal faire ; mais il ne connaît aucune honte. Si le prince dirige le peuple par ses bons exemples et fait régner l'union en réglant les usages, le peuple a honte de mal faire et devient vertueux* »[146].

L'argument confucéen va plus loin que l'incitation par « *la carotte* » ou la législation par « *le bâton* » ; il en appelle au sens de la libre adhésion au projet de société possible et acceptable par une reconnaissance des enjeux et la nécessité de s'y engager. L'on y soutient bien une obligation morale individuelle visant une réforme sociale à différentes échelles : régionale, nationale, internationale.

Dans cette perspective confucéenne, Hourdequin « *défend l'idée que lorsque les personnes se conçoivent de manière relationnelle, plutôt que comme des atomes isolés, les actions individuelles « unilatérales » peuvent à*

---

[144] D. Hall & R. Ames, *Thinking from the Han: Self, Truth, and Transcendence in Chinese and Western*, Albany, New-York, SUNY Press, 1998

[145] G. Hardin, *op. cit.*, p. 1247

[146] Confucius, The Analects (Lun yu), trad. D.C. Lau, Hong Kong, Chinese University Press, 1983, trad. Fr. S. Couvreur, *Entretiens de Confucius et de ses disciples (Lun yu, Louen yu*)

la fois catalyser et soutenir de nouvelles conventions collectives »[147]. Héritées d'ouvertures culturelles aux traditions orientales[148], de telles attitudes ont pu prévaloir ici et là dans la tradition occidentale[149].

Sans minimiser l'action individuelle qui se voudrait tant soit peu citoyenne, le problème est à saisir, en effet plus collectivement, plus synthétiquement, plus globalement, par-delà les frontières. Une telle appréhension revient aux gouvernants, à ceux qui tiennent les manettes. Il apparaît que les institutions nationales, ou même internationales, ne sont pas à même de prendre les mesures nécessaires. Tourné davantage vers le profit personnel, il est à craindre que le système dominant ne soit pas à même de promouvoir notre émancipation aux valeurs morales.

Des économistes de renom ont démontré clairement que l'on pouvait *éradiquer la pauvreté*[150], pour peu que nos gouvernants le veuillent. Et pourtant elle perdure, par-delà *Les Restos du cœur* qui peinent à faire face à la famine, ne serait-ce que durant l'hiver. L'attitude de l'« après moi, le déluge », va se perpétuer en des choix plus tragiques, dans des attitudes plus dramatiques.

Sans négliger l'intérêt personnel : tout à fait légitime, il reste à repenser l'intérêt commun de manière à lever les divergences par une émancipation de l'individu comme élément de base du progrès social.

Éthique extra-anthropocentriste

Largement avérée, par-delà tout scepticisme, l'altérité du climat nous interpelle moralement à repenser nos valeurs, plus particulièrement notre

---

[147] Marion Hourdequin, *op. cit.*, *« Honnêtement,* écrit Parrochia dans une communication personnelle, *le problème ne me paraît pas moral mais d'abord économique. 1) Beaucoup de gens n'ont pas les moyens d'être moraux. 2) En régime capitaliste, les relations (dans ce qu'on appelle les affaires) sont un jeu à somme nulle. L'un gagne, l'autre perd, l'expression gagnant-gagnant étant un paravent pour dissimuler le fait que, dans un équilibre de Nash, au mieux (c'est-à-dire au point fixe), x ne peut pas perdre plus que tant, et y pas gagner plus que tant. Dans ces conditions, je ne vois pas qu'il y ait la moindre once de morale dans le capitalisme et, de ce fait, il ne faut donc pas s'attendre à ce que les gens soient spontanément moraux en matière de préservation de l'environnement, même si on agite sous leurs yeux un pantin exemplaire. En revanche, c'est sous la contrainte économique qu'ils seront forcés d'agir, mais avec des risques d'explosion sociale. »*

[148] Cynthia Fleury, - *Dialoguer avec l'Orient*, CNRS Editions, 2003

[149] Piers H. G. Stephens, "Green liberalisms: nature, agency, and the good", *Environmental Politics* 10, 3, 2001, p. 1-47, p. 12

[150] Esther Duflo, *Expérience, science et lutte contre la pauvreté*, Collège de France, Fayard, 2009

rapport à la nature, notre rapport aux autres créatures. Il n'y a pas que l'homme qui souffre de réchauffement qu'il a concocté lui-même dans une bonne proportion. Et c'est à peine s'il en prend acte. Les animaux n'en disent rien, et cependant n'en souffrent pas moins, alors qu'ils n'y sont pour rien. Et c'est toute la biosphère qui subit le choc thermique de par une intense artificialisation du monde se traduisant par une perte de valeur des objets naturels. Mais il y aurait aussi une éthique à observer l'environnement immédiat, proche et lointain, en particulier l'amoncellement des débris mis en orbite.

Impactant fortement la planète Terre, l'*Anthropocène* prend une signification géologique *reconnue comme une nouvelle époque prenant de l'ampleur*[151], parachevant la *chronologie* des *ères stratigraphiques*. Pour autant que la linguistique voudrait bien nous le permettre, nous pourrions alors parler d'une espèce d'*éthique extra-anthropocentriste* que bon nombre de philosophes qualifient d'*éthique non-anthropocentriste* et qui reste à promouvoir, par-delà l'*éthique anthropocentriste* se limitant exclusivement à l'intérêt humain reconnu d'importance morale. L'*éthique extra-anthropocentriste* ne rejette pas l'*éthique anthropocentriste*, mais l'intègre et va au delà.

C'est un peu comme la *Relativité générale* qui porte en elle la *Mécanique newtonienne*, sans la renier, mais qui, dans sa majestueuse unification des forces, va plus loin dans le macrocosme, sans parvenir à intégrer la *Mécanique quantique*, lui échappant irrémédiablement. Il apparaît que la *Relativité générale* porte en elle une espèce d'oxymore : le mouvement relatif à l'échelle macroscopique et l'invariance généralisée aux lois de la Physique, lois qui restent à considérer également d'un point de vue de l'*éthique extra-anthropocentriste*.

Reléguant la panoplie des êtres vivants non humains à peu de signification morale, l'appréhension du changement climatique s'est plutôt focalisée sur un anthropocentrisme selon lequel tout autre objet n'a d'importance morale que dans la mesure où il est lié à l'intérêt humain. Hormis les animaux domestiques, l'éthique morale pour les autres êtres vivants est loin d'être reconnue. De telles postures se sont avérées insuffisants vis-à-vis de la sauvegarde des écosystèmes mis en jeu dans la biosphère. Nous n'irons cependant pas jusqu'à reprocher au GIEC de ne pas prendre suffisamment en compte l'*éthique extra-anthropocentriste*. Que n'a-t-il pas déjà fort à faire avec les équations de Navier-Stockes pour lesquelles nous avons jusqu'à présent que des solutions particulières !

Dans l'évaluation des impacts du réchauffement climatique, le GIEC se restreint pour le moment à une éthique exclusivement anthropocentriste.

---

[151] N. Jones, "Human Influence Comes of Age: Geologists Debate Epoch to Mark Effects of Homo Sapiens", *Nature* 473, 2011, p. 133

Sous la pression des éco[lo]centristes, il parvient à entrevoir des alternatives à l'anthropocentrisme sur un ton velléitaire. S'exprimant à peine par des litotes, il reconnaît l'importance morale en termes de valeurs et laisse entendre que cela ne pourrait pas suffire, au motif que «*la nature peut avoir une valeur supplémentaire, au-delà des valeurs accordées par des individus humains* »[152].

Il apparaît que l'*éthique extra-anthropocentriste* porterait plutôt sur une préservation de la *biosphère* : lieu de résidence de la multitude des êtres vivants parmi lesquels l'être humain tire profit tant bien que mal, le plus souvent d'une manière injustement anthropocentriste.

Limites de l'Équité anthropocentriste

L'anthropocentrisme a déjà bien du mal à surmonter l'effroyable inégalité entre les mieux lotis et les plus démunis, au sein d'une même nation. Il y a aussi l'inégalité entre États riches et États pauvres. Du point de vue législatif, il n'y a aucune obligation d'aide entre États. Et c'est même l'autonomie qui prévaut. Il faut vraiment qu'il y ait un séisme ou un tsunami, pour voir un semblant de solidarité se manifester instantanément, momentanément, épisodiquement. C'est juste une solidarité occasionnelle, opportuniste, sans lendemain. C'est juste pour se donner bonne conscience, alors que des enfants meurent chaque jour, voire chaque seconde. L'anthropocentrisme a déjà bien du mal à éradiquer la pauvreté, alors qu'il y a à manger et à boire pour tout un chacun.

Corrélativement aux inégalités de prospérité entre États, les animaux domestiques sont mieux lotis dans les pays riches, parfois même mieux que les humains. Hormis ce cas d'*éthique extra-anthropocentriste*, un cas très spécial, très particulier, centré sur un intérêt affectif très subjectif, il y a très peu d'égard de notre humanité vis-à-vis de la multitude des autres créatures qui ont eu à peupler la planète Terre bien avant nous. Et voilà que nous nous sommes mis à les malmener de la manière la plus difficile à pardonner.

---

152 IPCC, *Climate Change 2014: Mitigation of Climate Change. Contribution of Working Group III to the Fifth Assessment Report of the intergovernmental Panel on Climate Change*, Cambridge UK, Cambridge University Press, 2014, chap. 3.1, p. 220-221: "*As the discussion of the past few paragraphs has suggested, nature may have additional value, over and above the values placed by individual humans (Broome, 2009; Spash et al. 2009)*".

Au niveau des représentations internationales, telles que l'ONU et ses filières : CCNUCC, OMS, OMM …, seuls les humains siègent concrètement. Toute autre créature n'est représentée qu'accessoirement, indirectement, au bon vouloir de quelques courants écologistes soucieux de la préservation des écosystèmes. De telles inégalités échappent irrémédiablement aux innombrables missions de l'ONU qui a déjà beaucoup de mal à faire appliquer ses résolutions les plus légitimes.

Les missions de la COP et plus particulièrement celles du GIEC se limitent à entrevoir le devenir du climat à l'échelle planétaire, indépendamment de toute créature vivante. Le constat du GIEC aura le mérite d'attirer notre attention sur l'altérité des écosystèmes sous l'effet du changement climatique. Dans la mesure où les intérêts humains sont liés à ceux des autres créatures, on peut penser que la préservation des écosystèmes irait de pair avec celui des humains. Cela est vrai pour la lutte contre le réchauffement climatique, bénéfique pour tous les êtres vivants, encore que le GIEC reste humblement discret à le proclamer outre mesure, en tout cas pas de manière moraliste, se limitant à des évaluations plausibles.

Jouzel va plus loin, écoutons-le : « *J'ai souvent l'habitude de dire que le réchauffement climatique diminue les endroits où il fait bon vivre. Le 2 ou 3 milliards de gens aisés sur la planète trouveront toujours les endroits où il fait bon vivre à l'horizon 2050. Mais les populations les plus pauvres seront, quant à elles, les plus affectées par le réchauffement de notre planète. On parle à cet égard de justice climatique, mais il s'agit en fait d'injustice climatique* »[153]. C'est aussi ce que la COP 28 n'a pas manqué de le dénoncer : « *1% les plus riches émettent autant de GES que 66% les plus pauvres* ».

Il est de nombreux cas où l'intérêt humain entre férocement en conflit avec les autres créatures et plus généralement avec toute la biosphère. Nous vient à l'esprit le cas des abeilles, vecteurs de pollinisation et de biodiversité, mais qui se trouvent de plus en plus en danger de par un excès phytosanitaire. C'est à peine si l'intérêt pour la biosphère est pris en compte par quelques velléités politiques qui tentent enfin de porter une attention particulière sur l'altérité de la biodiversité sous l'effet du réchauffement climatique.

Aussi souhaitable soit-elle, la préservation de la biodiversité ne se fait pas toujours dans l'intérêt des animaux, mais bien plus pour celui des humains, surtout si elle a recours à procédés artificiels. Il n'y a qu'à voir les méfaits la

---

[153] J. Jouzel, *op. cit.*, p. 47

régénération des espèces menacées à l'aide de colonisation assistée, l'élevage forcé de certains poissons, la pêche industrielle ou le gavage des oies pour les fêtes de Noël et la Saint-Sylvestre, le sacrifice des moutons pour l'Aïd el Adha…

Incidence de l'altérité du climat sur la biosphère

En marge de l'équité entre classes sociales et entre Nations, il y aurait à observer l'important bouleversement de la biosphère en termes d'équité vis-à-vis de sa biodiversité, d'autant que la survie de ses peuplements est assujettie à la clémence du climat. Suite à une hausse avérée de l'effet de serre (EdS) qui va perdurer et qui sera très difficile à restreindre, le changement climatique résultant se manifestera par des extrêmes météorologiques (sécheresses et inondations) et, entre autres, par une acidification des océans : modification de la faune et de la flore marine, perte d'espèces, mais aussi par une désertification, encore que la microflore et la microfaune survivent à la désertification, mais moins à l'acidification.

Pour une augmentation du réchauffement moyen de la planète de 1,5 à 2,5, le GIEC prévoit un risque d'extinction de 20 à 30 % des espèces actuelles[154]. *The White Paper on the Ethical Dimensions of Climate Change* réitère maintes fois que « *le changement climatique soulève* des *questions éthiques sur les dommages causés*, [appelant à un] *devoir de protection des plantes, des animaux et des écosystèmes* dont *l'intérêt devraient être pris en compte également dans l'élaboration des politiques climatiques*[155].

Dans une récente déclaration, the Humane Society of the United States (HSUS), s'est inquiétée du fait que *le changement climatique affecte déjà de manière négative les animaux du monde entier* et qu'*un nombre croissant d'événements météorologiques extrêmes déplacent ou tuent un nombre sans précédent d'animaux de ferme, d'animaux de compagnie et d'animaux sauvages*[156]. C'est déjà ce que constate le GIEC : « *les récents*

---

[154] IPCC Climate Change 2007 Synthesis Report: Summary for Policymakers, p. 122, at: www.ipcc.ch/publications_and_data/publications_ipcc_fourth_assessment_report_synthesis_report.htm.

[155] Donald Brown et al. White Paper on the Ethical Dimensions of Climate Change, p. 10, 16, 18. http://rockethics.psu.edu/climate/whitepaper/whitepaper-intro.shtml.

[156] Humane Society of the United States at: www.humanesociety.org/about/policy_statements/statement_on_climate_change.html.

changements régionaux de température ont eu des impacts perceptibles sur les systèmes physiques et biologiques. »[157]

Les changements les plus manifestes se situent en Arctique et en Antarctique, plus particulièrement autour de la banquise. On observe, ici et là, de plus en plus, des floraisons et des migrations décalées. Indépendamment des effets sur les humains, John Broome souligne que « *les dommages causés à la nature pourraient bien être l'une des conséquences les plus néfastes du changement climatique* »[158].

« *Des changements climatiques majeurs et généralisés*, affirme l'Académie nationale des sciences, *se sont produits à une vitesse surprenante : le réchauffement de l'Atlantique Nord depuis la dernière période glaciaire a été obtenu en seulement une décennie, et il s'est accompagné de changements climatiques importants dans la majeure partie du globe.* »[159] Au-delà du changement climatique en tant que tel, il est des activités anthropiques qui viennent impacter fortement les écosystèmes, plus rapidement que ne le ferait le réchauffement climatique.

Nous viennent à l'esprit les grands barrages, les champs éoliens dans une moindre mesure, la redoutable surexploitation des nappes côtières devenant salées, blanchissement des récifs coralliens, ébranlement des centrales nucléaires par un tsunami et d'une tout autre manière, plus spectaculaire, plus dramatiques, les cataclysmes naturels : les éruptions volcaniques et les grands incendies de forêt. De tels cataclysmes impactent le climat, ne serait-ce que momentanément.

Par-delà les controverses, on peut supposer que le changement climatique pourrait aboutir à la disparition de certaines espèces fragiles de par leur complexité physiologique au détriment d'autres espèces plus coriaces moins sophistiquées, plus envahissantes, telles que les « mauvaises herbes ». Mais il est à craindre que le taux d'extinction soit supérieur au taux d'apparitions de nouvelles espèces plus évoluées, plus complexes, tout au moins plus résistantes, voire plus agressives. Dans cette hypothèse, le changement climatique sera manifestement néfaste pour toute la biosphère. Certaines espèces souffriront des extrêmes climatiques (inondation et sécheresse), d'autres s'en réjouiront. Il est clair qu'un tel changement sera

---

157 IPCC "4th Synthesis Report: Summary for Policymakers", *op. cit.,* p. 31.

158 John Broome, Valuing Policies in Response to Climate Change: Some Ethical Issues, 2009, www.hmtreasury.
gov.uk/d/stern_review_supporting_technical_material_john_broome_261006.pdf p. 12.

159 *Abrupt Climate Change: Inevitable Surprises*. Committee on Abrupt Climate Change, National Academy of Sciences, 2002.
www.nap.edu/openbook.php?record_id=10136&page=1.

nuisible pour les espèces actuelles et fera sans doute le bonheur des nouvelles espèces émergentes.

De telles éventualités pèseront moralement quant à la préservation des espèces d'intérêt faunistique et floristique. Stephen Gardiner note que « *décider quelle trajectoire viser* [en termes d'émissions mondiales de carbone à long terme] *soulève des questions sur nos responsabilités à l'égard des animaux et de la nature* »[160].

Hégémonie de l'intérêt économique

Nous votons pour un Président porteur d'un projet de société possible et acceptable. Et finalement, nous nous trouvons gouvernés à notre insu par un pouvoir financier peu soucieux de l'équité envers les plus démunis. Aussi efficient soit-il, l'intérêt économique, en tant que valeur en soi vis-à-vis du gain escompté, ne devrait pas primer sur la valeur morale. De plus, face aux aléas climatiques pouvant être catastrophiques, tant ils sont imprévisibles, l'analyse économique ne sera d'aucune utilité, voire aventureuse, sinon prétentieuse. Un brutal changement climatique affectera sévèrement de nombreuses activités sociales, économiques, voire politiques et sera davantage ressenti chez les plus démunis.

L'analyse économique, à elle seule, n'est pas en mesure d'entrevoir un tel changement ; c'est bien au-dessus de ses moyens de réflexion et de ses outils d'investigation. C'est tout juste si elle peut nous éclairer sur l'efficience des objectifs à atteindre. Quand bien même l'objectif s'avère économiquement efficient, ce n'est pas à l'approche économique de décider de sa réalisation. D'autres considérations, ne serait-ce que d'ordre éthique, voire politique, peuvent entrer en ligne de compte de manière plus déterminante. Choisir ses amis ou son ascétisme sur des critères économiques serait indécent et même immoral.

Au delà de la préférence individuelle prenant racine dans des instincts de conservation, un système de valeurs objectives bâties sur des assises culturelles portera davantage sur l'intérêt commun, en identifiant les droits et devoirs de tout un chacun. Il y a bien sûr l'ONU qui pourrait jouer ce rôle d'identification, dont les initiatives, très louables, ne serait-ce qu'à promouvoir une émancipation entre Nations, sont très souvent réprimées cruellement par des vétos pleins de suffisance arrogante ; elle n'est, de ce fait, qu'une boîte aux lettres qu'on ouvre à peine, par moments, aux débats décisifs.

[160] Stephen Gardiner, "Ethics and Climate Change: An Introduction." In Wiley Interdisciplinary Reviews: Climate Change ed. Michael Hulme. Draft version online at http://faculty.washington.edu/smgard/index2.shtml.

Relativement récent, l'avènement du capitalisme nous a conduit à un tout autre système de valeurs commerciales affectant sévèrement l'environnement global et plus manifestement le climat.

Cela dit frontalement, il reste à identifier nommément le responsable des faits. Là est la grosse difficulté, d'autant que personne n'a cherché à déclencher délibérément un tel tsunami, ni à faire intentionnellement du mal. Il n'y a pas que les économistes qui se trompent, les ingénieurs aussi. Globalement, les centrales nucléaires marchent très bien, jusqu'à ce qu'un tsunami imperceptible à nos vagues prévisions viendrait fracasser l'édifice apparemment bien bétonné. Mais « *qui ne fait rien, ne se trompe jamais* », dit l'adage[161], encore que... ne rien faire c'est se tromper lourdement ! Nous avons bien évidemment droit à l'erreur, d'autant que nous apprenons mieux par nos erreurs, pour autant que l'on se remette en cause, tout au moins qu'on les reconnaisse, afin de ne pas récidiver en pire.

Malgré ces désaccords encore tenaces, nous restons responsables moralement de l'évolution climatique, tant individuellement que collectivement. Et de regarder la nature dans laquelle nous habitons et qui, en retour, nous habite, comme un être aimé, comme nous aimons notre famille, nos amis, comme un partenaire « *du vivre ensemble* ». Il nous reste davantage à saisir « qui nous sommes ?», à percevoir plus nettement « où allons-nous ? », à revoir notre rapport à la nature : « *berceau de nos pensées et de nos aspirations* »[162].

Équité de non-nuisance à autrui

La nuisance due au réchauffement climatique se manifeste localement à différents niveaux de vie de la société, touchant plus sévèrement les moins lotis, mais aussi à plusieurs échelles, régionale, nationale, continentale... Relativement à l'altérité du climat, et donc des écosystèmes et même de toute la biosphère, il s'agit d'attribuer équitablement les charges à ceux qui ont généré le plus de GES, tout au moins dans la proportion des pollutions émises, d'autant que les êtres les plus vulnérables aux aléas climatiques sont ceux qui ont pollué le moins. « *Et si nous gardons à l'esprit*, écrit Simon Caney, *que ceux qui sont touchés par le changement climatique sont souvent les pauvres et les défavorisés, nous avons encore plus de raison de penser que les personnes favorisées ont le devoir de prendre en charge les coûts du*

---

[161] Proverbe français que l'on attribue parfois à Roosevelt ou encore à Lénine, in : *La portée du matérialisme militant*, « *Pod Znaméniem marxisma* » n° 3, mars 1922

[162] J. S. Mill, "*Principles of Political Economy, Collected Works (3)*", University of Toronto Press, 1963-1977, p. 756

changement climatique qui découle du non-respect des obligations par autrui »[163].

Il y a bien un *principe du pollueur-payeur* (PPP) découlant du *principe de précaution*, adopté par l'OCDE depuis 1972, promulgué par l'UE[164] depuis 2004, considéré par le GIEC comme *principe de justice possible parmi d'autres*[165].. C'est là une bonne mesure nécessaire, mais pas suffisante : le PPP se limite à l'internalisation des coûts de pollution. Et c'est déjà bien. Il faudrait lui adjoindre un *principe d'équité* par lequel la charge due devrait être au moins égale à l'avantage obtenu d'une l'activité unilatérale exercée le plus souvent par les pays industrialisés.

Défendant avec ténacité le PPP, H. Shue va plus loin : "*Les pays riches ont profité de l'excédent des bénéfices qu'ils ont acquis par rapport aux coûts supportés par tout le monde à cause des dommages environnementaux qu'ils ont causés, et devraient à l'avenir supporter des charges supplémentaires pour faire face aux dommages qu'ils ont causés*"[166].

De par leur industrialisation et leur mode de vie, ces pays sont plus que jamais redevables d'équité envers les plus démunis. Ce n'est que justice qui reste à promouvoir systématiquement et à consolider par une mesure complémentaire selon un *principe de capacité de payer*. Une autre nuisance à autrui est celle du fumeur qui, selon H. Shue[167], est analogue à celle des émissions de GES. Une telle analogie nous paraît excessive et nous ne saurions accabler outre mesure les fumeurs dont l'expiration est quasiment insignifiante vis-à-vis du changement climatique, mais bien plus pour leurs poumons ainsi que les poumons de leurs voisins immédiats.

En dépit de tant de principes, la juste répartition des dommages est loin d'être observée, loin d'être acquise, tant elle est controversée par d'interminables conjectures économiques, politiques, philosophiques. De

---

[163] S. Caney, "Cosmopolitan Justice, Responsibility and Global Climate Change", *Leiden Journal of International Law*, 18, 4, 2005, p. 747-775, p. 771

[164]<http://europa.eu.int/eur-lex/pri/en/oj/dat/2004/1143/1 14320040430en00560075.pdf>

[165] F. L. Toth, « Decision-Making Frameworks », in Book Metz et al (eds), *Climate Change 2001: Mitigation – Contribution of Working Group III to the Third Assessment Report of the International Panel on Climate Change*, Cambridge University Press, chap. 10, sect. 10.4.5, p. 669.

[166] *The rich countries have profited to the extent of the excess of the benefits gained by them over the costs incurred by everyone through environmental damage done by them, and ought in future to bear extra burdens in dealing with the damage they have done*. H. Shue, "Global Environment and International Inequality", *op. cit.*, p. 535

[167] H. Shue, 'Avoidable necessity: Global warming, international fairness, and alternative energy', in I. Shapiro and J. W. DeCew, eds. NOMOS XXXVII: Theory and Practice, (New York, New York University Press, 1995), pp.245-246

telles postures sont inconciliables, semant parfois la confusion. Comme pour se dédouaner, les tenants des pays riches se faufilent dans de multiples objections :

- Ils estiment sans scrupule que les pays pauvres ont tout de même profité quelque peu du progrès technique, plus rapidement qu'ils ne pouvaient l'espérer d'eux-mêmes. Une telle objection n'est pas loin de la thèse d'une *colonisation positive*. C'est comme si les retombés du dit progrès étaient gratuites, alors qu'ils étaient payés au prix fort assorti de pot de vin à l'intention exclusive de dirigeants corrompus, au mépris de la majorité. Les apparentes facilités de transfert technologique et de payement de produits manufacturés étaient en retour assujetties l'octroi de matières premières…

- Concernant les émissions du passé, sans aller jusqu'au début de l'ère industrielle, ils considèrent qu'ils ne peuvent être tenus responsable d'un préjudice qu'ils n'ont pas causé eux-mêmes, alors qu'on hérite obligatoirement des dettes laissées par les ancêtres. L'ère industrielle a laissé plutôt des bénéfices permanents pour des intérêts particuliers qui voudraient limiter les charges aux émissions faites de leur vivant.

- Loin d'être requis, le *minimum garanti* pour la satisfaction des besoins vitaux en tant que *principe d'équité* rencontre des objections indécentes de surpopulation à éliminer par la faim et la misère, alors que les ressources disponibles sont suffisantes pour que tout le monde puisse en avoir en, sans empêcher certaines personnes plus voraces d'en avoir à leur guise. Il est, de ce fait, injuste de ne pas garantir à chacun au moins un minimum afin de mener dignement une vie décente.

- Pour se dérober à l'obligation d'équité, les pollueurs jouent sur l'ignorance qu'ils avaient des méfaits insoupçonnés de l'EdS dont personne ne pouvait prévoir le désagrément. Arguant qu'ils ne peuvent être tenus responsables d'effets dont ils ignoraient les conséquences, ils empruntent insidieusement et à tour de bras un fragment de Kant sorti contexte : « *Le devoir implique le pouvoir* », autant que « *Le devoir présuppose le pouvoir* ».

Il y a là une objection qui se présente comme un tour de passe-passe et que H. Shue ne manquera pas de lever : "*The philosopher Emmanuel Kant is often quoted in the West for having said 'Ought presupposes can'-it can be true that one ought to have done something only if one actually could have done it. Therefore, it is allegedly not fair to hold people responsible for effects they could not have avoided because the effects could not have been predicted. This objection rests upon a confusion between punishment and responsibility*"[168].

Il n'en demeure pas moins que le préjudice, fût-il imprévisible, voire inévitable, doit être assumé par celui qui l'avait causé et non à endosser par ceux plus nombreux et plus démunis qui n'en étaient pas responsables, sauf à leur manquer de respect, voire de dignité. Causés par des intérêts particuliers, les désagréments affectent tout un chacun, alors que les profits escomptés iront exclusivement vers un groupe restreint. Il reste à trouver un consensus d'équité prenant en compte les plus démunis et la préservation de l'environnement.

Équité intergénérationnelle

Comme nous l'avions entrevu précédemment, les rémanences des actuelles émissions de GES auront de graves conséquences sur la biosphère et de ce fait sur les générations futures, avec de sévères incidences sur la répartition des ressources entre générations, mais aussi intercontinentales. De telles émissions étaient déjà très élevées depuis la Révolution industrielle durant les deux derniers siècles. Il est à craindre que les coûts futurs ne soient pas pris en compte par l'actuel réchauffement. Dès les années 1990, alors même que ses perceptions étaient quelque peu controversées, le GIEC avait attiré l'attention plus particulièrement sur les « *questions d'équité entre générations* »[169].

Toute controverse bue, les préconisations du GIEC confortent les directives de la CCNU : « *les nations affiliées doivent préserver le climat au profit des générations présentes et futures, sur la base de l'équité, relativement à leurs responsabilités communes mais différentiées selon leurs capacités respectives* »[170]. Nos manquements à une telle équité échapperont

---

[168] H. Shue,"Global Environment and International Inequality", *op. cit.*, p. 535 : « *Le philosophe Emmanuel Kant est souvent cité.... Par conséquent, il serait injuste de tenir les gens pour responsables d'effets qu'ils n'auraient pas pu éviter parce que ces effets n'auraient pas pu être prédits. Cette objection repose sur une confusion entre punition et responsabilité.* », in E. Kant, "Six Essais en logique philosophique", revue universitaire finlandaise "*Acta Philosophica Fennica*", 50, 1996, page 65. Von Wright, Georg Henrik.

[169] K. J. Arrow et al. "international equity, Discounting and Economic Efficiency", in J. P. Bruce, H. Haies (eds), *Climate Change 1995: Economic and Social Dimension of Climate Change*, Cambridge University Press, 1996.

[170] *United Nations Framework Convention on Climate Change*, (London, HMSO Books, 1993): "This conclusion is consistent with the text of the earlier United Nations Framework Convention on Climate Change, according to which those nations

irrémédiablement à nos descendants qui se trouveront devant le fait accompli, sans la moindre possibilité de dédommagement.

Nos descendants auront du mal à appliquer le principe du pollueur-payeur (PPP) du fait même que les responsables des méfaits ne sont plus là et seront difficiles à identifier. Se pose ici un dilemme philosophique difficile à démêler. D'un côté nos descendants nous doivent le fait d'exister, comme nous avions dû au demeurant subvenu à leurs besoins, tant bien que mal, veillé autant que faire se peut, à leur bien-être, tout au moins jusqu'à ce qu'ils soient autonomes. De l'autre côté, ils voudraient nous rétorquer qu'une telle existence n'était pas de leurs faits, de leur choix initial.

On fait souvent assez facilement une objection au PPP que les pollueurs du passé étaient dans l'ignorance des méfaits produits et sont de ce fait excusables, du coup leurs descendants actuels s'estiment non redevables. Depuis on a cherché à situer une limite chronologique à une telle ignorance. E. Neumayer[171] la situe au milieu des années 1980.

Il n'en demeure pas moins que le taux des émissions de GES antérieures aux années 1980 est loin d'être négligeable, son incidence pouvant perdurer pendant des siècles, sans que l'on puisse établir que les héritiers des pollueurs de l'époque seraient tenus de dédommager le réchauffement en cours. Au-delà de l'ignorance historique de méfaits révélés il y a déjà une quarantaine d'années, H. Shue ne manquera pas d'attirer notre attention sur le fait que les émissions de GES ne se sont pas pour autant réduites, mais se sont poursuivies sans relâche, en dépit des méfaits largement avérés : "*undeniably, the industrial states' contributions to global warming have continued unabated long since it become impossible to plead ignorance.*"[172]

Un autre dilemme est celui de l'épuisement inexorable des ressources non renouvelables, telles que les énergies fossiles (pétrole, gaz, charbon). Le peu qui resterait de ces énergies sera de plus en plus difficile à exploiter, à extraire depuis des réservoirs de plus en plus profonds, de moins en moins saturés. Il conviendrait que l'actuelle génération doive laisser à sa succession une proportion équitable de ce qu'elle a hérité, en termes d'énergie, mais aussi en termes de préservation de la biosphère contre le réchauffement ou de tout autre pollution des écosystèmes. « *L'acquisition des ressources naturelles,*

---

party to it 'should protect the climate system for the benefit of present and future generations of humankind, on the basis of equity and in accordance with their common but differentiated responsibilities and respective capabilities."

[171] E. Neumayer, "In Defence of Historical Accountability for Greenhouse Gas Emissions", *Ecological Economics* 33, 2, 2000, p.185-192, p188

[172] H. Shue, "Global Environment and International Inequality", *op. cit.*, p. 536: "*indéniablement, les contributions des États industrialisés au réchauffement climatique se sont poursuivies sans relâche depuis longtemps depuis qu'il est devenu impossible de plaider l'ignorance.*"

écrit Locke, *doit laisser aux autres une quantité suffisante et de bonne qualité* »[173]. Là encore, les objections ne vont pas manquer pour battre en brèche une telle clause sur le conservatisme de l'environnement…

Se pose la question d'entrevoir dans quelle mesure nous pouvons disposer des ressources non renouvelables sans outre passer les limites vis-à-vis de nos successeurs. En guise d'*équité intergénérationnelle*, Edward Page propose de *compenser la ressource exploitée X, par la mise à disposition d'une ressource Y comparable, pour autant que cette compensation ne mette pas le bénéficier d'être dans une situation pire que celle dans laquelle il aurait été si la ressource X n'avait pas été exploitée*[174]. Ce pourrait être sous forme *d'améliorations technologiques,* en termes *d'efficacité énergétique.*

De telles améliorations nous semblent dérisoires. Si l'on ne peut modérer la surexploitation des ressources, à défaut de compensation, il conviendrait de minimiser les émissions de GES et de préserver les écosystèmes contre toute forme de pollution. Là est notre devoir, sauf à manquer d'éthique et d'intégrité. Plus dramatique encore est le cas des petits États insulaires du Pacifique Sud qui vont être sévèrement affectés par l'élévation du niveau des océans estimé dans le meilleur des hypothèses à une moyenne de 50 cm d'ici la fin 21e siècle.

---

173 J. Locke, *Two Treatises of Government*, (London, Everyman, 1924), Book II, Ch.V, Sec 27, p. 130

174 "*The idea of making recompense, however, typically leaves it open for a given compensation for a depleted resource, X, to be compensated by the provision of a given commensurable resource, Y - so long as this compensation enables the recipient to be no worse off than they would have been had the original resource, X, not been used up. Perhaps the most obvious example of such compensation in the intergenerational context would be the way in which improvements in technology (energy efficiency, for example) appear to compensate for losses of natural non-renewable resources (energy resources such as coal, for example)*". Edward A. Page, "Intergenerational Justice and Climate Change", *Political Studies* 47, 1, 1999, p. 53-66, http://dx.doi.org/10.1111/1467-9248.00187, Publisher statement: The definitive version is available at www.blackwell-synergy.com, p. 5

Rêveries d'un hydrogéologue impénitent

« On n'a jamais bien vu le monde si l'on n'a pas rêvé ce que l'on voyait. »
Gaston Bachelard, *La Poétique de la rêverie,* PUF, 1960, p. 148

Après avoir entrevu quelque peu *l'Origine de l'Hydrosphère* et davantage son *altérité* inexorablement accélérée par la multitude des activités anthropiques, nous voudrions, en guise de conclusion, poursuivre notre plaidoyer par une rêverie aquatique, tout au moins par une brève complainte d'un Targui face à l'extrême aridité.

Il neige rarement à Alger : à peine, une fois tous les trente – quarante ans. Et 2010 a gratifié le littoral algérois de quelques passées neigeuses inattendues, événements éphémères sans grande conséquence. C'est un peu comme à Marseille où il a neigé un peu plus d'ordinaire, jusqu'à ce l'on soit pris de court pour mettre en œuvre les engins de déneigement immédiat : le maire aurait été désavoué de prévoir et de budgéter de tels machins. Entre Alger et Marseille, les épisodes neigeux ne sont pas les seules ressemblances : les deux mégapoles se font face par bien d'autres ressemblances, ne serait-ce que par les vestiges de Le Corbusier…

En Normandie quand il ne pleut pas, c'est qu'il va pleuvoir. Cependant le module pluviométrique annuel n'est pas plus élevé que dans bon nombre de régions en France. En 2010, il a neigé en Normandie bien plus qu'en Lorraine. Malgré l'influence océanique, le long de la côte normande la neige a persisté plus d'une semaine d'affilée, alors que durant ces dix dernières années les épisodes neigeux tiennent à peine quelques jours. L'hiver semble persister davantage. Mais de là à douter de l'inexorable réchauffement climatique et de banaliser effrontément l'effet de serre (comme le font certains mammouths en mal de conviction) il n'y a qu'un pas. Plus étalée que naguère, cette vague de froid avait amorti les averses brutales et les crues à venir, peut-être par un effet entropique…

Complainte d'un Targui

Parler d'un Targui sans froisser sa pudeur, c'est un peu comme inviter un éléphant dans un magasin de porcelaine ; il est bien luné la nuit, sur-ensoleillé le jour. Chez un Targui, l'eau est une épreuve quotidienne sur de longues distances, au delà de tous les désirs, de tout épuisement. Elle reste une quête vitale inassouvie. Elle s'impose à son quotidien et rythme sa survie sous un soleil de plomb. Chez lui, la corvée de l'eau est sempiternelle. À vrai dire, c'est encore une corvée assumée exclusivement par les femmes, sans voile ni accoutrement, à visage découvert, à peine un foulard sur la tête : elles ne sont pas moins musulmanes ! C'est la femme qui vit accrochée à la moindre goutte d'eau. De robinet, elle n'en a pas !

De la gourde en peau de chèvre, elle est passée à un stockage dans des bidons plastiques, modernité oblige ! la fraîcheur originelle en moins. Elle vit dans l'attente stoïque d'intercepter à mains nues quelques orages instantanés, difficiles à stocker. À chacun de ses pas perdus dans le sable rôti par le gel et le soleil, les regs éclatés en ergs lui racontent l'océan asséché au fil des temps géologiques. Inondée de l'inépuisable soleil, elle ne sait pas quoi en faire. Entre l'extrême sécheresse durant de longues périodes et les inondations épisodiques, les disparités sont à leur paroxysme.

Henri Maldiney témoigne de l'extase d'un Targui invité chez un riverain d'une vallée au-dessus d'Embrun, se trouvant « *au bord d'un torrent… devant cette eau puissante et bondissante, perpétuellement arrivante et dont le don sans cesse se succède à lui-même inépuisable et frais, cet homme fasciné et entré en extase durant de longues minutes avait fini par avouer :* "Cela, à mon retour, je ne le dirai pas. Car personne ne le croira jamais". »[175] Sur cette *« Terre empruntée à nos enfants »*, il y a tout un élan de solidarité à promouvoir, ce qui implique un effort de communication, un réel dialogue une réelle solidarité entre Nations…

Chez les Touaregs, c'est l'homme qui se voile, jusqu'à se rendre le nez cornu, peut-être pour se prémunir contre les vents de sable et l'assèchement des muqueuses buccales, étant plus souvent dehors face à la sécheresse... C'est sa pudeur ancestrale, son affaire à l'endroit de l'aridité ; écoutons Mano Dayak :

« Le soleil épingle nos ombres sur le sable et son bouclier dévore le ciel entier. Afin d'économiser leurs mouvements, nos chameaux avancent lentement. Les lèvres entrouvertes, je déglutis l'air à travers l'épaisseur de mon voile. Je dois m'habituer à cette chaleur qui dessèche ma bouche et scarifie ma peau. Je dois à tout prix oublier les outres suspendues à la selle de mon chameau, oublier mes paupières enflammées, la peau de mes cuisses irritée. Je dois gommer de mon esprit toute passion. Seules doivent me guider les oreilles laineuses de mon chameau. J'ai soif, encore soif, toujours soif. »[176].

175 Henri Maldiney, *L'Art, l'éclair de l'être*, p. 62, Éditions du Cerf, 2010

176 Maguy Vautier, *Paroles de Touaregs*, Albin Michel, 1998.

Rêveries aquatiques

De Léonard de Vinci à Mahmoud Darwich : Bien des poètes ont su assumer ***« l'humaine condition »*** et ont reconnu en l'eau une valeur fondamentale identique à la vie à tout point de vue.

Léonard de Vinci, poète, peintre, sculpteur, architecte, physicien…, n'a pas non plus exagéré – si ce n'est peut-être sur son portrait – en déclarant de sitôt que *« l'eau, c'est la vie : une humeur vitale de cette terre aride »*[177], tant l'eau était l'un de ses principaux objets d'études. Léonard de Vinci était à même d'entrevoir la dramatique rareté de l'eau autant que l'excès cataclysmique du moindre ruisseau en crue. Malgré un tel aplomb, aujourd'hui encore, les centres de décision sont restés indifférents à l'évidente question de la disponibilité de l'eau pour tout un chacun.

Guy de Maupassant a eu à s'exprimer vertement sur les bienfaits de l'eau autrement que ne l'avait fait Bachelard, plutôt d'une manière voluptueuse, très physique, trop direct, un physicien des particules élémentaires n'aurait pas dit mieux. Écoutons-le célébrant le caractère vivifiant d'un bain de jouvence, autant pour l'esprit que pour le corps :

« Et elle se déshabilla lentement, en regardant le presque invisible mouvement de cette onde remuée dans ce bassin clair. Lorsqu'elle fut nue, elle trempa son pied dedans et une bonne sensation chaude monta jusqu'à sa gorge […] et s'assit dans cette chaleur, […] dans cette source qui coulait sur elle, autour d'elle… Et Christiane se sentait si bien là-dedans, […] si délicieusement caressée, étreinte par l'onde agitée, […], l'onde animée de la source qui jaillissait au fond du bassin, sous ses jambes… »[178].

Kateb Yacine a éprouvé une rêverie analogue : « *Étoffe et chair fraîchement lavées, Nedjma est nue dans sa robe…* »[179]. Dans une tout autre moralité légendaire, Gaston Bachelard écrit : « *Est lavé moralement celui qui est aspergé physiquement* ». Bachelard trouve dans l'eau *une matière pure* où l'« *on ne peut connaître la pureté sans la rêver . On ne peut la rêver avec force sans en voir la marque, la preuve, la substance dans la nature* ».[180]

Par-delà tout préjugé, mais avouant ce que sa sensibilité doit à son histoire, **Francis Ponge** a eu à observer la pluie tomber : « *à des allures très*

---

[177] Léonard de Vinci, *Carnets*, t 2, p. 106

[178] Guy de Maupassant, *Mont-Oriol*, chapitre 4, p.115-116. Victor-Havard, 1887

[179] Kateb Yacine, *Nedjma*, Le Seuil, 1956. II [IX], p. 66

[180] G. Bachelard, *L'Eau et les Rêves*, J. Corti, 1942, p. 184, 194, de la 14ième édit, 1978

diverses, un fin rideau discontinu, chute implacable mais relativement lente de gouttes probablement assez légères, précipitation sempiternelle sans vigueur, fraction intense du météore pur... » et l'eau s'étaler : « *... toujours plus bas ... elle s'effondre sans cesse, renonce à chaque instant à toute forme, ne tend qu'à s'humilier, se coucher à plat ventre sur le sol, quasi-cadavre... »*[181]. Et quand Gaston Bachelard écrit : « *... l'eau tombe toujours, elle finit toujours en sa mort horizontale... la mort de l'eau est plus songeuse que la mort de la terre : la peine de l'eau est infinie. »*[182], on peut se demander, si dans cette eau qui *s'effondre sans cesse*, il ne s'était pas inspiré de Ponge.

Sur la question de l'eau, **Antoine de Saint-Exupéry** a offert à l'humanité un beau témoignage où il a tout dit, sans la moindre réserve, avec la simplicité qui ne rate pas sa cible ; il est allé vraiment très loin dans tous les sens et valeurs de l'eau :

« *Eau, tu n'as ni goût, ni couleur, ni arôme, on ne peut pas te définir, on te goûte, sans te connaître. Tu n'es pas nécessaire à la vie : tu es la vie. Tu nous pénètres d'un plaisir qui ne s'explique point par les sens. [...] Tu es la plus grande richesse qui soit au monde, et tu es aussi la plus délicate, toi si pure au ventre de la terre. [...] Tu n'acceptes point de mélange, tu ne supportes point d'altération, tu es une ombrageuse divinité... Mais tu répands en nous un bonheur infiniment simple. »*[183]

Mahmoud Darwich semble percevoir l'Eau autrement que ne la fait Antoine Saint-Exupéry dans *Terre des Hommes*. Ecoutons Darwich maintenant :

« *Qui a dit de l'eau qu'elle est incolore, inodore et sans saveur ?... L'eau a une couleur que révèle la soif. L'eau a la couleur des chants d'oiseaux, le moineau en particulier, de ces oiseaux que n'affole pas cette guerre venue de la mer tant que demeure préservé leur morceau de ciel. ... cette odeur de l'air chaud, en fin d'après-midi, quand il s'élève des champs où se bercent les vagues lourdes des épis, le long d'étendues parsemées de zébrures sombres, pareilles aux ombres fugaces que laissent derrière elles les ailes des moineaux quand ils rasent les moissons... »*[184]

---

[181] Francis Ponge, *Le parti pris des choses*, NRF 1942, p. 31, 61

[182] Gaston Bachelard, *L'Eau et les Rêves*, Corti, 1947, p. 9 de la 14ième édit, 1978

[183] Antoine de Saint-Exupéry, *Terre des hommes,* p. 132 de l'édition bibliothèque numérique romande

[184] Mahmoud Darwich, *Une mémoire pour l'oubli*, Actes Sud 1997

Palimpseste au fil de l'eau

La Seybouse pour laquelle Kateb Yacine avait écrit une belle page sortie de ses réminiscences patriotiques, de ses buissons ardents, de sa verve étincelante, de ses rêveries aquatiques :

« Il pleut rarement sur la plaine de l'est algérien, mais à torrent ; la Seybouse miraculeusement engrossée s'y délivre, en averses intempestives de fleuve à l'agonie, vomi par les rivages ingrats qu'il a nourris ; extatique, d'un seul et vaste remous, la mer assombrie mord insensiblement dans le fleuve, agonisant jaloux de ses sources, liquéfié dans son lit, capable à jamais de cet ondoiement désespéré qui signifie la passion d'un pays avare d'eau, en qui la rencontre de la Seybouse et de la Méditerranée tient d'un mirage ; ... éternuement avorté ; [...] ; fantôme cramoisi effilochant au vent d'ouest son hamac [...], s'éteignant dans la bave d'une mer lamentablement vautrée, mère de mauvaise vie et de sang froid qui répand dans la ville un air de maléfice et de torpeur ... »[185]

La Seine à Rouen : Rouen s'est construit d'abord en rive droite de la Seine, au pied d'un massif forestier des plus chatoyants. Aujourd'hui il y a plus de béton que de sapin. Cependant, la forêt occupe encore un bon tiers de la superficie de l'agglomération. Les maisons à colombages multicolores rappellent la richesse des peuplements forestiers de naguère. Mais il y a de plus en plus d'immeubles du genre de celui du *« Palais des Congrès »* que d'églises. Jouxtant la très belle cathédrale aux pierres laiteuses, le Palais des congrès est une véritable catastrophe, une fausse note, alors même que Rouen est le berceau de l'impressionnisme des plus pittoresques… Gratifiant la mémoire de Jeanne d'Arc par une belle église, la ville ne finit pas de s'étaler en rive gauche sur les anciennes divagations de la Seine…

Entre l'océan qui lui tend ses bras et les versants verdoyants qu'elle draine, la Seine s'écoule comme une force tranquille dans un cycle qui se moque de nos prévisions. Aujourd'hui, l'agglomération de Rouen semble endiguée dans des berges apparemment immuables. La Seine s'en va vers son terme océanique et revient sans découdre, toujours là pour notre plus grand bien. Elle se recycle d'innombrables victuailles glanées dans des terrasses contraintes à l'overdose de nutriments de toute sorte. Que n'avait-elle pas divagué librement par le passé sur un plateau crayeux, déposant des colluvions en terrasses inhomogènes !

Entre le Mont Gargan et Sotteville-sous-le-Val, la drainance de la Seine à travers un toit semi-perméable impose à l'aquifère de la craie un tout autre jeu : face à un tronçon de méandre N-S, le gradient hydraulique initial

[185] Kateb Yacine, *Nedjma*, Le Seuil, 1956. II [IX], p. 66

se disloque en deux directions privilégiées, l'une SE-NW, l'autre NE-SW. Aux abords de la Seine, à l'Est de Belbeuf, les équipotentielles se tassent parallèlement au lit majeur du fleuve. Çà et là, les singularités de la charge hydraulique en lacets d'inflexion le long des équipotentielles dénotent une anisotropie locale des transmissivités et une hétérogénéité des terrains infiltrés. Entre Belbeuf et Boos, les équipotentielles se relâchent et la cote piézométrique varie, plus lentement, de 40 à 80 m NGF.

La Garonne : À la recherche de mots magiques, de mots presque mathématiques, Michel Serres est allé remonter les affluents de la Garonne à la rechercher d'autres *Rêves*, peut-être les mêmes déjà rencontrés chez Kafka : "*Des rêves sont venus en remontant le fleuve. On s'arrête, on cause avec eux ; ils savent bien des choses, sauf seulement d'où ils viennent*"[186]. Chez Kafka, il s'agit de fleuves. Chez d'autres, ce pourrait être des mares volcaniques. Chez Lautréamont, ce pourrait bien être des torrents tumultueux : affluents érosifs de l'esprit inépuisable. Mais laissons là Kafka et Lautréamont : deux poètes aux antipodes l'un de l'autre, revenons à Michel Serres. S'il avait prolongé ses études de mathématiques au delà de la licence, il aurait eu probablement d'autres rêves que ceux proclamés à voix haute dans les *Nouvelles de monde* où il est question de "*plaine liquide, plateau liquide, longue maison serpentine liquide*"... Relatant l'exploit de "*Deux Amazones*", l'une au Cambodge, l'autre dans les Ardennes de 1870, il semble ignorer royalement ce que la Seine, sous ses pieds, avait réellement charrié...

Écoutons quelque peu Kateb Yacine glorifiant tout autrement Nedjma toute débridée, indomptable, *inaccessible*, *fatale* :

« *Toute petite, Nedjma est très brune, presque noire ; c'est de la chaire en barre, nerfs tendus, solidement charpentée, de taille étroite... ; vastitude de ce visage de petite fille ! La peau, d'un pigment très serré, ne garde pas longtemps sa pâleur native... ; sur un tel pelage, la robe est un surcroît de nudité ; la féminité de Nedjma est ailleurs... ; elle ne veut pas s'instruire avant d'apprendre à nager... Elle nage seule, rêve et lit dans des coins obscurs, amazone de débarras, vierge en retraite, [...] ; le regard s'enrichit de secrètes nuances...* »[187]

Bien au-delà des vallées *« liquides »*, les cimes enneigées deviennent des forteresses édifiées dans le cristal des eaux météoriques, cristal pris dans *« l'étreinte glacée de la mortelle altitude »*[188]. Mais le mot recherché, s'il existe, ne suffit pas toujours. Alors il faut *« se mouvoir de mot en mot »*[189],

---

186 Alexandre Vialatte, *Mon Kafka*, 10/18, 2001, p. 3
187 Kateb Yacine, *op., cit.*, II [X], p. 78
188 Kateb Yacine, *op., cit.*, III [IX], p. 98
189 Edward W. Saïd : *À contre-voix*, Le Serpent à Plume, 2001

jusqu'à trouver la bonne note, la bonne sonorité, la bonne fluidité, progresser comme une vague qui s'écoule dans une autre vague.

Le Rhumel : "*Cours d'eau ensablé*", nous dit Kateb Yacine quelque part dans *Nedjma.* Et c'est bien l'exacte image que les Constantinois ont du Rhumel qui se prononce *R'mayyal* (رميال) dirait Nadji Bencheikh dans le parler consacré. Dans *R'mayyal* on perçoit en effet l'eau et le sable : le sable dans l'eau jadis limpide, mais aussi l'eau dans l'épaisseur des sables sous-jacents... Dans la connotation « Rhumel » il n'y a rien d'authentique, si ce n'est la sonorité d'un rhume qui vous pend au nez. Celui qui a transcrit *R'mayyal* en *Rhumel* devait être un triste géographe en mal d'expédition, sinon un médiocre hydrologue imbu de mauvaises notions d'ethnographie, la paléo-hydrologie en moins. Le pire a été de transcrire "*Port des pèlerins*" *(Marsat-el-Hadjedj)* en "*Port au poules*" *(Marsat-el-Djedj).*

Rêveries que l'on trouve tout autrement chez Kateb Yacine pris d'une mélancolie abyssale au bord du Rhumel : "*...et qui d'entre nous n'a vu se brouiller son origine comme un cours d'eau ensablé...*"[190].

Avec les yeux d'une tout autre foi poétique, Guy de Maupassant a perçu dans les gorges du Rhumel un " *fleuve d'enfer coulant au fond d'un abîme rouge comme si les flammes éternelles l'avaient brûlé. Il fait une île de sa ville... jaloux et surprenant : il l'entoure d'un gouffre terrible et tortueux, aux rocs éclatants et bizarres, aux murailles droites et dentelées...*"[191]

---

[190] Kateb Yacine, *op., cit.*, II [X], p. 97

[191] Guy de Maupassant : *Au Soleil*, p. 151, cité par ACEP Editeur, 2001

Bibliographie

ALLER, L., LEHR, J. H., PETTY, R. -(1987) -: *DRASTIC: A standardized system for evaluating ground water Pollution potential using hydrogeologic settings.* National Water Well Association, Rapport EPA-600/2-87-035, 622 p.

ANDREAE, M.D., -(1986)- The ocean as source of atmospheric sulfur componds; D. Reidel Publishing Company, Buat-Ménard Ed: the role of air-sea exchange in geochemical cycling. p331-362

ARCHER, D., *Fate of Fossil Fuel CO_2 in Geologic time*, Journal of Geophysical Reseach 110, 2005.

ARROW, K. J., et al, "international equity, Discounting and Economic Efficiency", in J. P. Bruce, H. Haies (eds), *Climate Change 1995: Economic and Social Dimension of Climate Change*, Cambridge University Press, 1996

AYIVI, J., et HAFOUDA, L., -(1993)- Analyse chimique des eaux de pluie. Mémoire d'ingéniorat, INA, Alger

ARIMOTO, R.; DUCE, R.A.; RAY, B.J. and UNNI, C.K., -(1985)- Atmospheric trace elements at Enewetak Atoll:2. Transport to the ocean by wet and dry deposition. J. Geophys. Res., 90 N°D1, 2391-2408

ATKINS, P.W., -(1980)- Chimie-Physique

BACHELARD, G., *La philosophie du non*, 1940, PFU

L'Eau et les Rêves, J. Corti, 1942

Le nouvel esprit scientifique. PUF, 1934

L'engagement rationaliste. PUF, 1972

L'intuition de l'instant, Gonthier 1932

BAUDRU, D. et MARIS, B., *Quatre modèles de gestion.* Le Monde diplomatique, novembre 1997

BARD, Éd., *Les sciences de la Terre en 18 mots clés*, La Recherche, hors-série n° 3, Dunod, 2009

BARRAU, A., ROVELLI, C., « *Planck star phenomenology* », *arXiv*, avril 2014

Goddard et al., Quantum Dynamics of a Massless Relativistic String, Nuclear Physics B 56, 109-135 (1973)

BARRIE, L.A., -(1985)- Scavenging ratios, Wet deposition and in-cloud oxidation: An application to the oxides of sulfur and nitrogen. J. Geophys. Res. 90 N° D3,
p 5789-5799.

BENVENISTE, J., *Ma vérité sur la mémoire de l'eau*, Nature, juin 1988, p. 66.

BENSAOULA, F. et al. -(2007)-: *L'importance des eaux karstiques dans l'approvisionnement en eau de la population de Tlemcen.* Larhyss Journal, ISSN 1112-3680, n° 06, Décembre 2007, pp. 57-64.
BERGAMETTI, G., -(1987)- Apport par voie atmosphérique à la méditerranée occidentale: aspects géochimiques et météorologiques. Thèse d'Etat Paris VI, 296 p.
BERNIER, R.A. et HODREN, G.R.,-(1979)- Mechanism of feldspar weathering. Observations of feldspar from soils. Geochi. and Cosmochim. Acta,43,1173-1186
BLANCHARD, D.C.,-(1983)- The production, distribution, and bacterial enrichment of the Sea-Salt Aerosol. NATO: Asi serie C N°108. Air Sea exchange of gas and particles. P.S LISS and W.G.N. SLINN Ed., 108, p. 407-454
BLUM, A. et LASAGA, A.,-(1988)- Role of surface speciation in the low-temperature dissolution of minerals, Nature, 331, p.4331-433
BOULVAIN F., *Une brève histoire de la Terre*. Académie royale de Belgique, 2020
BOUVIER, A., WADHWA, M., *The age of Solar System redefined by oldest Pb-Pb age of a meteoritic inclusion.* Nature Geoscience, 2010, v. 3 pp. 637-641
BREMOND, M.P., -(1989)-Contribution à l'étude du carbone suie dans l'atmosphère: aspects méthodologiques et géochimiques. Thèse de Doctorat d'Etat, Paris VII, 170 p.
BROMLEY B. C., KHAN, S. H., KENYON, S. J., "Dust as a solar shield", PLOS Clim, 2 (2), 8 février 2023, https ://doi.org/10.1371/journal.pclm.0000133.
BRÜHLMANN, F.et al. -(2004)- : *Instructions pratiques pour la protection des eaux souterraines. L'environnement pratique.* OFEFP, Berne, 2004. 141 p.
BULLEN, K. E., *Compressibility-pressure hypothesis and the earth's interior.* Geophysical Journal International (1949) doi :10.1111/j.1365-246X.1949.tb02952.x
BURBIDGE, E. M, FOWLER, A., HOYLE, F., (B^2FH) : *Synthesis of the Elements in Stars*. Rev. Mod. Phys. 29,547-650, oct 1957
CALLICOTT, J. B., "From the Land Ethic to the Earth Ethic." In Gaia in Turmoil: Climate Change, Biodepletion, and Earth Ethics in an Age of Crisis ed. E. Crist and H. B. Rinker (Cambridge, MA: MIT Press, 2009).
CANEY, S., "Cosmopolitan Justice, Responsibility and Global Climate Change", *Leiden Journal of International Law*, 18, 4, 2005, p. 747-775
COLLIN, J.-J. -(2004)- *Les eaux souterraines, connaissance et gestion.* BRGM Editions.

CONFUCIUS, The Analects (Lun yu), trad. D.C. Lau, Hong Kong, Chinese University Press, 1983, trad. Fr. S. Couvreur, *Entretiens de Confucius et de ses disciples (Lun yu, Louen yu)*
DAGOGNET, F., *100 mots pour commencer à philosopher*, Editions : les empêcheurs de penser en rond, 2001
CROWLEY, T. J., NORTH, G. R., *Paleoclimatology*, University Press, Oxford, 1991.
DAUPHAS, N. et al., *Neutron-rich chromium isotope anomalies in supernova nanoparticles*. Astrophysical Journal, Vol 720, Num 2, 1577, 2010
DAVIS, J.A., et LECKIE, J.O, -(1978)- Surface ionisation and Complexation at the oxide/Water interface. Surface properties of amorphous iron oxyhydroxide and adsorption of metal ions. Jof Colloid and interface Sci.,67, N°1, pp.90-107
DERMOTI, S. F., MURRAY, C. D., *Nature of the Kirkwood gaps in the asteroid belt*. Nature ISSN 0028-0836, CDEN NATUAS, 1983, Vol 301, n° 5897, pp 201-2015
DONNER, S. D., "Domain of the Gods: An Editorial Essay", *Climatic Change* 85,2007, p. 231-236
DÖRFLIGER, N., PLAGNES, V., (2009) Cartographie de la vulnérabilité intrinsèque des aquifères karstiques. Guide méthodologique de la méthode PaPRIKa. Avec la collaboration de K. Kavouri et J Gouin, BRGM RP-57527-FR, 105 pp, 55 ill., 4 ann
DUFLO, E., *Expérience, science et lutte contre la pauvreté*, Collège de France, Fayard, 2009
ECOSOC, 29ième Session du Comité des Droits économique, social et culturel du Conseil économique et social des Nations unies, Nov 2002
ENCRENAZ, Th., *A la recherche de l'eau dans l'Univers*. Ed Belin, 2004.
L'eau dans le système solaire. Bulletin de la Société Royale des Sciences de Liège, Vol. 79, 2010, pp. 76 - 89
Le Système solaire, Les Ulis et Paris, EDP Sciences et CNRS Editions, coll. "savoirs actuels / Astrophysique", janvier 2013
FLEURY, C., *Dialogue avec l'Orient*, CNRS Éditions, 2003
La clinique de la dignité, Seuil, 2023, p. 12
FRITZ, P., FONTES, J.C., *Handbook of environmental isotope geochemistry*. Vol. 1. Elsevier, N-Y, 1980
GARDINER, S. M., 'The Global Warming Tragedy and the Dangerous Illusion of the Kyoto Protocol'. *Ethics and International Affairs* 18: 23-39, 2004a.
GARDINER, S. M., *A Perfect Moral Storm: Climate Change, Intergenerational Ethics and the Problem of Moral Corruption*, Environmental Values, 15, 3, 2006, p. 397-413

GOUNELLE, M., MEYNET, G:, *The Solar System Genealogy revealed by Meteorites*. Astronomy & Astrophysics 545, A4 (2012) - DOI: 10.1051/0004-6361/201219031
GRAN, G., -(1952)- Determination of equivalence point in potentiometric titration. PartII. The analyst,77, pp.661-671
GROUSSON, M., *La traque des bosons W et Z*. La Recherche N 441, mai 2010, page 60
HALL, D., AMES, R, *Thinking from the Han: Self, Truth, and Transcendence in Chinese and Western*, Albany, New-York, SUNY Press, 1998
HALLIDAY, A. N., *A., young Moon-forming giant impact at 70–110 million years accompanied by late-stage mixing, core formation and degassing of the Earth.* Phil. Trans. R. Soc. A (2008) 366, 4163–4181 doi :10.1098/rsta.2008.0209
HANSEN, J., *"Can We Still Avoid Dangerous Human-made Climate Change?"*, 2006
HARDIN, G., *Tragedy of the commons*, Science, 162, 1968, p. 1243-1248, tr. fr. L. Bury, *La tragédie des communs. Suivi de Extension de la tragédie des communs*, PUF, 2018
HAROCHE, S., RAIMOND, J.-M., BRUNE, M., *Le Chat de Schrödinger*, La recherche n° 30, sept 1997
HOURDEQUIN, M., "Climate, Collective Action, and Individual Ethical Obligations," *Environmental Values* 19 no. 4 (2010): 443-464.
HOYLE, F., *Le nuage noir*, tr. fr, Dunod, Paris, 1962
HUBBLE, E. P., *Relation between distance and radial velocity among extra-galactic nebulae*, Prceedings of the National Academy of Sciences, vol. 15, n°3, 1929, p. 168-173
IPCC, *Climate Change 2014: Mitigation of Climate Change. Contribution of Working Group III to the Fifth Assessment Report of the intergovernmental Panel on Climate Change*, Cambridge UK, Cambridge University Press, 2014
JAFFREZO, J.L., -(1987)- Etude du lessivage des aérosols atmosphériques par les précipitations. Thèse Paris VII.
JAMIESON, D,. "Ethics, Public Policy, and Global Warming", *Science Technology & Human Values* 17, 2, 1992, p. 139-153.
JOHNSON, B., *Ethical Obligation in a Tragedy of the Commons*, Environmental Values 12,2003, p. 271-287
JOLLY, J., *An estimate of the geological age of the Earth*, Ann Rpt Smithson Inst for 1899, 247-288.
JONES, N., "Human Influence Comes of Age: Geologists Debate Epoch to Mark Effects of Homo Sapiens", *Nature* 473, 2011
JORADP, Ordonnance 96-13 du 15 juin 1995, n°37 du 16 *juin 1996*. Gestion intégrée des ressources en eau en Algérie

JOUZEL, J., *Climats passés, climats futurs*, CNRS Editions, de vive voix, 2019
JUNGER, S., *A perfect Storm: A True Story of Men Against the Sea*, London, Harper, 1999, tr. J. Bourdier, *En pleine tempête*, Le Livre de Poche, 2001.
KANDEL R., *Les eaux du ciel*. Hachette, 1998
KANDEL, R., *Le réchauffement climatique*, PUF, Que sais-je ? 2019
KATEB, Y., *Nedjma*, Le Seuil, 1956
KRANE, K.S., "*Introductory Nuclear Physics*", John Wiley & Sons, New York, 1988, livre de 537 pages téléchargeable en pdf dont un extrait est repris par Wikipédia,
KAVOURI, D. et al. (2011) PaPRIKa: a method for estimating karst resource and source vulnerability—application to the Ouysse karst system (southwest France). Hydrogeol J 19:339–353. doi:10.1007/s10040-010-0688-8
LAISNE, Ph. Et al ; –(2010)- *Etude environnementale de mise en place des périmètres de protection du captage d'AEP de Darnétal (IN : 0100-1X-0065).* Dossier n°EN28.A0005, GINGER, 2010.
LAIMÉ, M., *Le dossier de l'eau*, Seuil, 2003
LANGLOIS, C., URGELLI, B., *Cycles de Milankovitch et variations climatiques*, Planet-Terre, ENS Lyon, 2004
LANGRAND, C., ANDRAULT, D., DURAND, S. *et al. Kinetics and detectability of the bridgmanite to post-perovskite transformation in the Earth's D" layer. Nature Communication* (2019). doi:10.1038/s41467-019-13482-x
LA SOUCHERE, de M.-C., *L'Oxygène*, in La Recherche n° 429 avril 2009 page 75
LATHAM, J. & al., "Global Temperature Stabilization via Controlled Albedo Enhancement of low-level Maritime Clouds", *Philosophical Transaction of the Royal Society A*, 2008, p.3969-3987
LAUNDER, B. & THOMPSON, J.; *Geoengineering Climate Change: Environment Necessity or Pandora's Box?* Cambridge University Presse, 2010
LEMAÎTRE, G. H., *La structure et l'évolution de l'univers*. In Onzième Conseil de Physique Solvay, 1958
LONG, J.C.S., -(1983)- : *Investigation of equivalent porous medium permeability in ratworks of discontinous fractures.* Ph.D. Theis, Lawrence Bercley Laboratory, Univ. of California.
LOSNO, R., -(1989)- Chimie des éléments traces dans les pluies méditerranéennes. Thèse Paris VI
LOUIS, C., -(1976)- : *Introduction à l'hydraulique des roches.* Thèse de Doc es Sciences, Paris VI
MCKIBBEN, B., *The End of Nature*, NY, Radom House, 1989.

MAGNAN, P., *Tunisie, Algérie : la folle histoire d'une mer dans le Sahara.* France Télévisions, 11/02/2018.
MARSILY, de G., -(1981)- : *Hydrogéologie quantitative.* Collection Sciences de la Terre, Masson.
MEUNIER, A., *La naissance de la Terre*, Dunod, 2013
MILL, J. S., "*Principles of Political Economy, Collected Works (3)*", University of Toronto Press, 1963-1977, p. 756
MORBIDELLI, A., – (2006) – *Origin and dynamical evolution of comets and their reservoirs of water, ammonia and methane*.
MURAKAMI, M.; HIROSE, K.; KAWAMURA, K.; SATA, N., OHISHI, Y., *Post-Perovskite Phase Transition in MgSiO3*. Science (2004) doi: 10.1126/science.1095932.
NEUMAYER, E.,"In Defence of Historical Accountability for Greenhouse Gas Emissions", *Ecological Economics* 33, 2, 2000, p.185-192
NORDHAUS, W.,"To Slow or Not to Slaw: The economics of the Greenhouse Effect", Association for the Advancement of Science, New Orleans LA, 1990.
PACYNA, J.M.-(1984)- Estimation of the atmospheric emissions of trace elements from anthropogenic sources in Europe. Atmos. Environ. 18, 41-50
PAGE, E. A., "Intergenerational Justice and Climate Change", *Political Studies* 47, 1, 1999, p. 53-66, http://dx.doi.org/10.1111/1467-9248.00187, Publisher statement: The definitive version is available at www.blackwell-synergy.com
PARFIT, D., *Reasons and Person*, New-York, Oxford University Press, 1984
PARROCHIA, D., *Météores : Essai sur le ciel et la cité*, Seyssel, Champ Vallon, coll. « Milieux », 1997, 250 p.*Le réchauffement climatique en chiffres et la question de son traitement*. 24 May2023. hal-04104726
PETELET-GIRAUD, E, DÖRFLIGER, N, CROCHET, P, -(2000)- : *RISKE : méthode d'évaluation multicritère de la vulnérabilité des aquifères karstiques. Application aux systèmes des Fontanilles et cent-fonts (Hérault, sud de la France)*, hydrogéologie, n°4, pp. 71-88.
RABHI, P., *Vers la sobriété heureuse*, Acte Sud, 2010
REEVES, H., *Vivre autrement* Février 2007. 14. ACTUS, (n° 1)
REY, O., - *Réparer l'eau*, Les Essais Stock, 2021
REY, L., *J. Benveniste : Human Basophil Triggered by very dilute antiserum against-IgE, in Nature, 1988*
ROQUES, F., *Zone d'habitabilité.* Université des Sciences en Ligne, CETI/Observatoire de Paris, 2012
ROVELLI, C., *Écrits vagabonds*. Flammarion, Champ sciences, 2021, p. 258
SARTRE, J.-P., *Huis Clos*, Gallimard, 1947
SCHENEEBELI, G., -(1966)- : *Hydraulique souterraine.* Ed. Eyrolles
SETTLE, D.M. et PATTERSON, C. C., -(1982)- Magnitudes and sources of precipitation and dry deposition fluxes of industrial and natural leads to the

North Pacific at Enawetak. J.Geophys. Res. 87, p.8857-8869
SHUE, H., "Avoidable necessity: Global warming, international fairness, and alternative energy", in I. Shapiro and J. W. DeCew, eds., NOMOS XXXVII: Theory and Practice, (New York, New York University Press, 1995)
SHUE, H., "Global Environment and International Inequality", *International Affairs* 75, 3, 1999, p. 531-545
SILK, J., *Le Futur du Cosmos.* O. Jacob, 2015
SINNOTT-ARMSTRONG, W., "It's not my Fault: Global Warming and Individual Moral Obligations". *Perspectives on Climate Change: Science, Economics, Politics, Ethics*, Amsterdam, Elsevier, 2005, p. 285-307
SLINN, W.g.N., -(1983)- Air to sea transfert of particles. NATO: Asi serie C N°108. Air sae exchange of gas and particles. P.S. LISS and W.G.N. SLINN Ed. 108, 299-405.
SLOAN, T., WOLFENDALE, A., *Testing the proposed causal link between cosmic rays and cloud cover, Environmental* Research Letters 3 (2008) 024001.
STEPHENS, P. H. G., "Green liberalisms: nature, agency, and the good", Environmental Politics 10, 3, 2001, p. 1-47, p. 12
STUMM, W. et MORGAN, J.J.,-(1981)- Aquatic Chemistry: an introduction emphasizing chemical equilibra in natural water. 2nd Ed., JOHN WILEY and SONS, 780p
SVENSMARK, H., *Cosmoclimatology: a new theory emerges*, Astronomy & Geophysics 48 (2007) pp. 1.18-1.24
TOTH, F. L., « Decision-Making Frameworks », in Book Metz et al (eds), *Climate Change 2001 : Mitigation – Contribution of Working Group III to the Third Assessment Report of the International Panel on Climate Change*, Cambridge University Press, chap. 10, sect. 10.4.5, p. 669.
VAUTIER, M., *Mano Dayak* : *Paroles de Touaregs*, Albin Michel, 1998.
VERNOUX, J.-F. et al, *Transport de masse en zone non saturée.* TSM, n°4, 2005
Protéger les aires d'alimentation en eau potable, une méthodologie pour délimiter les zones sensibles. TSM, n°12, 2009
VOGEL, S., "The Nature of Artifacts", *Environmental Ethics* 25, 2, 2003 p; 149-168
VON BAADER, F., E. Susuni : *Franz von Baader et le romantisme mystique*. T. I, p. 143
WALLICK, A., *Environmental isotopes: principles and applications,* in groundwater geochemical studies in Alberta, Canada. 1st Canadian-American Conf. Hydrogeology. Hitchon, B. et Wallick, P. M. (dirs), NWWA, Dublin, Ohio, p. 246-266.

WYSSLING, L., -(1979)- : *Eine neue Formel zur Berechnung der Zuströmungsdauer (Laufzeit) des Grundwassers zu einem Grundwasser-Pumpwerk.* Eclogae geol. Helv. 72.2, 401-406.

Table des matières

Remerciements **11**
Introduction **13**
Position des problèmes **16**
Portée de notre requête **17**
Origine de l'Hydrosphère **19**
Apparition de l'eau dans l'univers **21**
L'Ère de Planck 21
Effritement de la supra-gravité 22
L'Ère de la nucléosynthèse primordiale 23
Émergence de l'Hydrogène 24
Apparition de l'Oxygène 24
Synthèse de la molécule d'eau 25
Régénération des étoiles 26
Nucléosynthèses stellaires 27
Naissance de la Terre **29**
Constitution du Système solaire 29
Apparition des chondrules 31
Accrétion de la Terre 34
L'énigmatique Limite D'' 35
L'Océan magmatique 36
L'Hadéen 38
L'Archéen 39
Le Protérozoïque 40
Le Phanérozoïque 41
Le Paléozoïque inférieur 41
Le Paléozoïque supérieur 42
Le Mésozoïque 43
Le Cénozoïque 43
Naissance de la lune 44
Les planètes joviennes 45
Accrétion de l'Hydrosphère 46
Formation des océans 47
Dissolution du CO_2 et formation de l'oxygène 49
Dégazage et/ou apport interstellaire ? 51
Une constante originelle 53
Et l'Eau devient salée ! 54
Une noblesse contrainte à l'altérité 56
En quoi l'Eau est mémoire ? 59
L'eau est l'étoffe de la matière 60
Apparition de la vie 61
Une vie abiotique 62
Apparition des bactéries et de tout le reste 63
Géochimie de l'Hydrosphère **67**
Chimie des eaux du ciel **67**
La molécule d'eau 68

Les isotopes de l'eau 71
La formation de pluie 72
Aspect physique 73
Composition et origine des aérosols 75
Méthode d'étude 77
Identification des aérosols 77
Site de prélèvements 79
Dispositif de collecte des précipitations 79
Quantification des aérosols 80
Analyse chimique 81
Examen et mesures préliminaires 81
Dosage des éléments majeurs 84
Résultats escomptés 84
Conclusion 86
Matériaux de la croûte terrestre 89
Les roches ignées 89
Les formations sédimentaires 90
Faciès des ions majeurs 91
Les milieux alcalins 92
Altérites granitiques 93
Le fer et le manganèse en milieu aquifère 94
Oxydoréduction du fer et du manganèse 94
Effet du soufre et des carbonates sur le fer 95
Les milieux carbonatés 97
Altération des carbonates 97
Alcalinité, acidité et pouvoir tampon 99
Brassage de l'Hydrosphère 101
La valse des océans 102
Fluctuation des glaces 104
Cycles de Milankovitch 105
Cataclysme du Chicxulub 106
Une infinité de cycles emboîtés 108
Des disparités climatiques irréductibles 111
L'impossibilité de prévoir les déluges 114
Altération de l'Hydrosphère 117
De la qualité des eaux continentales 119
Appréciation des eaux de surface 120
Appréciation des eaux souterraines 121
Détermination des normes 122
Caractéristiques des eaux brutes 123
L'eau source de vie, source d'ennuis 127
Pollutions anthropiques 127
Paramètres à corriger 131
Recommandations 132
Traitements des eaux pour l'AEP 135
Neutralisation 135
Adoucissement 136

Clarification 136
Élimination de l'azote 137
Élimination de l'ammonium.. 137
Élimination des nitrates.. 138
Procédé physico-chimique.. 138
Procédé biologique 138
Élimination des pesticides.. 139
Oxydation.. 139
Adsorption 139
Élimination du fer et du manganèse.. 140
L'élimination du fer.. 140
L'élimination du manganèse.. 140
Filtration.. 141
La microfiltration.. 141
L'ultrafiltration 141
La nanofiltration.. 142
L'osmose inverse.. 142
Désinfection 143
Principe.. 143
Chloration 143
Chlore et dérivés 143
Dioxyde de Chlore 144
Ozonation.. 145
UV.. 145
Protection des captages d'AEP 147
Objectifs des périmètres de protection 147
Périmètre de protection immédiate (PPI) 147
Périmètre de protection rapprochée (PPR) 148
Périmètre de protection éloignée (PPE) 148
Périmètres de protection satellites (PPIs, PPRs) 149
Critères de délimitation des PPR.. 149
Captages en milieu poreux continu 149
Captages en milieux karstiques.. 152
Conclusion 155
Plaidoyer pour l'Hydrosphère 157
Du réchauffement climatique.. 161
L'effet de serre (EdS).. 161
Aperçu des différents rayonnements 163
Fluctuation du flux solaire 164
L'inquiétante rémanence des gaz à effet de serre.. 166
Le CO2 166
Les autres gaz polyatomiques.. 168
Alternances des effets de serre (EdS).. 169
Un réchauffement notable 172
Des risques catastrophiques 175
Lutte contre le réchauffement climatique.. 176
Les institutions de suivi du climat.. 176
La grande muraille verte africaine.. 178

Barrage vert le long de la steppe 180
Mer intérieure au chott Melrhir 182
Asservissement du rayonnement 183
Ombrelles orbitales à une distance de Lagrange 184
Atténuer le rayonnement 185
Éthique envers l'Hydrosphère 188
Degré de responsabilité 189
Engagement moral 191
Tempête globale 192
Tempête intergénérationnelle 194
Tempête théorique et corruption morale 196
Obligation individuelle et/ou collective 197
Approche confucéenne 200
Éthique extra-anthropocentriste 202
Limites de l'Équité anthropocentriste 204
Incidence de l'altérité du climat sur la biosphère 206
Hégémonie de l'intérêt économique 208
Équité de non-nuisance à autrui 209
Équité intergénérationnelle 212
Rêveries d'un hydrogéologue impénitent 215
Complainte d'un Targui 215
Rêveries aquatiques 217
Palimpseste au fil de l'eau 219
Bibliographie 223

Structures éditoriales du groupe L'Harmattan

L'Harmattan Italie
Via degli Artisti, 15
10124 Torino
harmattan.italia@gmail.com

L'Harmattan Hongrie
Kossuth l. u. 14-16.
1053 Budapest
harmattan@harmattan.hu

L'Harmattan Sénégal
10 VDN en face Mermoz
BP 45034 Dakar-Fann
senharmattan@gmail.com

L'Harmattan Cameroun
TSINGA/FECAFOOT
BP 11486 Yaoundé
inkoukam@gmail.com

L'Harmattan Burkina Faso
Achille Somé – tengnule@hotmail.fr

L'Harmattan Guinée
Almamya, rue KA 028 OKB Agency
BP 3470 Conakry
harmattanguinee@yahoo.fr

L'Harmattan RDC
185, avenue Nyangwe
Commune de Lingwala – Kinshasa
matangilamusadila@yahoo.fr

L'Harmattan Congo
219, avenue Nelson Mandela
BP 2874 Brazzaville
harmattan.congo@yahoo.fr

L'Harmattan Mali
ACI 2000 - Immeuble Mgr Jean Marie Cisse
Bureau 10
BP 145 Bamako-Mali
mali@harmattan.fr

L'Harmattan Togo
Djidjole – Lomé
Maison Amela
face EPP BATOME
ddamela@aol.com

L'Harmattan Côte d'Ivoire
Résidence Karl – Cité des Arts
Abidjan-Cocody
03 BP 1588 Abidjan
espace_harmattan.ci@hotmail.fr

Nos librairies en France

Librairie internationale
16, rue des Écoles
75005 Paris
librairie.internationale@harmattan.fr
01 40 46 79 11
www.librairieharmattan.com

Librairie des savoirs
21, rue des Écoles
75005 Paris
librairie.sh@harmattan.fr
01 46 34 13 71
www.librairieharmattansh.com

Librairie Le Lucernaire
53, rue Notre-Dame-des-Champs
75006 Paris
librairie@lucernaire.fr
01 42 22 67 13

www.ingramcontent.com/pod-product-compliance
Lightning Source LLC
LaVergne TN
LVHW080933071026
849535LV00013B/4191
* 9 7 8 2 3 3 6 4 5 3 4 5 3 *